21世纪应用型高等院校示范性实验教材

基础物理实验

第二版

<table>
<tr><td>主　编</td><td colspan="3">卢佃清　李新华　　王　勇</td></tr>
<tr><td>编　委</td><td colspan="3">（按姓氏笔画排序）</td></tr>
<tr><td></td><td>王　琪</td><td>王秉坤</td><td>王　莉</td></tr>
<tr><td></td><td>孙庆强</td><td>史林兴</td><td>朴红光</td></tr>
<tr><td></td><td>李锦康</td><td>吴同成</td><td>宋晓敏</td></tr>
<tr><td></td><td>周　朕</td><td>范　喆</td><td>侯玉娟</td></tr>
<tr><td></td><td>唐小村</td><td>徐友冬</td><td>徐　超</td></tr>
<tr><td></td><td>黄增光</td><td>蔡　立</td><td></td></tr>
</table>

南京大学出版社

图书在版编目(CIP)数据

基础物理实验 / 卢佃清,李新华,王勇主编.
—2版.—南京:南京大学出版社,2016.6(2022.7重印)
21世纪应用型高等院校示范性实验教材
ISBN 978-7-305-17182-6

Ⅰ.①基… Ⅱ.①卢… ②李… ③王… Ⅲ.①物理学
—实验—高等学校—教材 Ⅳ.①O4-33

中国版本图书馆 CIP 数据核字(2016)第 146671 号

出版发行　南京大学出版社
社　　址　南京市汉口路 22 号　　　邮编　210093
出 版 人　金鑫荣

丛 书 名　21世纪应用型高等院校示范性实验教材
书　　名　**基础物理实验**
主　　编　卢佃清　李新华　王　勇
责任编辑　沈　洁　　　　　　编辑热线　025-83686531

照　　排　南京开卷文化传媒有限公司
印　　刷　南京人文印务有限公司
开　　本　787×1092　1/16　印张 19.25　字数 480 千
版　　次　2016 年 6 月第 2 版　2022 年 7 月第 7 次印刷
ISBN 978-7-305-17182-6

定　　价　55.00 元
网　　址:http://www.njupco.com
官方微博:http://weibo.com/njupco
微信服务号:njuyuexue
销售咨询热线:(025)83594756

序

进入新世纪,随着社会经济的发展,各行各业对人才的需求呈现出多元化的特点,对应用型人才的需求也显得十分迫切,因此我国高等教育的建设面临着重大的改革.就目前形势看,大多数的理、工科大学,高等职业技术学院,部分本科院校办的二级学院以及近年来部分由专科升格为本科层次的院校,都把办学层次定位在培养应用型人才这个平台上,甚至部分定位在研究型的知名大学,也转为培养应用型人才.

应用型人才是能将理论和实践结合得很好的人才,为此培养应用型人才需理论教学与实践教学并行,尤其要重视实践教学.

针对这一现状及需求,教育部启动了国家级实验教学示范中心的评审,江苏省教育厅高教处下达了《关于启动江苏省高等学校基础课实验教学示范中心建设工作的通知》,形成国家级、省级实验教学示范体系,意在促进优质实验教学资源的整合、优化、共享,着力提高大学生的学习能力、实践能力和创新能力.基础课教学实验室是高等学校重要的实践教学场所,开展高等学校实验教学示范中心建设,是进一步加强教学资源建设,深化实验教学改革,提高教学质量的重要举措.

我们很高兴地看到很多相关高等院校已经行动起来,除了对实验中心的硬件设施进行了调整、添置外,对近几年使用的实验教材也进行了修改和补充,并不断改革创新,使其有利于学生创新能力培养和自主训练.其内容涵盖基本实验、综合设计实验、研究创新实验,同时注重传统实验与现代实验的结合,与科研、工程和社会应用实践密切联系.实验教材的出版是创建实验教学示范中心的重要成果之一.为此南京大学出版社在为"示范中心"出版实验教材方面予以全面配合,并启动"21 世纪应用型高等院校示范性实验教材"项目.该系列教材旨在整合、优化实验教学资源,帮助示范中心实现其示范作用,交希望能够为更多的实验中心参考、使用.

教学改革是一个长期的探索过程,该系列实验教材作为一个阶段性成果,提供给同行们评议和作为进一步改革的新起点.希望国内广大的教师和同学能够给予批评指正.

孙尔康

前　言

　　大学物理实验是理工科学生必修的一门基础实验课程,它在培养学生科学的实验思想、研究方法、实验技能,特别是实事求是的实验态度等方面肩负着重要使命.进入21世纪,高等教育大众化对人才培养模式提出了新的要求,即培养规格更加多样性,培养方式更加开放性,教学内容更具有选择性,更加注重培养学生的实验能力,部分学校更是明确提出了培养应用型本科人才的理念.

　　为适应新的人才培养模式,满足培养应用型人才的需要,我们参考教育部非物理类专业物理基础课程教学指导分委员会《非物理类理工学科大学物理实验课程教学基本要求》及《高等学校基础课实验教学示范中心建设标准》,编写了这本《基础物理实验》教材.

　　本书共分八章,实验项目50余个,分布在趣味演示性实验、基础性实验、综合性与设计性实验、提高性与应用性实验、计算机仿真实验等板块中,可以按不同需要和培养计划组织教学.

　　本书在保证大学物理实验体系完整性的基础上,有如下几个特点:

　　1. 编入了趣味演示性实验.对一些典型的演示实验的原理、现象和操作进行简述,用于对文科学生的开放、预备实验、选修课等的参考教材,激发学生的学习兴趣.

　　2. 大部分实验配有"思考与创新",以开拓学生思维,培养学生的创新意识和创新能力.部分实验设计了"实验拓展",实验室可提供相应的实验条件,以达延伸课内实验内容之目的,满足不同层次学生的需要.

　　3. 大部分实验列出了"实验注意事项及常见故障的排除",有利于学生实验时能正确使用仪器,并能处理实验过程中遇到的简单仪器故障.培养学生独立实验的能力,从而为学生进行自主实验打下基础.

　　4. 部分实验配备了"仪器使用说明书",以方便学生预习,增加对仪器的熟悉程度,若有条件让学生到现场对照仪器预习,则效果会更好.

　　5. 单列了第三章"常用仪器的使用及说明",既方便实验基础较好的学生在进入实验室前能进一步熟悉这些常用仪器的使用方法,又可为一些实验基础薄弱的学生开设预备性实验,以保证正常实验课的教学质量.

　　6. 实验数据处理以Excel软件为主.因Excel软件具有不用编程即能执行数据处理、分析、统计等特点,对毕业后将在工程一线工作的工科学生来说是有意义的.

7. 大部分实验项目后列出了"参考文献",以供学生查阅文献和进一步学习之用,同时也可培养学生查阅文献的能力. 部分实验项目的最后给出了"附录",主要介绍与该实验有关的史料和物理实验在现代科学技术中的应用知识.

8. 第八章简单介绍了计算机仿真实验,为学生充分预习、开阔视野、激发兴趣提供了新途径.

编写过程中参考的资料都在参考文献中逐一列出,在此谨向它们的作者表示衷心的感谢. 同时也感谢为本书做出过贡献的所有人员.

本书可作为理工科和师范院校非物理类专业、职业技术学院及其他院校的大学物理实验课教材或参考书.

由于作者水平、时间及条件所限,书中错误和疏漏之处再所难免,对基础性、综合性与设计性及提高性与应用性实验内容的划分也不一定恰当,编排体式也未必合理,敬请同行专家和读者批评指正.

编　者

2016 年 6 月

目 录

第6章 综合性与设计性实验

第7章 提高性与应用性实验

第1章 绪 论

§1.1 大学物理实验的重要性

物理学是一门实验科学,在物理学发展的长河中,实验起着决定性的作用.一部物理学史充分说明,整个物理学大厦正是建立在物理实验这块基石上的.发现新的物理现象,寻找和验证物理定律等,都只能依靠实验.正是 16 世纪伟大的实验物理学家伽利略,用他出色的实验工作把古代对物理现象的一些观察和研究引上了当代物理学的科学道路,使物理学发生了革命性的变化.牛顿的经典力学就是建立在伽利略、开普勒和惠更斯等人的实验基础之上的.电磁学的研究,也是从库仑发明扭秤并用其来测量电荷之间的相互作用开始的.随后奥斯特、法拉第等人的实验工作成为麦克斯韦建立电磁场理论的重要基础.

经典物理学的基本定律几乎全部是实验结果的总结与推广.19 世纪以前是没有纯粹的理论物理学家的,所有物理学家都亲自从事实验工作.到了 20 世纪初,普朗克、爱因斯坦、玻尔等人的理论研究使物理学发生了巨大的、乃至革命性的变化,这些理论的发展则是从所谓"两朵乌云"和"三大发现"开始的.前者是指当时经典物理学无法解释的两个实验结果,即黑体辐射实验和迈克耳逊-莫雷实验;后者是指在实验室中发现了 X 射线、放射性和电子.由于物理学的发展越来越深入、越来越复杂,而人的精力有限,才有了以理论研究为主和以实验研究为主的分工,出现了"理论物理学家".然而,即使理论物理学家也绝对不能离开物理实验.爱因斯坦无疑是最著名的理论物理学家,而他获得诺贝尔奖是因为他正确解释了光电效应的实验;他当初提出的相对论是以"光速不变"的假设为基础的,只是经过长期大量的实验后,相对论才普遍被人们接受.

总之,物理学的理论来源于物理实验又必须最终由物理实验来验证.因此,要从事物理学的研究,必须掌握物理实验的基本功.物理实验不仅对于物理学的研究工作极其重要,对于物理学在其他学科中的应用也十分重要.当代物理学的发展已经使我们的世界发生了惊人的改变,而这些改变正是物理学在各行各业中应用的结果.

电子物理、电子工程、光信息科学与技术等学科显然都是以物理学为基础的;在化学中,从光谱分析到量子化学、从放射性测量到激光分离同位素,也无一不是物理学的应用;近代生命科学更是离不开物理学,DNA 的双螺旋结构就是美国遗传学家和英国物理学家共同建立并为 X 射线衍射实验所证实的,而对 DNA 的操纵、切割、重组也都需要实验物理学家的帮助;在医学中,从 X 射线透视、B 超诊断、CT 诊断、核磁共振诊断到各种理疗手段,包括放射性治疗、激光治疗、γ 刀等都是物理学的应用.物理学正在渗透到各个学科领域,而这种渗透无不与实验密切相关.显然,实验正是连接物理基础理论与其他应用学科的桥梁.只有真正掌握了物理实验的基本功,才能顺利地把物理原理应用到其他学科而产生质的飞跃.

　　大学物理实验是其他物理实验的入门,因而被列为理工科学生的必修基础课.大学物理实验课是理工科学生进入大学后接受系统实验方法和实验技能训练的开端,具有不可替代的重要作用.然而,中国社会长期以来所形成的重理论轻实践的错误观念至今仍有影响,物理实验,尤其是所谓"不结合专业"的大学物理实验的重要性往往被忽视.诺贝尔物理学奖获得者、著名的美籍华裔实验物理学家丁肇中先生曾说:"我是一个做实验的工程师,希望通过我的得奖,能提高中国人对实验的认识,没有实验就没有现代科学技术."据统计,1901年以来,实验物理学家得诺贝尔奖的人数是理论物理学家人数的两倍;而近30年来,前者的人数超过后者的6倍以上.由此可见,物理实验的重要性正在越来越明显地被认识到.

§1.2　大学物理实验课的基本要求

　　1. 使学生在实验的基本知识、基本方法和基本技能等方面得到严格而系统的训练.

　　基本知识主要包括实验的原理、各类仪器的结构与工作机理、实验的误差分析与不确定度评定、实验结果的表述方法以及如何对实验结果进行分析与判断等.基本方法包括如何根据实验目的和要求确定实验的思路与方案、如何选择和正确使用仪器、如何减少各类误差及如何采用一些特殊方法来获得通常难以获得的结果等.基本技能包括各种调节与测试技术(粗调、微调、准直、调零、读数、定标等)、电工技术(识别元件、焊接、排除故障和安全用电等)、电子技术(微电流检测、弱信号放大等)、传感器技术(力传感器、位移传感器、温度传感器、磁传感器和光电传感器等),以及查阅文献能力、自学能力、协作共事能力、总结归纳能力和口头表达能力等.

　　这种"三基"训练有时会比较枯燥,但却是完全必要的,它是最基本的动手能力的体现,因而必须确保其实现.没有这种严格的基本训练,很难成为高素质的实验人才.

　　2. 开设大学物理实验并不是为了建立新概念、发现新规律,而是从中学习用实验的方法研究物理现象、验证物理规律.通过实验与理论的相互配合,加深对物理理论的理解和掌握,并在实践中培养发现问题、分析问题和解决问题的能力.

　　研究物理现象和验证物理规律是进行物理实验的根本目的.在学习"三基"的过程中要有意识地学习这种能力.一般的"验证性实验"虽然是教师安排好的,但学生应仔细体会其中的奥妙所在,不应只按所规定的步骤操作、记数据、得结果就算完成.要多问几个为什么,想一想不按所规定的步骤去做会有什么问题或者能否想出别的方法来达到同样的目的.在一定的条件下,经教师同意,也可以做自己设计的实验.

　　进行物理实验也是真正理解和掌握物理学理论的重要手段.只从书本上得到的知识往往是不完整、不具体的.只有通过实验,才能使抽象的概念和深奥的理论变成具体的知识和实际的经验,变为在解决实际问题中的有力工具.因此,要真正理解和掌握物理学理论,就不能只从课堂上学习,还必须要到实验室去学习,只有亲自动手、亲自体会,才能学到真正的、活生生的物理.

　　在实验中要做到及时发现问题,就必须有意识地培养自己的观测能力,要乐于观测、善于观测.观测能力是实验能力的一个重要表现,观测的基本任务是合理地、充分地发挥仪器的功能,观察物理现象,并在仪器精度范围内测准物理信息.我们应充分利用各种感观和大脑去判断、试探和估量物理现象是否按预期出现、设备运行是否正常及仪器显示的物理信息是否受到干扰等. 只有这样,才能准确捕捉所需要的实验现象,为后续的实验分析提供丰富的实验素材.

在实验过程中还往往会遇到一些意想不到的问题. 这些问题虽然可能不是实验研究的主要对象,但也不应轻易放过. 这常常是提高分析问题、解决问题能力的好机会. 要注意观察、及时记录、认真分析,必要时可以进行深入研究. 实际上,科学史上不少重要发现都是在意想不到的情况下"偶然"出现的.

3. 养成实事求是的科学态度和积极创新的科学精神.

这是在整个教学过程中都要贯彻的要求,而在物理实验教学中则尤为重要. 因为物理学研究"物"之"理",就是从"实事"中去求"是",所以严肃认真的物理学工作者都坚持"实践是检验真理的唯一标准". 物理学中的"实践"主要就是物理实验,在物理实验课中最能培养实事求是、严谨踏实的科学态度. 任何弄虚作假、篡改甚至伪造数据的行为都是绝对不允许的. 在物理实验课中,严格规定了记录数据不准用铅笔,不能用涂改液,误记或错记数据的更改要写明理由并经指导教师认可等,这些都是为了帮助学生养成实事求是的良好习惯. 实际上,实验结果是什么就是什么,没有"好"、"坏"之分. 与原来预想不一致的实验结果不仅不应随便舍弃,还应特别重视,它可能是某个新发现的开端. 历史上许多新的物理学理论都是由于旧理论无法解释某些实验现象而建立起来的,因此,实事求是的严谨态度与积极创新的科学作风是相联系的. 只有在严谨的实验中才能发现真正的问题,而解决这些问题往往需要坚忍不拔的毅力和积极创新的思维. 实际上,只要认真去做实验,一定会发现许多问题,其中有些问题教师也未必能解决. 所以,实验室应当而且可以成为培养学生求实态度和创新精神的最好场所.

§1.3 大学物理实验的重要环节

一、预习

预习是上好实验课的基础和前提. 没有预习,或许可以听好一堂理论课,但绝不可能完成好一堂实验课. 预习的基本要求是仔细阅读教材,了解实验的目的和要求及所用到的原理、方法和仪器设备. 大多数实验有供预习的多媒体课件或仿真实验,学生可以利用校园网从电脑上更清晰地看到实验概况及原理、仪器设备等. 对于那些暂时还无法通过校园网进行预习的实验,则最好在规定时间去实验室实地了解一下仪器设备的状况. 有些实验还需要翻阅一些参考书. 通过预习,应对将做的实验有大致的了解,并写好预习报告. 一份完整的预习报告主要包括实验目的、原理(必要时还应绘出说明原理用的草图)、步骤及数据表格等. 数据表格中要留有余地,以便有估计不到的情况发生时能够记录. 直接测量的量和间接测量的量(由直接测量的量计算所得的量)在表中要清楚地分开,不应混淆.

二、操作

进入实验室前必须详细了解实验室的各项规章制度,这些规章制度是为保护人身和仪器设备的安全而制定的,进入实验室后必须严格遵守.

　　实验操作主要包括线路的连接、仪器仪表的安装调试和使用、实验现象的观测、数据测量及列表记录等.做实验时,要胆大心细、严肃认真、一丝不苟.对于精密贵重的仪器或元件,特别要稳拿轻放.在电学实验中,接好的线路必须经教师检查无误后方可接通电源.在使用任何仪器前,必须先看注意事项或说明书;在调节时,应先粗调后微调;在读数时,应先取大量程后取小量程.实验完成后,应整理好仪器设备,填写仪器使用登记簿,并关闭门、窗、水、电后,方可离开实验室.

　　在实验中要多动手、勤动脑,提高实验分析能力,掌握排除故障的技巧.只有在实验中认真动手、积极动脑,才能触类旁通,掌握实验的真谛,学到从实践中发现问题、分析问题、解决问题的真功夫.其中,发现问题是解决问题的第一步,有所发现才能有所创新.因此,在实验过程中要十分注意各种实验现象.教学实验与科学实验不同,在教学实验中,实验结果(或测量值)往往是预知的,或有公认值(或理论值)的,实验结果与公认值不一致的情况是经常会发生的.这种不一致的原因,不一定是因为学生操作的失误、概念理解不当或计算错误,它也可能是由于仪器设备不正常或环境等其他原因造成的.决不可认为实验结果与公认值越接近,就表明实验做得越好,得分也会越高;更不可为追求实验结果与公认值的一致而伪造或篡改实验记录.从学生学习的角度讲,过程比结果更重要.教师对学生的培养与评价,侧重于实验的态度与作风,以及发现、分析、解决问题的能力.一旦发现测量值与理论值相差很远,就应该分析实验方法是否正确,仪器设备是否符合要求,实验环境是否影响太大.找出产生误差的原因,尽力排除一般故障.可以说,能否发现仪器故障及掌握排除故障的技能、能否正确分析误差来源是实验能力强弱的重要表现.

　　实验记录是做实验的重要组成部分,它应全面真实地反映实验的全过程,包括时间、地点、姓名、实验的主要步骤(必要时写明为什么要采取这样的步骤)、观察与测量的条件和情况、观察到的现象和测量到的数据(为了清楚起见,数据常用表格来记录)以及发现的问题等.不仅要记录与预想一致的数据和现象,更要记录与预想不一致的数据和现象.记录应尽量清晰、详尽.科学研究中的实验记录本是极其宝贵的资料,要长期保存.数据记录必须真实,绝不可任意伪造或篡改,这是一个科学工作者的基本道德素养.

三、写实验报告

　　写实验报告是培养实验研究人才的重要一环.实验报告可以在预习报告的基础上继续写,也可以重写一份.对于实验报告,有些学生往往只重视数据处理和得出实验结果,对于实验的记录以及原理、步骤等的撰写很不重视,这是很不对的.

　　研究工作取得的成果,一般都要以论文形式发表.为了训练这种对实验成果的文字表达能力,在实验报告中,要求用自己的语言简要地写明实验目的、原理和步骤并进行适当的讨论.初学者对此往往感到难以下手,下面提供几点内容以供参考:

　　1.简要地阐明为什么和如何做实验.这主要包括实验的目的、原理和步骤.写这些内容时,要尽量用自己的语言,不要从教材、书本或其他地方抄;内容应以别人能看懂,自己今后也能看懂为标准;篇幅应力求简短.

　　2.真实而全面地记录实验条件和实验过程中得到的全部信息.实验条件包括实验的环境(如室温和气压等与实验有关的外部条件)、所用的仪器设备(名称、型号、主要规格和编号等)、实验对象(样品名称、来源及其编号等)以及其他有关器材等.实验过程中要随时记下观察到的现象、发现的问题和自己产生的想法；特别当实际情况和预期不同时，要记下有何不同，分析为何不同. 记录实验数据要认真、仔细，但不要把数据先记在草稿上再誊写上去，更不要算好了再填上去；要培养清晰而整洁地记录原始数据的能力和习惯.

3. 认真地分析和解释实验结果，得出实验结论. 实验结果不是简单的测量结果，它不仅包括不确定度的评定、对测量结果与期望值的关系的讨论，分析误差的主要原因和改进方法，还应包括对实验现象的分析与解释，对实验中有关问题的思考和对实验结果的评论等.

4. 对所用的仪器设备能否提出改进的设想，做本实验的体会及对教师或教材的意见和建议等.

第 2 章　数据处理与误差分析

　　一切科学实验都要进行测量,因此总会记录大量的数据.所有的测量均存在误差,大学物理实验当然也不例外.误差理论和数据处理是每一个实验都会遇到的问题,两者是不可分割的有机整体,已经成为一门广受科技界重视的科学.限于篇幅和学时,本章只介绍误差理论与数据处理的初步知识,有的只引用它的结论和计算公式,以满足大学物理实验的基本要求.

§2.1　测量与误差

一、直接测量和间接测量

　　在大学物理实验中,我们不仅要定性地观察和描述物理现象及其变化,还要定量地测量某些物理量的值.研究物理现象、了解物质的性质及验证物理原理都离不开测量.所谓测量就是将被测的物理量与同类已知物理量进行比较,用已知量来表示被测量.这些已知量称作计量单位.测量时,待测量与已知量比较得到的倍数称为测量值.例如某一物体的长度是单位米的 1.119 6 倍,则该物体的测量值为 1.119 6 米.

　　在人类历史的不同时期、不同国家乃至不同地区,同一物理量有许多不同的计量单位.为了便于国际贸易以及科技文化的交流,国际计量大会于 1960 年确定了国际单位制,其国际代号为 SI. 国际单位制中有 7 个基本单位,它们分别是长度单位米(m),质量单位千克(kg),时间单位秒(s),电流强度单位安培(A),热力学温度单位开尔文(K),物质的量单位摩尔(mol),发光强度单位坎德拉(cd).

　　测量可分为直接测量和间接测量两类.直接测量是指某些物理量可以通过相应的测量仪器直接得到被测量的量值的方法.如用米尺量长度,用天平和砝码测物体的质量,用电桥或欧姆表测导体的电阻等.间接测量是指利用直接测得量与被测量之间已知的函数关系,经过计算而得到被测量值的方法.例如,用单摆测量重力加速度 g 时,先直接测出摆长 L 和摆动周期 T,再依据公式 $g = 4\pi^2 L/T^2$ 进行计算,求出 g 值;再如要测量导体的电阻 R,可用电压表测量导体两端的电压 U,用电流表测量通过该导体的电流 I,然后用公式 $R = U/I$ 计算出导体的电阻.

二、测量误差及其表示方法

　　任何测量过程中必然伴随有误差产生,这是因为任何测量仪器、测量方法都不可能绝对正确,测量环境不可能绝对稳定,测量者的观察能力和分辨能力也不可能绝对精细和严密.因此,分析测量中可能产生的各种误差,尽可能地消除其影响,并对测量结果中未能消除的误差作出估计,是科学实验中不可缺少的工作.为此,我们必须了解误差的概念、特性、产生的原因、消除的方法以及对未能被消除的误差如何作出估计等知识.

（一）误差的定义

测量误差就是测量值 x 与被测量的真值 μ 之差值,若用 δ 表示,则有

$$\delta = x - \mu \tag{2-1-1}$$

δ 反映了测量值偏离真值的大小,即反映了测量结果的可靠程度.所谓真值是指该物理量本身客观存在的真实量值,但由于客观实际的局限性,真值一般是不知道的.通常我们只能测得物理量的近似真值,故对测量误差的量值范围也只能给予估计.国际上规定用不确定度(Uncertainty)来表征测量误差可能出现的量值范围,它也是对被测量的真值所处的量值范围的评定.

有时出于使用上的需要,在实际测量中,常用被测量的实际值来代替真值.而实际值是指满足规定精确度的用来代替真值使用的量值(又称约定真值).例如在检定工作中,把高一等级精度的标准所测得的量值称为实际值,如用 0.5 级电流表来测得某电路的电流为 2.100 A,用 0.2 级电流表测得为 2.102 A,则后者视为实际值.

（二）误差的表示方法

误差 δ 常称为绝对误差,其大小不同,反映了测量结果的优劣不等,但它只能适用于同一物理量.例如 20 mm 厚的平板,用千分尺测得的绝对误差分别为 0.005 mm 和 0.003 mm,则显然后者优于前者.但若要比较两个不同的物理量,如 20 mm 和 2 mm 厚的两块平板,用千分尺测得它们的绝对误差都为 0.005 mm,若用绝对误差来评价,则测量误差相同.显然,用绝对误差表示没有能反映出它的本质特征.另外,若要比较两类不同物理量的测量优劣,如某物长 20 mm,绝对误差为 0.05 mm,某物质量 17.03 g,绝对误差为 0.02 g,因绝对误差数值与单位都不同而无法比较.基于上述两种情况,还需引入相对误差的概念,即

$$E_{\mathrm{r}} = \frac{\delta}{\mu} \times 100\% \tag{2-1-2}$$

所以相对误差也称为百分误差.由(2-1-2)式可见相对误差是一个不带单位的纯数,所以它既可评价量值不同的同类物理量的测量,也可评价不同类物理量的测量,以判断它们之间的优劣.

三、误差的分类及其处理方法

按照误差的特点与性质,误差可分为系统误差、随机误差(也称偶然误差)和粗大误差三类.

（一）系统误差

在同一条件下(指方法、仪器、人员及环境不变),多次测量同一量值时,绝对值和符号保持不变的误差;或在条件改变时,按一定规律变化的误差,称为系统误差.系统误差的来源大致有以下几个方面:

1. 仪器误差:由于仪器本身的缺陷或未按规定条件使用仪器而造成的误差.如仪表指针在测量前没有调准到零位而带来的测量误差;米尺本身由于刻度划分得不准,或因环境温

度的变化导致米尺本身长度的伸缩带来的测量误差等.

2. 理论或方法的误差:由于所依据的理论及公式本身的近似性,测量时未能达到公式理想化的条件或实验方法不完善而带来的误差. 如用伏安法测电阻,由于没有考虑电流表或电压表内阻而带来的测量误差.

3. 环境误差:由于外界环境,如温度、湿度、电场、磁场和大气压强等因素的影响而带来的误差.

4. 个人误差:由于观测者本身的感官,特别是眼睛或其他器官的不完善以及心理因素而导致的习惯性误差. 这种误差,往往是因人而异,如停表计时,有人反应较慢,所以计时总是失之过长.

系统误差可以通过校准仪器、改进实验装置和实验方法,或对测量结果进行理论上的修正来加以消除或尽可能减小. 然而发现和减小实验中的系统误差并非易事,这需要实验者深入了解实验的原理、方法与步骤,熟悉所使用仪器的特点和性能,还要在实验中不断积累理论知识和实践经验,才能找出产生系统误差的原因,以及消除、减小系统误差的方法.

（二）随机误差

随机误差是在对同一被测物理量进行多次测量过程中,绝对值与符号都以难以预知的方式变化着的误差. 这种误差是由于实验中各种因素的微小变化而引起的,如温度、气流、光照强度、电磁场的变化引起的环境变化. 观测者在判断、估计读数上的偏差等使得多次测量值在某一值附近有涨落. 就某一次测量而言,这种涨落完全是随机的,其大小和方向都是难以预测的. 但对某个量进行足够多次的测量后,随机误差总是按照一定的统计规律分布. 常见的一种情况是:测量值比真值大或比真值小的概率相等;误差较小的数据比误差大的数据出现的概率大;同时,绝对值很大的误差出现的概率趋于零. 这是称之为正态分布（即高斯分布）的一种情况. 事实上随机误差还有其他的分布情况,如 t 分布、均匀分布、x^2 分布等.

由于正态分布的随机误差有上述特点,因此减小随机误差对测量结果的影响的有效办法是进行多次测量,并尽可能增加测量次数.

在相同的条件下,对某物理量 x 作 n 次的独立测量,得到的 x 值为 $x_1, x_2, x_3, \cdots, x_n$. 于是平均值 $\bar{x}$ 为测量结果的最佳值,即

$$\bar{x} = (x_1 + x_2 + x_3 + \cdots + x_n)/n = \sum x_i/n \qquad (2-1-3)$$

可以证明,当系统误差已被消除,则测量值的算术平均值最接近被测量的真值. 因此常用测量值的算术平均值 $\bar{x}$ 表示测量结果.

对于测量值的可靠程度常用标准偏差来估计. 标准偏差小,说明多次测量数据的分散程度小,测量的可靠性就大;反之,测量的可靠性就小. 在大学物理实验中,多次独立测量得到的数据一般可近似看作正态分布,此时实验的标准偏差以 $S(x)$ 表示,即

$$S(x) = \sqrt{\frac{\sum_{i=1}^{n}(x_i - \bar{x})^2}{n-1}} \qquad (2-1-4)$$

其意义为任一次测量的结果落在 $[\bar{x} - S(x)]$ 到 $[\bar{x} + S(x)]$ 的区间内的概率为 0.683. 式中 $x_i - \bar{x}$ 是每一次测量值与算术平均值之差,称为残差.

平均值 $\bar{x}$ 的标准偏差为

$$S(\bar{x}) = \sqrt{\dfrac{\sum\limits_{i=1}^{n}(x_i - \bar{x})^2}{n(n-1)}} \qquad (2-1-5)$$

其意义为待测物理量处于 $[\bar{x} - S(\bar{x})]$ 到 $[\bar{x} + S(\bar{x})]$ 区间的概率为 0.683. (关于"标准偏差"的意义请参阅本章附录)

（三）粗大误差（或称过失误差）

实验测量中出现的那些用测量的客观条件不能合理解释的突出误差称为粗大误差. 它是由于实验者的疏忽而引进的差错, 例如读数或计算出现的错误等. 对这种数据应当予以剔除.

四、精度

反映测量结果与真值接近程度的量称为精度, 它与误差的大小相对应. 精度可分为:

1. 准确度: 指测量数据的算术平均值偏离真值的程度, 它反映了系统误差的大小.

2. 精密度: 指测量数据本身的离散程度, 它反映了随机误差的大小.

3. 精确度: 指测量数据偏离真值的离散程度, 它反映了系统误差和随机误差的综合影响的大小.

对于具体的测量, 精密度高的, 准确度不一定高; 准确度高的, 精密度也不一定高; 但精确度高的, 精密度和准确度都一定高. 如图 2-1-1 所示的打靶结果, 子弹落在靶心周围有三种情况: 图 2-1-1(a)表示系统误差小而随机误差大, 即准确度高而精密度低; 图 2-1-1(b)表示系统误差大而随机误差小, 即准确度低而精密度高; 图 2-1-1(c)表示系统误差和随机误差均小, 即精密度高.

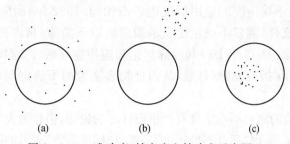

(a)　　　　　(b)　　　　　(c)

图 2-1-1　准确度、精密度和精确度示意图

具体的测量有等精度与非等精度之分. 对同一被测量, 在相同的实验条件下(指同一实验仪器、实验方法、实验环境、实验者等), 进行多次重复测量, 各次测得结果又有所不同. 对于这类测量, 没有任何理由能说明其中某一次测量比另一次测量更精确, 只能认为每次测量的精确程度是相同的, 这种具有同样精确程度的测量称为等精度测量. 反之, 在多次重复测量中, 只要上述诸实验条件中任何一个发生了变化, 那么, 这种测量便是非等精度测量. 非等精度测量情况比较复杂, 限于本课程的教学时数及教学要求, 下面只讨论等精度测量的数据处理问题.

§2.2 实验不确定度的评定

一、不确定度

如上所述,用误差来表征测量结果的可信程度,是利用了测量值和真值之间的偏差程度,但由于客观实际的局限性(如测量仪器和测量者的问题),真值一般是不知道的.为了更确切地表征实验测量数据,我们引入了不确定度作为实验测量结果接近真实情况的量度.不确定度表征了测量结果的分散性和测量值可信赖的程度,它是被测量的真值在某个量值范围内的一个评定.在测量方法正确的情况下,不确定度愈小,表示测量结果愈可靠;反之,不确定度愈大,测量的质量愈低,其可靠性也愈差.

不确定度必须正确评价.若评价得过大,则在实验中会因怀疑结果的正确性而不能果断地作出判断,在生产中会因测量结果不能满足要求而造成浪费;若评价得过小,在实验中可能会得出错误的结论,在生产中则产品质量不能保证,造成危害.

必须指出,不确定度概念的引入并不意味着排除使用误差的概念.实际上,误差仍可用于定性地描述实验的结果.误差仍可按其性质分为随机误差、系统误差等,仍可描述误差分布的数据特征,表征与一定置信概率相联系的误差分布范围等.不确定度则用于给出具体数值或进行定量运算、分析的场合,表示由于测量误差的存在对被测量值不能确定的程度,反映了可能存在的误差分布范围,表征被测量的真值所处的量值范围的评定,所以不确定度能更准确地用于测量结果的表示.

二、标准不确定度

不确定度的评定在实际测量中是十分重要的,但以往各国对不确定度的表示和评定没有统一的规定,且不确定度的应用情况也各不相同.1992年,国际标准化组织(ISO)发布了具有指导性的文件《测量不确定度表示指南》(以下简称《指南》),为世界各国不确定度的统一奠定了基础.1993年ISO和国际理论与应用物理联合会(IUPAP)等七个国际权威组织又联合发布了《指南》的修订版,从而使物理实验的不确定度评定有了国际公认的准则.

该《指南》对实验的测量不确定度有严格而详尽的论述,但作为大学物理实验教学,这里只介绍标准不确定度.所谓"标准不确定度"是指以"标准偏差"表示的测量不确定度估计值,简称不确定度,本书将其记为u.

标准不确定度一般可分为以下三类:

1. A类不确定度:在同一条件下多次测量,即由一系列观测结果的统计分析评定的不确定度,简称A类不确定度,常记为u_A.

2. B类不确定度:由非统计分析评定的不确定度,简称B类不确定度,常记为u_B.

3. 合成不确定度:某测量值的A类与B类不确定度按一定规则算出的测量结果的标准不确定度,简称合成不确定度.

下面分别讨论如何进行不确定度的评定、合成、传递及表示.

三、标准不确定度的评定

（一）A 类不确定度 u_A

在相同的条件下，对某物理量 x 作 n 次的独立测量，得到的 x 值为 $x_1, x_2, x_3, \cdots, x_n$，平均值为 $\bar{x}$（应为测量结果的最佳值），其不确定度为

$$u_A(\bar{x}) = t \cdot \sqrt{\frac{\sum_{i=1}^{n}(x_i - \bar{x})^2}{n(n-1)}} \qquad (2-2-1)$$

式中的 t 就称为"t 因子"，它与测量次数和"置信概率"有关（所谓"置信概率"是指真值落在 $\bar{x} \pm u_A(x)$ 范围内的概率）. t 因子的数值可以根据测量次数和置信概率查表得到：当测量次数较少或置信概率较高时，$t > 1$；当测量次数 $n \geqslant 10$ 且置信概率为 68.3% 时，$t \approx 1$；在大多数大学物理教学实验中，为了简便，一般就取 $t = 1$. 表 2-2-1 给出的是在置信概率 $P = 0.683$ 时，不同的测量次数 n 对应的 t 因子.

表 2-2-1　不同测量次数下 t 因子的值（$P = 0.683$ 时）

测量次数 n	2	3	4	5	6	7	8	9	10	20
$t_{0.683}$	1.84	1.32	1.20	1.14	1.11	1.09	1.08	1.07	1.06	1.03

（二）B 类不确定度 u_B

若对某物理量 x 进行单次测量，那么 B 类不确定度由测量不确定度 $u_{B1}(x)$ 和仪器不确定度 $u_{B2}(x)$ 两部分组成.

测量不确定度 $u_{B1}(x)$ 是由估读引起的，通常取仪器分度值 d 的 1/10 或 1/5，有时也取 1/2，视具体情况而定，特殊情况下，可取 $u_{B1}(x) = d$，甚至更大. 例如用分度值为 1 mm 的米尺测量物体长度时，在较好地消除了视差的情况下，测量不确定度可取仪器分度值的 1/10，即 $u_{B1}(x) = (1/10) \times 1\,mm = 0.1\,mm$；但在示波器上读电压值时，如果荧光线条较宽、且可能有微小抖动，则测量不确定度可取仪器分度值的 1/2，若分度值为 0.2 V，那么测量不确定度 $u_{B1}(x) = (1/2) \times 0.2\,V = 0.1\,V$；又如，利用肉眼观察远处物体成像的方法来粗测透镜的焦距时，虽然所用钢尺的分度值只有 1 mm，但此时测量不确定度 $u_{B1}(x)$ 可取数毫米，甚至更大.

仪器不确定度 $u_{B2}(x)$ 是由仪器本身的特性所决定的，它定义为：

$$u_{B2}(x) = \frac{a}{c} \qquad (2-2-2)$$

式中 a 是仪器说明书上所标明的"最大误差"或"不确定度限值"；c 是一个与仪器不确定度 $u_{B2}(x)$ 的概率分布特性有关的常数，称为"置信因子". 仪器不确定度 $u_{B2}(x)$ 的概率分布通常有正态分布、均匀分布、三角形分布以及反正弦分布、两点分布等. 对于正态分布、均匀分布和三角形分布，置信因子 c 分别取 3，$\sqrt{3}$ 和 $\sqrt{6}$. 如果仪器说明书上只给出不确定度限值（即最大误差），却没有关于不确定度概率分布的信息，则一般可用均匀分布处理，即

$u_{B2}(x) = \dfrac{a}{\sqrt{3}}$．有些仪器说明书没有直接给出其不确定度限值，但给出了仪器的准确度等级，则其不确定度限值 a 需经计算才能得到．如指针式电表的不确定度限值等于其满量程值乘以等级；又如满量程为 10 V 的指针式电压表，其等级为 1 级，则其不确定度限值 $a = 10\ V \times 1\% = 0.1\ V$．

四、标准不确定度的合成与传递

由正态分布、均匀分布和三角形分布所求得的标准不确定度可以按以下规则进行合成与传递．

（一）合成

1. 在相同条件下，对 x 进行多次测量时，待测量 x 的标准不确定度 $u(x)$ 由 A 类不确定度 $u_A(x)$ 和仪器不确定度 $u_{B2}(x)$ 合成而得．即

$$u(x) = \sqrt{u_A^2(x) + u_{B2}^2(x)} \qquad (2\text{-}2\text{-}3)$$

其中，$u_{B2}(x)$ 的值由 (2-2-2) 式根据相应的概率分布进行估算．

2. 对待测量 x 进行单次测量时，待测量 x 的标准不确定度 $u(x)$ 由测量不确定度 $u_{B1}(x)$ 和仪器不确定度 $u_{B2}(x)$ 合成而得．即

$$u(x) = \sqrt{u_{B1}^2(x) + u_{B2}^2(x)} \qquad (2\text{-}2\text{-}4)$$

对于单次测量，有时会因待测量的不同，其不确定度的计算也有所不同．例如用温度计测量温度时，温度的不确定度合成公式为 (2-2-4) 式；而在长度测量中，长度值是两个位置读数 x_1 和 x_2 之差，其不确定度合成公式为 $u(x) = \sqrt{u_{B1}^2(x_1) + u_{B1}^2(x_2) + u_{B2}^2(x)}$，这是因为 x_1 和 x_2 在读数时都已测量不确定度，因此在计算合成不确定度时都要计入．

（二）传递

在间接测量时，待测量（即复合量）是由直接测量量通过计算而得的．若 $y = f(x_1, x_2, x_3 \cdots, x_N)$，且各 x_i 相互独立，则测量结果 y 的标准不确定度 $u(y)$ 的传递公式为

$$u^2(y) = \sum_{i=1}^{N} \left(\frac{\partial f}{\partial x_i}\right)^2 u^2(x_i) \qquad (2\text{-}2\text{-}5)$$

由这个公式可以得到一些常用的不确定度传递公式如下：

对加减法：$y = x_1 + x_2$，则

$$u^2(y) = u^2(x_1) + u^2(x_2) \qquad (2\text{-}2\text{-}6)$$

对乘除法：$y = x_1 \cdot x_2$，或 $y = \dfrac{x_1}{x_2}$，则

$$\left[\frac{u(y)}{y}\right]^2 = \left[\frac{u(x_1)}{x_1}\right]^2 + \left[\frac{u(x_2)}{x_2}\right]^2 \qquad (2\text{-}2\text{-}7)$$

对乘方（或开方）：$y = x^n$，则

$$\left[\frac{u(y)}{y}\right]^2 = \left[n \cdot \frac{u(x)}{x}\right]^2 \qquad (2\text{-}2\text{-}8)$$

五、不确定度的表示

不确定度表示的是待测量 x 的真值在一定的置信概率下可能存在的范围,其一般表示法为

$$x \pm u(x)$$

若以不确定度对于待测量的百分比来表示,则更能看出不确定度的相对大小,即

$$\frac{u(x)}{x} \times 100\%$$

这称为不确定度的百分比表示法.

§2.3　有效数字及其运算规则

一、有效数字的一般概念

（一）有效数字的概念

实验中测量的结果都是有误差的,那么测量值如何表达才算合理呢? 如用最小分度值为 1 mm 的尺子测得某物体的长度 $L = 12.46$ cm,可否写成 12.460 cm 或 12.460 0 cm 呢? 回答当然是否定的,因为用该米尺测量时,毫米以下的一位数字 6 已经是估计的(即有误差存在),再往下估读已无实际意义. 在大学物理实验中,12.460 和 12.460 0 这两个数值与 12.46 有着不同的含义,即表示它们的误差是不相同的.

在实验测量和近似计算中得到的数据,其末位是有误差的,我们称这种数为有效数字. 所以,有效数字是由若干位准确数字和一位欠准确数字构成的. 上面举的例子中 $L = 12.46$ cm, 就是有四位有效数字. 若我们用最小分度为 0.02 mm 的游标卡尺去测量该物体,得 $L = 12.460$ cm;用最小分度为 0.01 mm 的螺旋测微器测量该物体,读数为 12.460 2 cm,则它们分别有五位和六位有效数字. 由此可见,同一物体,用不同精度的仪器去测量,有效数字的位数是不同的,精度越高,有效位数越多.

当我们用 m 或 km 作单位时,物理量 $L = 12.46$ cm 表示为 $L = 0.124 6$ m 或 $L = 0.000 124 6$ km,它们是几位有效数字呢? 因为单位换算并没有改变它们原来测量的精度,因此仍是四位有效数字,这里的"0"是确定小数点位置的,不是有效数字,也就是说,在非零数字前的"0"不是有效数字. 当"0"不是确定小数点位置,即在非零数字后面时,与其他的字码是有同等地位的,都是有效数字. 例如,1.005 cm,是四位有效数字;1.00 m 是三位有效数字. 这里的"0"就不能随便地增或减.

（二）数值的科学表达方式

当一个数值很大,但有效数字又不多的情况下,如何来正确表达呢? 这时可以用尾数乘以 10 的多少次幂的形式表示,即所谓的科学记数法. 例如某号钢的弹性模量为 $E = 1.97 \times$

10^{11} N/m²，它有三位有效数字，显然写成 197 000 000 000 N/m² 是不妥当的. 同样，一个数值很小的量，如铜在 20℃时的线胀系数为 0.000 016 7，写成 1.67×10^{-5} 则较为简洁明了.

（三）有效数字和相对误差的关系

有效数字的最后一位是有误差的，因此，大体上可以这样说，有效数字的位数越多相对误差就越小，有效数字位数越少相对误差越大. 一般来讲，两位有效数字对应于十分之几到百分之几的相对误差；三位有效数字对应于百分之几到千分之几的相对误差，依此类推. 因此，在进行误差分析时，有时讲误差多大，有时讲几位有效数字，它们是密切相关的.

二、有效数字的运算规则

在物理实验中，大量遇到的是间接测量量，这就不可避免地要对测量施以各种运算. 进行有效数字运算有两条基本规则：(1) 计算的最终结果中一般只保留一位可疑数字；(2) 有效数字的末位确定以后，对其尾数用舍入法则进行取舍. 尾数小于 5 则舍去，大于 5 则末位进 1，等于 5 则把末位凑成偶数. 这样的舍入法则使尾数舍去与进入的概率相等.

例如：2.452 6 取三位有效数字，则为 2.45；2.345 6 取三位有效数字，则为 2.34；1.255 0 取三位有效数字，则为 1.26；12.365 0 取四位有效数字，则为 12.36.

（一）加减运算

根据误差合成的理论，加减运算后结果的绝对误差应等于参与运算的各数值误差之和. 如 $y = x_1 + x_2$，设误差分别为 Δy，Δx_1 和 Δx_2，则 $\Delta y = \Delta x_1 + \Delta x_2$. 可见 y 的绝对误差较各个 x 的绝对误差中最大的还大，而绝对误差大的 x 值，其有效数字的最后一位必然靠前. 因此，运算结果的有效数字末位应与参与运算中误差最大的数值的末位相同，即取至参与运算各数中最靠前出现可疑的那一位. 例如：

$$
\begin{array}{r}
3\,0.\underline{4} \\
+\ \ 4.32\underline{5} \\
\hline
3\,4.7\underline{2}\,5 \\
\end{array}
\qquad\qquad
\begin{array}{r}
3\,0.\underline{4} \\
-\ \ 0.23\underline{5} \\
\hline
3\,0.1\underline{6}\,5 \\
\end{array}
$$

上式中，因为 30.4 是参与运算的数据中误差最大的，所以两个计算结果都应该只保留一位小数，按照现在通用的"四舍六入五凑偶"的法则，分别为 34.7 和 30.2，有效数字为三位.

（二）乘除运算

根据误差合成的理论，乘除运算结果的相对误差等于参加运算各数值的相对误差之和，因此运算结果的相对误差应大于参加运算各数值中任一个的相对误差. 如设 $y = x_1 x_2$，误差分别为 Δy，Δx_1 和 Δx_2，则 $\dfrac{\Delta y}{y} = \dfrac{\Delta x_1}{x_1} + \dfrac{\Delta x_2}{x_2}$，即 y 的相对误差较各个 x 的相对误差都大. 同时，我们知道一个数值的有效数字位数与相对误差有关，相对误差越大，有效数字位数越少，所以乘除运算结果的有效数字位数，可估计为与参加运算各数中有效数字位数最少的相同. 例如：

```
                                              3 5.4 0
      1.6 3 4                          7 2 1 ) 2 5 5 2 8
    ×    1 5.6                                 2 1 6 3
      9 8 0 4                                  3 8 9 8
      8 1 7 0                                  3 6 0 5
    1 6 3 4                                    2 9 3 0
    2 5.4 9 0 4                                2 8 8 4
                                                 4 6 0
```

上面的例子中 15.6 和 721 有效位数最少,只有三位,故运算结果修约成三位有效数字,即分别为 25.5 和 35.4.

(三) 函数运算的有效数字

在进行函数运算时,不能搬用四则运算的有效数字的运算规则,因为四则运算规则不适用于函数运算. 实际上,四则运算的有效数字运算规则是根据误差传递理论及有效数字的含义总结、概括出来的. 所以对函数运算只能应用误差传递的方法,先求出函数的绝对误差的估计值,再由绝对误差值在小数点前后的位置来确定函数值的末位(应与绝对误差位置对齐),从而确定函数值的有效数字.

在物理实验中,为了简便和统一起见,对常用的对数函数、指数函数和三角函数可在其可疑位增加 1 和减少 1 来计算其值,根据其数据的变化,确定它的有效数字的位数. 如求 $\sin 20°13'$,可先求 $\sin 20°14' = 0.345\,844\,1$,再求 $\sin 20°12' = 0.345\,298\,2$,两值在小数点后第四位开始变化,因此,$\sin 20°13' = 0.345\,6$ 就取四位有效数字.

(四) 在有效数字运算中还应注意的一些问题

1. 计算公式中的常数,如 π, g, $\sqrt{2}$ 等都是正确数,在运算中可根据需要截取其近似值的有效位数.

2. 首位数字为 8,9 的有效数字,其有效数字的位数可以比实际的位数多算一位. 如 8 756 可认为它是五位有效数字;923 可认为它是四位有效数字.

3. 为减小计算中的舍入误差,对参与运算的各有效数字进行修约时可比实际需要的多保留一位.

§2.4　实验数据的处理方法

物理实验中测量的原始数据,只有通过科学的处理,才能得到所需的结果. 实验数据处理不仅仅是数学运算的问题,而且也是物理实验课程要学习的一个重要内容. 下面介绍大学物理实验中常用的几种数据处理方法.

一、列表法

列表法是将实验中得到的数据按照一定的规律列成表格,这样不仅使物理量之间的对应关系变得更加清晰,还可以及时发现和分析实验过程中的问题,有助于从中找出规律. 列表也是其他数据处理方法的基础,因此应当熟练地掌握. 列表的一般要求是:

1. 表格的设计要简单明了,便于揭示物理量之间的相互关系,并为进一步的数据处理打下基础. 重点要考虑如何能完整地记录原始数据, 其次也可适当增加除原始数据以外的栏目, 以便于运算和检查.

2. 表格的各标题栏目中应注明物理量的名称、单位及数量级等, 数据栏内只记录测量的数值, 不必重复书写单位.

3. 记录数据要正确反映测量结果的有效数字.

4. 表格的名称、主要仪器的规格及环境温度、湿度、气压等有关的实验条件统一写在表格顶部.

二、作图法

作图是指把实验数据用自变量和因变量的关系作出图线. 用作图法处理实验数据的优点是: 形式简明直观, 易显示物理量之间的变化规律. 利用图线可方便地找出直线的斜率、曲线的极值、拐点以及周期等特征参量, 甚至还可以从曲线的延伸部分读出测量数据范围以外的点. 作图一般应遵循如下规则:

1. 作图一定要用坐标纸. 坐标纸有等分方格的, 单对数分度的, 双对数分度的以及极坐标等多种形式. 使用时, 可根据需要选用.

2. 坐标纸的大小及坐标轴比例的选取, 应以能容纳所有的实验数据点和不损失数据的有效数字为依据. 坐标纸的最小分格至少与实验数据中最后一位准确数字相当. 坐标的起点不一定过原点. 通常以图线充满图纸为原则, 不要使图线偏于一边或一角.

3. 坐标轴要标明物理量的名称及单位. 对坐标轴还应进行分度并标明分度值. 分度一般取 $1,2,5,10$ 数字为值, 以便于换算和描点.

4. 图上的数据点以 $+,\times,\triangle,\odot,\square$ 等符号标出. 如果一张图上要同时描绘几条图线, 则不同的图线应用不同的符号标记.

5. 描绘图线可用直尺或曲线尺等工具, 根据数据点分布的规律绘成直线或光滑曲线. 描绘时不必强求图线通过这些数据点, 只要实验数据点匀称地分布于图线两侧即可. 应当注意的是: 光滑描绘图线的原则不适用于绘制校准曲线. 例如电表校准曲线, 应该是相邻两点之间用直线段连接, 完整的图线则是折线, 这是基于校准的数据认为它是不存在误差的.

6. 当图线是直线时, 作图法常用于求直线的经验公式, 这时只要求出斜率 b 和截距 a, 就可得到直线方程:

$$y = a + bx$$

7. 对于非线性关系的图线, 在方格坐标纸上为曲线. 由于绘制曲线不如绘制直线容易, 而且绘制直线的精度高, 因此在可能的情况下, 通过适当的变换关系将曲线改成直线, 再用作图法来判断, 求取经验公式中的有关参数.

三、逐差法

逐差法也是物理实验数据处理中常用的一种方法, 常应用于处理自变量等间距变化的数据组. 由误差理论知道算术平均值最接近于真值, 因此在实验中应尽量地实现多次测量. 但在某些实验中, 如果简单地取各次测量的平均值, 并不能达到好的效果.

例如, 为了测量弹簧的劲度系数, 将弹簧挂在装有竖直标尺的支架上. 先记下弹簧端点

在标尺上的读数 x_0，然后依次加上 10 N,20 N,…,70 N 的力,则可读得七个标尺的读数,它们分别为 x_1,x_2,x_3,x_4,x_5,x_6,x_7,每变化 10 N 的外力标尺读数的变化量相应为 $\Delta x_1 = x_1 - x_0$,$\Delta x_2 = x_2 - x_1$,…,$\Delta x_7 = x_7 - x_6$. 如果直接求 Δx 的平均值可得:$\overline{\Delta x} = \dfrac{\Delta x_1 + \Delta x_2 + \cdots + \Delta x_7}{7} = \dfrac{x_7 - x_0}{7}$,$\overline{\Delta x}$ 的结果只用到始、末两次测量值,显然起不到求平均的作用,与一次增加 70 N 力的单次测量等价.

为了保持多次测量的优越性,通常把数据分成两组:一组是 x_0,x_1,x_2,x_3;另一组是 x_4,x_5,x_6,x_7. 然后取对应项的差值 $\Delta x_{4,0} = x_4 - x_0$,$\Delta x_{5,1} = x_5 - x_1$,$\Delta x_{6,2} = x_6 - x_2$,$\Delta x_{7,3} = x_7 - x_3$,则平均值

$$\overline{x_{i+4,i}} = \frac{\Delta x_{4,0} + \Delta x_{5,1} + \Delta x_{6,2} + \Delta x_{7,3}}{4}$$

$$= \left[(x_4 - x_0) + (x_5 - x_1) + (x_6 - x_2) + (x_7 - x_3) \right] \times \frac{1}{4}$$

在上面的方法中,各测量数据在平均值内都起了作用,$\overline{x_{i+4,i}}$ 对应于一次增加 40 N 的力标尺读数变化量的平均值. 这种数据处理的方法叫逐差法. 用逐差法处理数据,不仅能充分利用数据,起到求平均值的作用,而且还可以起到消除部分系统误差的作用. 由上可见,采用逐差法将保持多次测量的优越性.

四、最小二乘法

若两物理量 x,y 满足线性关系,并由实验等精度地测得一组数据(x_i,y_i; $i = 1,2,\cdots,n$),如何作出一条最符合所得数据的直线,以反映上述两变量间的线性关系呢? 除了用作图法进行拟合外,常用的还有最小二乘法.

最小二乘法的原理是:若最佳拟合的直线为 $y = f(x)$,则所测各 y_i 值与拟合直线上相应的各估计值 $\widehat{y_i} = f(x_i)$ 之间的偏差的平方和为最小,即

$$s = \sum_{i=1}^{n} (y_i - \widehat{y_i})^2 \rightarrow \min(极小) \tag{2-4-1}$$

因为测量总是有不确定度存在,所以在 x_i 和 y_i 中都含有不确定度. 为讨论简便起见,不妨假设各个 x_i 值是准确的,而所有的不确定度都只联系着 y_i. 这样,如由 $\widehat{y_i} = f(x_i)$ 所确定的值与实际测得值 y_i 之间的偏差平方和最小,也就表示最小二乘法所拟合的直线是最佳的.

一般地,可将直线方程表示为:

$$y = kx + b \tag{2-4-2}$$

式中:k 是待定直线的斜率;b 是待定直线的 y 轴的截距. 如果能设法确定这两个参数,该直线也就确定了. 所以解决直线拟合的问题也就变成由所给实验数据组 (x_i,y_i) 来确定 k 和 b 的过程. 由(2-4-1)和(2-4-2)式可得:

$$s(k,b) = \sum_{i=1}^{n} (y_i - kx_i - b)^2 \rightarrow \min \tag{2-4-3}$$

所求的 k 和 b 应是下列方程组的解:

$$\begin{cases} \dfrac{\partial s}{\partial k} = -2 \sum (y_i - kx_i - b)x_i = 0 \\ \dfrac{\partial s}{\partial b} = -2 \sum (y_i - kx_i - b) = 0 \end{cases} \qquad (2-4-4)$$

其中 $\sum$ 表示对 i 从 1 到 n 求和. 将上式展开,消去未知数 b 可得

$$k = \frac{l_{xy}}{l_{xx}} \qquad (2-4-5)$$

式中

$$\begin{cases} l_{xy} = \sum (x_i - \bar{x})(y_i - \bar{y}) = \sum (x_i y_i) - \dfrac{1}{n} \sum x_i \sum y_i \\ l_{xx} = \sum (x_i - \bar{x})^2 = \sum x_i^2 - \dfrac{1}{n} \left(\sum x_i \right)^2 \end{cases} \qquad (2-4-6)$$

将求得的 k 值代回(2-4-4)式,可得截距为

$$b = \bar{y} - k\bar{x} \qquad (2-4-7)$$

至此,所需拟合的直线方程 $y = kx + b$ 就被唯一确定了.

由最终结果不难得到,最佳配置的直线必然通过 $(\bar{x}, \bar{y})$ 这一点. 因此在作图拟合直线时,拟合的直线必须通过该点.

为了检验拟合直线是否有意义,在数学上引入相关系数 r,它表示两变量之间的函数关系与线性函数的符合程度,具体定义为:

$$r = \frac{l_{xy}}{\sqrt{l_{xx} \cdot l_{yy}}} \qquad (2-4-8)$$

式中 l_{yy} 的计算方法与 l_{xx} 类似. 可以证明,r 的值总是在 0 与 1 之间. r 的值越接近 1,表示 x 和 y 的线性关系越好;若 r 接近于 0,就可以认为 x 和 y 之间不存在线性关系.

在物理实验中,相当多的情况是所测的两个物理量 x, y 之间的关系符合某种曲线方程,而非直线方程. 这时,可对曲线方程作一些变换,引入新的变量,从而将不少曲线拟合的问题转化为直线拟合问题. 如曲线方程为 $y = ax^a$,可将等式两边取自然对数,得 $\ln y = a\ln x + \ln a$. 再令 $Y = \ln y$, $X = \ln x$, $b = \ln a$,即可将幂函数转化成线性函数 $Y = aX + b$.

现在许多计算器中有最小二乘法的直线拟合功能. 只要输入 x, y 的数据组,即可求出斜率 k、截距 b 和相关系数 r;还可求得幂函数和指数函数中的 a 和 b. 在实验的数据处理中,可利用计算器的这些功能,也可在计算机中利用 Excel 软件进行线性拟合(参见 §2.5).

附录:标准偏差、置信区间和置信概率

在相同条件下,对同一物理量 x 进行多次重复测量,测量的结果总是在其真值 μ 的附近,越靠近 μ,出现的概率越大,一般服从正态分布(即高斯分布),由概率论可知其概率密度函数为

$$f(x) = \frac{1}{\sigma \sqrt{2\pi}} e^{-(x-\mu)^2/2\sigma^2}, \ x < \infty \qquad (2-4-9)$$

其形状如图 2-4-1 所示.式中 σ 为曲线拐点处横坐标与 μ 值之差的绝对值,称为正态分布的标准偏差.$f(x)$ 满足下列归一化条件

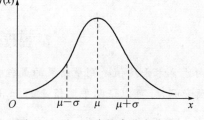

图 2-4-1　正态概率分布曲线

$$\int_0^\infty f(x)\mathrm{d}x = 1 \qquad (2-4-10)$$

误差出现在 $(\mu-\sigma,\mu+\sigma)$ 区间内的概率为

$$P((\mu-\sigma)<x<(\mu+\sigma)) = \int_{\mu-\sigma}^{\mu+\sigma} f(x)\mathrm{d}x$$

$$= \frac{1}{\sigma\sqrt{2\pi}} \int_{\mu-\sigma}^{\mu+\sigma} \mathrm{e}^{-(x-\mu)^2/2\sigma^2} \mathrm{d}x = 68.3\% \qquad (2-4-11)$$

式中 $P((\mu-\sigma)<x<(\mu+\sigma))$ 的值也就是直线 $x=\mu-\sigma$,$x=\mu+\sigma$,以及横坐标和曲线 $f(x)$ 所包围的面积.

设实验已消除了系统误差,在同一条件下若对某量 x 进行 n 次等精度且独立的测量,得到测量值的算术平均值为

$$\bar{x} = (x_1+x_2+x_3+\cdots+x_n)/n \qquad (2-4-12)$$

其中每个测量值 x_i 与真值之差为

$$\delta_i = x_i - \mu \qquad (2-4-13)$$

将各测量值的 δ_i 值相加,并除以 n,得

$$\sum \delta_i/n = \left(\sum x_i/n\right) - \mu = \bar{x} - \mu$$

根据正态分布概率密度分布的对称性,当 $n\to\infty$ 时,$\sum \delta_i/n \to 0$,即 $\bar{x} \to \mu$,所以,算术平均值是真值 μ 的最佳估计值.

如第 2 章所述,测量值 x_i 与算术平均值 $\bar{x}$ 之间的偏差 $(x_i-\bar{x})$ 称为残差.由于各残差的平均值 $\dfrac{\sum(x_i-\bar{x})}{n} = 0$,所以各残差的平均值不能反映测量值与真值之差的大小,为此须引进"标准偏差".标准偏差也称"均方根偏差",其定义为

$$\sigma = \lim_{n\to\infty} \sqrt{\frac{\displaystyle\sum_{i=1}^{n}(x_i-\mu)^2}{n}} \qquad (2-4-14)$$

可以证明,(2-4-14)式定义的 σ 就是图 2-4-1 曲线中的拐点.

标准偏差 σ 与各测量值的误差 δ_i 有着完全不同的含义,它不是实在的误差值,而是一个统计特征量,反映在相同条件下进行一组测量后,随机误差出现的概率分布情况.(2-4-11)式表明,作任一次测量,随机误差落在 $(\mu-\sigma,\mu+\sigma)$ 区间的概率为 0.683.区间 $(\mu-\sigma,\mu+\sigma)$ 称为置信区间,相应的概率称为置信概率.若置信区间扩大,则置信概率就提高.置信区间为 $(\mu-2\sigma,\mu+2\sigma)$ 和 $(\mu-3\sigma,\mu+3\sigma)$ 时,置信概率分别为 0.954 和 0.997.

在实际情况中,由于真值 μ 无法知道,且测量次数有限,一般用残差 $(x_i-\bar{x})$ 代替 δ_i,并且可以证明,在测量次数足够多时,标准偏差的估计值为

$$\sigma = \lim_{n \to \infty} \sqrt{\frac{\sum\limits_{i=1}^{n} (x_i - \bar{x})^2}{n-1}} \tag{2-4-15}$$

由于算术平均值是测量结果的最佳值,和真值 μ 最为接近,因此我们更希望了解 $\bar{x}$ 对真值的离散程度.可以证明平均值 $\bar{x}$ 的标准偏差为

$$S(\bar{x}) = \sqrt{\frac{\sum\limits_{i=1}^{n} (x_i - \bar{x})^2}{n(n-1)}} \tag{2-4-16}$$

§2.5　用 Excel 软件进行实验数据处理

Excel 是一个功能较强的电子表格软件,具有强大的数据处理、分析和统计等功能.它最显著的特点是函数功能丰富、图表种类繁多.用户能在表格中定义运算公式,利用软件提供的函数功能进行复杂的数学分析和统计,并利用图表来显示工作表中的数据点及数据变化趋势.在大学物理实验中,可帮助我们处理数据、分析数据、绘制图表.Excel 软件操作便捷、掌握容易,用于实验数据的处理非常方便.下面简单介绍其在实验数据处理中的一些基本方法.

一、基本概念

1. 工作表

启动 Excel 后,系统将打开一个空白的工作表.工作表有 256 列,用字母 A,B,C,…命名;有 65 536 行,用数字 1,2,3,…命名.

2. 工作簿

一个 Excel 文件称为一个工作簿,一个新工作簿最初有 3 个工作表,标识为 Sheetl,Sheet2,Sheet3.若标签为白色即为当前工作表,单击其他标签即可成为当前工作表.

3. 单元格

工作表中行与列交叉的小方格称为单元格,Excel 中的单元格地址来自于它所在的行和列的地址,如第 C 列和第 3 行的交叉处是单元格 C3,单元格地址称为单元格引用.单击一个单元格就使它变为活动单元格,它是输入信息以及编辑数据和公式的地方.

4. 表格区域

表格区域是指工作表中的若干个单元格组成的矩形块.

指定区域:用表格区域矩形块中的左上角和右下角的单元格坐标来表示,中间用":"隔开.如 A3：E6 为相对区域,＄A＄3：＄E＄6 为绝对区域.＄A3：E6 或 A＄3：E＄6 为混合区域.

5. 工作表中内容的输入

(1) 输入文本

文本可以是数字、空格和非数字字符的组合,如:1234,1＋2,A&ab,中国等.单击需输入的单元格,输入后,按方向键或回车键来结束.

（2）输入数字

在 Excel 中数字只可以为下列字符：

$$0\ 1\ 2\ 3\ 4\ 5\ 6\ 7\ 8\ 9\ +\ -\ (\quad)\ ,\ *\ /\ \%\ .\ E$$

输入负数：在数字前冠以减号"一"，或将其置于括号中.

输入分数：在分数前冠以 0，如键入 01/20.

数字长度超出单元格宽度时，以科学记数"7.89E＋08"的形式表示.

（3）输入公式

单击活动的单元格，先输入等号"＝"，表示此时对单元格的输入内容是一个公式，然后在等号后面输入具体的公式内容即可. 例如：

＝55＋B5	表示 55 和单元格 B5 的数值的和；
＝4*B5	表示 4 乘单元格 B5 的数值的积；
＝B4＋B5	表示单元格 B4 和 B5 的数值的和；
＝SUM(A1∶A6)	表示区域 A1 到 A6 的所有数值的求和.

（4）输入函数

Excel 包含许多预定义的或称内置的公式，它们称为函数. 在常用工具栏中点击 f_x，打开对话框（图 2-5-1），选择函数进行简单的计算，或将函数组合后进行复杂的运算；还可以在单元格里直接输入函数进行计算.

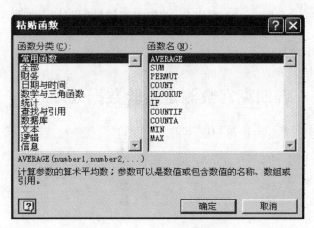

图 2-5-1 Excel 函数对话框

函数的输入方法：

① 单击将要在其中输入公式的单元格；

② 单击工具栏中 f_x，或由菜单栏"插入"中的" f_x 函数(F)…"进入；

③ 在弹出的"粘贴函数"对话框中选择需要的函数；

④ 单击"确定"在弹出的函数对话框中按要求输入内容；

⑤ 单击"确定"得到运算结果.

二、使用 Excel 处理物理实验数据

物理实验中实验数据的处理、不确定度的计算、绘制表格和实验数据的图示等，这些工作可以利用 Excel 中的内置工作表函数得到很方便的解决. 在实验数据处理中经常使用的

一些函数有:求和函数(SUM)、算术平均值函数(AVERAGE)、标准偏差函数(STDEV)、计数函数(COUNT,COUNTIF)、线性回归拟合方程的斜率函数(SLOPE)、线性回归拟合方程的截距函数(INTERCEPT)、线性回归拟合方程的预测值函数(FORECAST)、相关系数函数(CORREL)、t 分布函数(TINV)、最大值函数(MAX)、最小值函数(MIN)、近似函数(ROUND, ROUNDDOWN, ROUNDUP, INT)和一些数学函数(SIN, COS, TAN, LN, LOG10, EXP, PI, SQRT, POWER)等.

下面介绍几种物理实验数据处理方法:

1. 最小二乘法线性拟合处理物理实验数据

最小二乘法线性拟合是大学物理实验数据处理的基本方法之一. 在大学物理实验中,经常要观测两个有函数关系的物理量,根据两个量的许多组观测数据来确定它们的函数关系曲线,并借助线性或曲线方程的参数来求出这些物理量. 但其计算量较大,绘图时误差也大,而利用 Excel 的函数功能可以很方便地处理实验数据.

例如:"普朗克常数的测定实验"中,测得不同频率下的光电效应的截止电压在表中 D3:D7 区域,由光电效应方程: $U_s = \dfrac{h}{e}v - \dfrac{W_s}{e}$ 知, U_s 和 v 满足线性关系式 $y = kx + b \left(y = U_s, x = v, k = \dfrac{h}{e}, b = -\dfrac{W_s}{e}\right)$,由实验数据并应用最小二乘法可求出其系数 k 和 b,从而导出关系式 $U_s = \dfrac{h}{e}v - \dfrac{W_s}{e}$,由 $h = ek$ 求出 h. 首先求解线性回归拟合方程 $y = kx + b$ 的斜率,具体过程见图 2-5-2.

	A	B	C	D	E	F	G
1	普朗克常数测定实验数据处理						
2							
3	序号	波长(nm)	频率(10^{14}HZ)	Us(V)	h/e	h(10^{-33}JS)	
4	1	365	8.22	1.73			
5	2	405	7.41	1.23			
6	3	436	6.88	0.98			
7	4	546	5.49	0.60			
8	5	577	5.20	0.44			
9					0.40	0.634	
10							

图 2-5-2　实验数据

具体的操作步骤如下:

① 单击单元格 E9;

② 单击常用工具栏" f_x "按钮;

③ 在函数名字列表中选择斜率函数"SLOPE",单击"下一步"按钮;

④ 在 Known-y's 框输入"D4:D8",在 Known-x's 框入"C4:C8",单击"完成"按钮,则单元格 E9 中出现斜率 k 的数据;

⑤ 单击单元格 F9,输入"=1.6 * E9",即可求出普朗克常数 h.

同理,可由截距函数"INTERCEPT"求得线性回归拟合方程 $y = kx + b$ 的截距 b;又可由相关系数函数"CORREL"得因变量数组和自变量数组的相关系数的平方 R.

2. 使用 Excel 图表功能处理物理实验数据

Excel 的图表功能为实验数据的作图、拟合直线、拟合曲线、拟合方程以及求相关系数等带来了极大的方便. 其操作步骤为:

① 选定数据表中包含所需数据的所有单元格;

② 单击工具栏中的 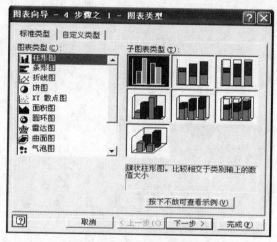,或单击菜单栏中的"插入(I)",选定"图表(H) …"栏,进入"图表向导—4 步骤之 1"的对话框(图 2-5-3),选出希望得到的图表类型. 如:XY 散点图,再单击"下一步"按其要求完成本对话框内容的输入,最后单击"完成",便可得到图表;

图 2-5-3 Excel 图表向导

③ 选中图表,单击"图表"主菜单,单击"添加趋势线"命令;

④ 单击"类型"标签,选择"线性"等类型中的一个;

⑤ 单击"选项"标签,可选中"显示公式"、"显示 R 平方值"等复选框,再单击"确定"便可得到拟合直线或曲线、拟合方程和相关系数 R 平方的数值.

例如:"普朗克常数的测定实验"中,实验数据如前所述,利用以上步骤进行处理,可得图 2-5-4.

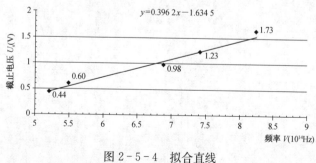

图 2-5-4 拟合直线

由图 2-5-4 可得 $k = 0.40$,从而可算出 h 的值.

Excel 的数据处理功能非常强大,以上只简单介绍了其中很少的一部分功能,以抛砖引玉之用.

参考文献

[1] 沈元华,陆申龙.基础物理实验[M].北京:高等教育出版社,2004:1～15

[2] 李寿松.物理实验[M].南京:江苏教育出版社,1999:8～10

[3] 南京师范大学普通物理教研室.普通物理实验教程[M].南京:南京师范大学出版社,1997:7～10

[4] 李平.大学物理实验[M].北京:高等教育出版社,2004:30～35

[5] 李增蔚.使用 Excel 处理物理实验数据[J].大学物理实验,2004,17(3):65～67

第3章 常用仪器的使用及说明

§3.1 力学基本测量工具简介

力学的基本物理量包括长度、时间和质量,下面就来介绍一下这些基本量的测量工具.

一、游标卡尺

普通米尺的最小刻度是 1 mm,因此使用米尺只能准确地测量到 1 mm,为了更准确地测量长度,人们采用了游标装置.

游标卡尺的构造如图 3-1-1 所示,量爪同刻有毫米的主尺相连,游标框上附有游标,推动游标框可使游标连同量爪、测深直尺及推把沿主尺滑动. 当量爪紧靠时,游标的零点(即零刻度线)与主尺的零点相重合.用游标卡尺测定物体长度时,用外量爪抓着被测物体,显然此时游标零点与主尺零点间距离就等于外量爪之间的距离,所以从游标零点在主尺上的位置,根据游标原理就可测出物体的长度(内量爪部分是用来测量物体的内部尺寸,如管的内径等),图中紧固螺钉是用来固定游标框的,防止游标框在主尺上滑动以便于读数.

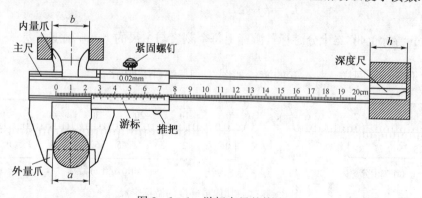

图 3-1-1 游标卡尺的构造

游标卡尺由主尺(米尺)和副尺(标有 N 个刻度的游标尺)两部分组成.主尺上的分度值 1 mm 与副尺上的分度值 $\frac{N-1}{N}$ mm 相差一个微小量 $\Delta x = \frac{1}{N}$ mm. 常见的三种卡尺分别为:$\Delta x = \frac{1}{10}$ mm,$\Delta x = \frac{1}{20}$ mm 和 $\Delta x = \frac{1}{50}$ mm. 如图 3-1-2 所示,副尺的 10 个分度值(游标尺刻度总长)与主尺的 $(10-1)$ mm 重合. 故使用游标卡尺测长度时,读数可精确到 $\frac{1}{10}$ mm.

例如：$\frac{1}{10}$ mm 游标(也叫"十分游标").

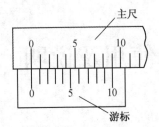

图 3-1-2　主尺、游标合拢时读数

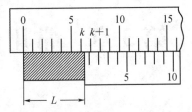

图 3-1-3　测量值为 6.4 mm

游标上每个刻度与主尺相应刻度均差 $\Delta x = \frac{1}{10}$ mm,当测量某物体长度时,先将被测物体一端和主尺的零刻度线对齐. 而另一端落在主尺的第 k 和 $k+1$ 个刻度之间(如图 3-1-3 所示,$k=6$, $k+1=7$),则物体长度 $L = k + \Delta L$,ΔL 为物体另一端距离第 k 个刻度的距离. 由于游标与主尺的每个刻度的差值为 Δx,将两排刻度进行对比,必然可找到游标上某个刻度(设为第 n 个)与主尺上某刻度重合或最为接近,如图 3-1-3 中 $n = 4$ 处与主尺最为接近,则

$$\Delta L = \frac{1}{10} \times 4 = 0.4$$

因而　　　　　　　　　$L = k + \Delta L = 6 + 0.4 = 6.4 \,(\text{mm})$

一般而言,当游标上第 n 个刻度与主尺某一刻度重合时,则主尺上第 k 个刻度与游标零刻度线之间的距离为 $\Delta L = n\Delta x$. 待测物体长度由两部分读数构成,游标零刻线指示部分,第 k 个刻度从主尺上读出;游标刻线与主尺刻线重合部分,$\Delta L = n\Delta x$,从游标上读出(目前使用的游标上的刻度均为 n 与 Δx 相乘后的结果),即

$$L = k + \Delta L$$

$\frac{1}{20}$ mm 游标也叫"二十分游标",游标上每个刻度与主尺的 1 mm 刻度相差 $\frac{1}{20}$ mm,如图 3-1-4 (a) 所示. 同样,$\frac{1}{50}$ mm 的游标如图 3-1-4 (b) 所示.

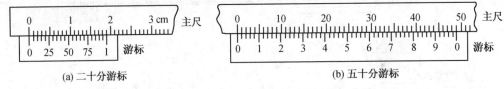

(a) 二十分游标　　　　　　　　　　　　　　(b) 五十分游标

图 3-1-4　其他精确度的游标卡尺

使用游标卡尺应注意下列几点：

1. 被测物体的长度应和游标卡尺相平行；

2. 不要夹物过紧,使卡钳钳口能和被测物体表面接触即可；

3. 保护钳口,免受不必要的弯曲或磨损.

二、螺旋测微器

螺旋测微器是比游标卡尺更精密的量具,实验室中常用它来测量金属丝的直径或金属薄片的厚度等,其最小刻度为 $\frac{1}{100}$ mm,外形如图 3-1-5 所示.

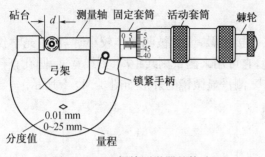

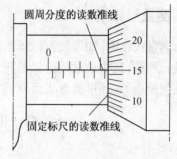

图 3-1-5　螺旋测微器的构造　　　　　图 3-1-6　螺旋测微器的读数

测微器内部有一精密的丝杠和螺母(图中未画出),而活动套筒和测量轴同里面丝杠相连,旋转活动套筒一周,可使内部丝杠连同测量轴在螺母内沿轴线方向前进(或后退)0.5 mm,这前进(或后退)的距离可在主尺上读出.活动套筒左侧边缘上有刻度,共分 50 格,因此,活动套筒每转动一格,测量轴进(退) $\frac{1}{2}$ mm $\times \frac{1}{50} = \frac{1}{100}$ mm. 使用时,先将待测物体放在测砧间,轻轻旋动棘轮,使顶柱和待测物体接触,首先从主尺上读出毫米及 0.5 毫米数(如0.5,1.0,1.5,…),然后从套筒刻度上读出毫米以下部分,在图 3-1-6 中,读数为5.650 mm.

使用测微器应注意以下几点:

1. 测微器测量长度时,产生误差的主要原因是由螺旋将待测物体压紧程度不同所引起的.为消除这一缺点,测微器备有特殊装置——棘轮,可避免测量轴将待测物体压得过紧或过松的弊端.当顶柱将要接近待测物体时,旋转棘轮使测量轴前进,直至有卡卡响声时停止旋转,便可读数.测微器上锁紧手柄是止动器,揿锁紧手柄,能阻止螺旋进退.

2. 多数的测微器存在零点读数的问题.旋转棘轮使测量轴的两个端点合拢,这时,真实的读数应该是 0.000 mm,但是通常情况下,我们会发现螺旋测微器的读数并不为零,这时我们就需要对测量值进行校准:

校准值=测量值-零点读数

3. 使用测微器时,需求零点校准量(如何校准,请参看图 3-1-7 自行考虑).

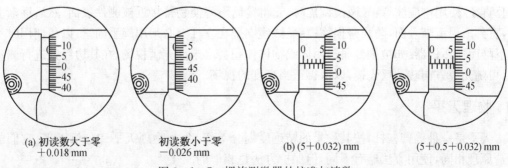

(a) 初读数大于零　　　初读数小于零　　　(b) (5+0.032) mm　　　(5+0.5+0.032) mm
　　+0.018 mm　　　　-0.026 mm

图 3-1-7　螺旋测微器的校准与读数

4. 测微器的螺旋十分精细,因此旋动时要轻,不要急. 用毕后,测量轴之间要留有空隙,以免热胀冷缩而损坏螺杆.

三、测量显微镜

测量长度时,如果被测物体不能与量具直接接触,或者被测物体较小时,常用光学仪器来进行测量,其中最常用的就是测量显微镜,它可用来测量刻线距离、刻线宽度、圆孔直径和圆孔间距离等,还可检查表面质量,用途甚广. 测量显微镜的外形如图 3-1-8 所示.

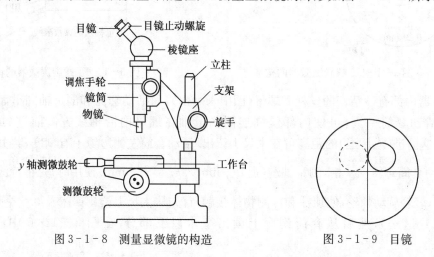

图 3-1-8　测量显微镜的构造　　　　　　　图 3-1-9　目镜

目镜安插在棱镜座的目镜套管内,目镜止动螺旋可用来固定目镜的位置,棱镜座能够转动,物镜直接旋在镜筒上,组合成显微镜. 转动调焦手轮能使显微镜上下升降进行调焦,支架用旋手紧固在立柱的适当位置上.

测量时,旋转测微鼓轮,测量工作台沿水平方向移动,如旋转 y 轴测微器则工作台沿垂直方向移动. 测微鼓轮边上刻线 100 等分,每格相当移动量 0.01 mm,读数方法与螺旋测微器相同.

使用时,先将被测物体牢靠地安置在工作台上,然后转动调焦手轮,求得清晰视场(此时被测物体由物镜放大,经转向棱镜形成实像在分划板上,目镜将实像再放大一次,形成一个放大虚像在观察者眼睛的明视距离处). 如测量一圆孔直径,使目镜中十字分划线与圆孔的一侧相切(如图 3-1-9 中实圆位置),记下测量初读数;再旋转测微鼓轮,使视场移动到十字分划线与圆孔另一侧相切(如图 3-1-9 中虚圆位置),记下测量读数,前后读数差值即为圆孔直径. 使用中应注意:显微镜调焦时,先将镜筒下降使物镜接近被测件表面,然后逐渐上升,直到出现清晰表面,防止碰损物镜. 显微镜支架在立柱上必须用旋手固紧,以免使用时不慎下降而损坏仪器. 如被测件属透明体或物体体积甚小未能充满视场,在其边缘处进行测量时,可随光源方向转动反光镜,以取得适当亮度的视场.

四、物理天平

天平是一种等臂杠杆,按其称量的精确度划分等级,分为物理天平和分析天平. 它们的构造原理相同,使用方法略有不同,但保护方法是相似的.

精密天平的构造装置是依据力矩平衡的原理,但是,实际情况并非这样理想. 横梁的两臂并不严格相等,也不一定是一条直线,且三个支点也不是几何点,尽管天平刀口、刀垫是由非常坚硬的硬质材料(如钢、玛瑙等)做成的,但也总存在着磨损. 显然,刀口愈锐利,天平就愈接近理想情况. 刀垫、刀口称为天平的"中枢神经",是天平的关键部件,不能有丝毫损伤. 所以,天平的使用都有一定的规则,利用制动旋钮(顺时针时下降),保护刀口、刀垫.

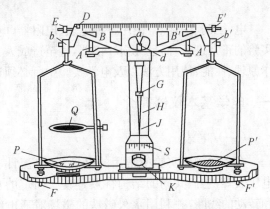

图 3 - 1 - 10　物理天平的构造

AA'. 托承;*BB'*. 横梁;*D*. 游码;*EE'*. 平衡螺母;*bb'*. 两端刀口;*d*. 刀承;*EF'*. 底脚螺丝;*G*. 重心螺线;*H*. 立柱;*J*. 读数指针;*K*. 制动旋钮;*S*. 标尺;*PP'*. 秤盘;*Q*. 托架

下面我们介绍物理天平的构造原理和使用方法.

天平是物理实验中常用的基本仪器之一,它是支点在中央的等臂杠杆. 如图 3 - 1 - 10 所示,其主要由底座、立柱和横梁三大部分所组成.

底座可通过底脚螺丝调节水平,注意顺时针旋转底脚螺丝是升高. 支柱下端附有标尺.

横梁上装有三个刀口,中间刀口位于立柱的升降杆上. 两侧刀口各悬挂一个称盘. 横梁中央下面固定一个指针,指针上有一重心螺丝. 横梁两端还有两个调平衡螺母,用来调整天平空载时的平衡状态. 加减 1 g 以内的砝码可通过移动横梁上的游码来实现,游码向右移动时,等于在右盘内加砝码,可由分度值计量其数值. 立柱左边的托盘可以托住不被称量的物体,如烧杯等. 天平还附有砝码盒,内装砝码通常为 1 000 g.

天平的特征由两个参量表示:

1. 称量:是指允许称量的最大质量,我们所用的物理天平称量通常为 1 000 g.

2. 分度值:是指天平平衡时,为使天平指针从标度尺上的平衡位置偏转一个分度,在一盘中所需添加的最小质量.

3. 灵敏度 S:是分度值的倒数,分度值越小灵敏度越高.

注意事项:

1. 认真调好水平,测量过程中注意检查水准仪.

2. 不准直接用手触摸砝码、游码,必须用镊子拿砝码、拨动游码.

3. 在制动状态下用镊子拨动调平衡螺母,启动天平,观察平衡情况,反复调试. 为节省时间,可观察指针在标尺中央刻度的左右摆幅相等,即可记读零点.

4. 称衡质量不准超过称量值.

5. 取放物体、砝码或拨动游码、调整天平以及用毕天平时,一定要旋动制动旋钮,使天平横梁落在支柱上. 只有在判断天平是否平衡时才启动天平. 启动或制动天平的动作要轻,不要发出撞击声. 制动要在指针摆到标尺中央时进行.

6. 天平两盘中质量相差较多时,不要把横梁完全升起,只稍启动升起一点,观察到哪边较轻就够了. 只有在近于平衡时,才启动到顶. 启动之后,不允许触动摆动系统.

7. 天平的砝码及各部分都要防锈、防蚀、防高温物体及液体,带腐蚀性化学药品不得直接放在秤盘中称衡.

8. 砝码从称盘中取回要立即放回砝码盒内,不准乱放它处,以免受损或丢失.

9. 每次称衡完毕都要检查空载平衡,如果空载平衡已被破坏,则测量无效.

§3.2　电学基本仪器简介及操作规程

电学实验中,经常使用各种电表、电阻器、电源等,如果使用不当或接线错误,不仅影响实验的正常进行,而且会损坏仪器,甚至造成人身伤害.因此下面将常用电学仪器的结构、工作原理、性能、使用方法以及电学实验中所必须遵守的一般操作规程作一些介绍.

一、电学基本仪器简介

(一)电表

在大学物理实验中常用的电表,如电流计、电流表、电压表等,它们共同的结构特点是具有固定的永久磁铁和转动的线圈,并利用永久磁铁的磁场对通电线圈的作用原理而制成,这类电表通称为磁电式电表.

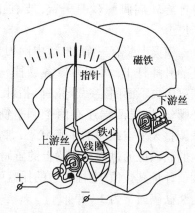

图 3-2-1　电流计的结构

1. 电流计

电流计的结构如图 3-2-1 所示,马蹄形永久磁铁的两个磁极制成凹圆弧形,中间装有固定不动的圆柱铁芯,铁芯外面套有矩形线圈.线圈在磁铁和铁芯间狭窄的空隙里能绕轴线灵活转动,轴上还装有上、下两个游丝,电流从电表的正极流入,经上游丝、线圈、下游丝再从负极流出.

当电流通过线圈时,磁场对线圈有磁力矩作用,使线圈带着指针一起转动,直到和游丝的扭力矩相平衡为止.而指针偏转角度(通过标度尺)和通过线圈的电流成正比,因此我们可根据指针偏转角度测量电流的大小,这就是电流计的工作原理.

电流计灵敏度比较高,常用的电流计能指示出 10^{-5} A 的电流.有些电流计指针的平衡位置在标尺中间,当电流以不同方向流过线圈时,指针分别向左右偏转,因此它可以检验电路上有无电流通过,故又称检流计.电流计不能通过较大的电流,否则线圈、游丝会因电流过大而迅速变形损坏.

2. 电流表(又称安培表)

电流表用以测量电路中的电流强度,它是由一个电流计并联一个很小的电阻(称分流电阻)所构成,如图 3-2-2 所示.电流表指针的平衡位置在标度尺的一边.分流电阻 R_S 的作用是使电路中的电流大部分通过分流电阻,只有小部分通过电流计的线圈.这样就可用来测量较大的电流,并联不同大小的分流电阻,同一仪表可测不同大小的电流强度.

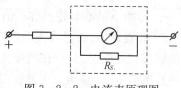

图 3-2-2　电流表原理图

电流表所能测量的最大电流强度(此时指针偏转至标度尺的另一端)称为电流表的量

程.使用电流表时,不能使待测电流强度大于该表的量程,否则很容易把表烧毁,也不能使待测电流强度比电流表的量程小很多,否则电流表将因偏转过小而影响测量准确度.

电流表有正负极,使用时必须串联在待测电流的电路中,而且电流的方向总是从正极进入,从负极流出.注意电流表绝不可与电路并联或直接连在电源上,因为电流表电阻很小,这时必然有大电流通过而将其烧毁.

3. 电压表（又称伏特表）

电压表用来测量一段电路上两端的电压,电压表的外形同电流表相似,它是由电流计串联一个大电阻 R_P(也称分压电阻)所构成,如图 3 - 2 - 3 所示.电压表使用时也必须注意它的量程,根据待测电压的大小,选用适当的量程.电压表必须并联在待测电路上,而电压表正极接在高电位的端点,负极接在低电位的端点,此时电压表的读数就表示两点间的电压.电压表因与大电阻 R_P 串联,所以它的电阻很大,当和待测电路并联时,通过电压表的电流很小,因此对待测电路的电压影响甚小.

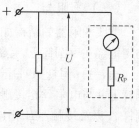

图 3 - 2 - 3　电压表原理图

4. 电表的准确度等级和表面标记

任何一个电表都存在仪器误差,即由于结构和制造上不完善所产生的误差.电表在规定的正常条件下工作时,可能出现的最大仪器误差 a 和量程 N_m 比值的百分数称为电表的基本误差 A,即

$$A = \frac{a}{N_m} \times 100\%, \text{ 或 } a = A \times N_m$$

根据国家规定,目前我国生产的电表的准确度分为七级,即 0.1,0.2,0.5,1.0,1.5,2.5 和 5.0 级.若计算得到 $A = 3.6\%$,则表示该电表的等级为 5.0 级.电表准确度等级越小,准确度越高,表示电表仪器误差越小.例如准确度为 0.5 级,量程为 5 安培的电流表,测量时可能出现的最大仪器误差为

$$a = \pm A \cdot N_m = \pm 0.005 \times 5 (\text{A}) = \pm 0.025 (\text{A})$$

每一电表的面板上都有多种符号的表面标记,它们显示了电表的基本技术特性,只有在识别它们之后才能正确地选择和使用电表.图 3 - 2 - 4 中电表的标记含义如下：

① 表示电压表(mV 为毫伏表,A 为安培表,mA 为毫安表,μA 为微安表).

② 表示直流($\sim$表示交流).

③ 表示磁电式电表.

④ 准确度为 1.5 级.

⑤ 表示使用时要水平放置($\perp$表示垂直放置).

⑥ 表示绝缘强度试验电压为 2 kV.

此外电表上还有若干零件,再补充说明如下：

⑦ 指针:指示读数用.

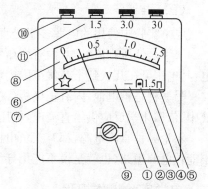

图 3 - 2 - 4　电表面板示意图

⑧ 标度尺和镜面:读数时,先使指针和镜面后的反射像相重合,然后在标度尺上读数. 如无镜面,也要对正读数,以避免视差.

⑨ 调零器:调节指针零点用.

⑩ 接线柱:电表负极,接电路上低电势端点.

⑪ 接线柱:电表正极,接电路上高电势端点,1.5 表示量程为 1.5 V,该电表有 1.5,3.0, 30 V 三个量程.

（二）变阻器

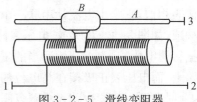

图 3-2-5 滑线变阻器

滑线变阻器的结构如图 3-2-5 所示,一电阻丝均匀地绕在一圆筒上,接线柱 1,2 分别和电阻丝两端点连通,另一铜杆 A 平行地放在圆筒上侧,B 是套在铜杆上并与电阻丝相接触的滑动接触器,接线柱 3 与铜杆 A 以及接触器 B 相连通.

滑线变阻器有两种用法:一种用法是用来改变电路中的电流,其连接方式如图 3-2-6 所示,随着接触器(它和接线柱 3 连通)的滑动,接线柱 1,3 间的电阻连续改变,从而改变电路中的电流.另一种用法是用来改变电路中的电压,其连接方式如图 3-2-7 所示,接线柱 1,2 间的电压近似等于电源电动势,而在图中上部电阻中,从接线柱 1,3 间所取电压仅为接线柱 1,2 间电压的一部分,随着接触器的滑动,接线柱 1,3 间电压可在 $0 \sim \mathscr{E}$ 范围内变动. 当滑线变阻器以这一方式使用时,称为分压器.

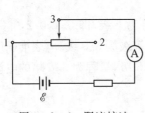

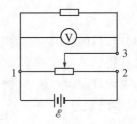

图 3-2-6　限流接法　　　　　　　图 3-2-7　分压接法

（三）电源

电学实验中使用的电源多半是直流电源,它有两种类型:

一种是低压直流电源,内有变压器将 220 V 交流电降压,再经整流、滤波获得低压直流电,其电压可在几伏到十几伏范围内调节.

另一种是蓄电池,内有正极板(二氧化铜构成)和负极板(海绵状铅构成),均浸在硫酸溶液中,依靠化学反应供给直流电,电压为 6 V.

不论哪种直流电源,都有正负电极,使用时,必须注意电极极性,注意电流不能过大,更不能使电源短路(也就是说不能用导线直接连通电源两极).

二、电学实验操作规程

做电学实验都需要连接线路,即把全部电学仪器、元件用导线连接起来,使每个仪器、元件在整个线路中处于正确地位,然后再进行调节、测量等其他工作.因此电学实验必须按照一定操作规程进行,现将电学实验一般的操作规程说明如下:

1. 首先熟悉线路图. 搞清有哪些主要回路和附属回路,了解各仪器、元件在电路中的作用及使用方法.

2. 布置仪器. 在熟悉线路图和了解仪器、元件的基础上,根据线路图把仪器和元件放在恰当的位置上. 布置仪器的原则一般是:"走线合理,操作方便,易于观察,实验安全". 一般是将经常要调节或者要读数的仪器放在近处,其他仪器放在远处,具有高压的部分要远离人身.

3. 接线路. 首先按主要回路依次连接,再接其他附属线路. 接线时,所有的电源暂勿接通.

4. 注意电源正负极和电表的正负接线柱.

5. 接线后,自己应先按回路仔细检查一遍,并注意线路中有关元件是否调节到最安全的位置,如分压是否最小? 串联电阻是否最大? 开关是否打开? 经教师检查后,才可接通电源. 这就是"先接线路,后接电源"的原则.

6. 进行实验时,要注意电表的指示,防止电压或电流超过电表的量程或其他有关电学仪器的额定值. 正式测量前就先对线路的调节和现象作定性的、全面的观察和了解,以便正式测量时心中有数. 对电学实验操作过程可概括成下面四句话:"手合电源,眼观全局,先看现象,再读数据".

7. 做完实验后,应将线路中各电学仪器调节到最安全的位置,再打开开关,实验数据经教师检查认可后再拆线,注意拆线前应先关闭电源. 这就是"先断电源,后拆线路"的原则. 最后将所有的仪器整理还原,导线捆扎整齐.

§3.3　光学实验基本知识

一、光学仪器的使用及注意事项

光学仪器的应用十分广泛. 例如,它可以将像放大、缩小或记录储存;可以实现不接触的高精度测量;利用光谱仪器可研究原子、分子和固体的结构,测量各种物质的成分和含量等. 特别是由于激光的产生和发展,近代光学和电子技术的密切配合以及材料和工艺上的革新等,使得光学仪器在国民经济的各个部门几乎成为不可缺少的工具.

光学仪器是比较精密的仪器,例如分光计上的角度能读到 $1'$,迈克尔逊干涉仪上长度的最小读数为 0.000 1 mm,核心部分是它的光学元件,如各种透镜、反射镜、分划板等,对它们的光学性能(如表面光洁度、平行度、透过率等)都有一定的要求. 光学仪器容易损坏,常见的损坏有以下几种:

1. 物理和机械的原因

跌落、震动、挤压以及由于冷热不均造成的损坏,往往使部分或全部元件无法使用;磨损也是很常见的一种,危害性也很大. 另外,如光学元件表面(玻璃的或金属的)附有不清洁的物质(如尘埃等),用手或其他粗糙的东西去擦,致使光学表面留下划痕,轻者使其成像模糊,重者根本不能成像.

2. 化学的原因

污损(由于手上的油垢、汗渍或不洁液体的沉淀等)、发霉以及酸、碱等对光学元件表面的腐蚀.

由于以上原因,使用光学仪器时,必须注意遵守下列规则:

(1) 必须在了解仪器的使用方法和操作要求后才可以使用仪器.

(2) 轻拿、轻放,勿使仪器受震,更要避免跌落到地面.光学元件使用完毕,应立即放回原处.

(3) 在任何时候都不能用手触及光学表面(光线在此表面反射或折射),只能接触经过磨砂的表面(光线不经过的表面,一般都磨成毛面),如透镜的侧面,棱镜的上、下底面等.

(4) 当光学表面被玷污时,对于没有镀膜的光学表面,可用干净的镜头纸轻轻擦,严禁用手、手帕、衣服或其他纸片擦拭.若表面有较严重的污痕、指印等,一般应由实验管理人员用乙醚、丙酮或酒精等清洗(镀膜面不宜清洗).

(5) 在暗室中应先熟悉各种仪器用具安放的位置.在黑暗环境下摸索仪器时,手应贴着桌面缓慢移动,以免碰倒或带落仪器.

对于光学仪器中的机械部分,仍须注意正确使用.光学仪器中的机械部分,也是比较精密的,如摄谱仪、单色仪的狭缝;迈克尔逊干涉仪中的蜗轮杆以及精密的丝杠;分光计的刻度盘,甚至于光具座的导轨、滑块等,都应在认真仔细地了解其性能之后,根据操作规程进行使用,决不允许随意拆卸仪器、乱拨旋钮以致造成仪器的损坏.

二、大学物理光学实验中常用的光源

1. 白炽灯

白炽灯是一种以钨丝为发光物体的光源.当灯泡内的钨丝两端加上适当电压时,由于电流的热效应,钨丝便炽热发光.白炽灯发出光的光谱是连续光谱,光谱成分和光强与炽热物体的温度有关.根据用途的不同,白炽灯在制造上也有不同的要求,例如"仪器灯泡"对灯丝形状及分布位置有较高要求,对透明外壳也有一定要求,而普通照明灯泡的要求则较低.白炽灯根据需用电压、电流的大小不同也分为好多种.

实验室常用的白炽灯有下列几种:

(1) 普通灯泡:电压为 220 V,功率分几十瓦、几百瓦等多种规格,作为照明用的白色光.

(2) 小灯泡:电压为 6~8 V,功率几瓦的,作照明或白光光源;8 V、几十瓦的低电压大电流灯泡作白光光源用(这种灯泡寿命短,不用时应立即断开电源).

(3) 单色光源:在白炽灯前加滤色片或色玻璃,作单色光源用,其单色性决定于滤色片的质量.

2. 水银灯

水银灯(又名汞灯)是一种气体放电光源,发光物体是水银蒸气,它放电的状态是电弧放电,点燃稳定后发出橙绿色的光,其光谱在可见光范围内有几条分离的强谱线.汞灯的结构如图 3-3-1 所示.

水银灯可分为低压、高压、超高压三种.低压水银灯的气压为 1.33~13.3 Pa;高压水银灯的气压为 $3.03 \times 10^4 \sim$

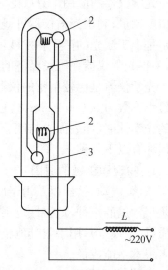

图 3-3-1　汞灯的结构图

1. 放电管;2. 放电电极;3. 启辉器

3.02×10^5 Pa;超高压水银灯的气压为 3.03×10^5 Pa 以上. 这里所说的气压是指光源稳定工作时灯泡内所含水银蒸气的气压.

水银灯在常温时因为要有很高的电压才能把它点燃,因此灯管内要充有辅助气体,如氖,通电时辅助气体首先被电离,开始气体放电,此后灯管温度得以升高,随后才能产生水银蒸气的弧光放电. 弧光放电的伏安特性有负阻现象,要求电路中接入一定的阻抗来镇流,否则电流会越来越大,把灯丝烧坏. 现在一般在 220 V 电源与灯管的电路中串入一个扼流圈来镇流.

水银灯在点燃后如突然断电,这时灯管仍然发烫,如又立刻接通电源常常不能点燃,要等灯管温度下降后水银蒸气压降低到一定程度才能点燃,一般需要等 10 min 左右.

水银灯辐射紫外线较强,为防止眼睛受伤,不要直接注视水银灯.

国产的水银灯泡电流为 1.3 A 左右.

3. 钠光灯

钠光灯也是一种气体放电光源,它的光谱在可见光范围内有两条强谱线(589.592 nm 和 588.995 nm),因此它是一种比较好的单色光源. 钠黄线常作为测定折射率的标准波长.

这种灯是将金属钠封闭在抽空的特种玻璃泡内,泡内充以辅助气体氩,发光过程类似水银灯. 钠为难熔金属,冷时蒸气压很低,工作时钠蒸气压约 10^{-3} Pa.

钠光灯在通电 15 min 后可发出强黄光,灯泡两端电压约 20 V,电流为 1.0~1.3 A. 电源与水银一样用 220 V 并串入扼流圈. 国产钠光灯与国产低压水银灯的扼流圈可通用.

4. 氦氖激光器

这是一种方向性很强(发散角很小)、单色性好、空间相干性高的光源,波长为 632.8 nm. 氦氖激光器所用直流电源的要求与管长及毛细管截面有关,根据各种不同需要而采用不同类型. 一般实验室用的激光管的长度多数为 200~300 mm,所需最佳电流约 4~5 mA. 激光管的触发电压一般大于工作电压,通常实验室用的简易电源有两种:一种是用调压器调到管子激发后再调低电压(同时降低电流)到所需值;另一种体积较小的,触发后输出电压就自动降低,只要调节旋钮使电流表指示为所需值就行了. 不同类型的管子所需的最佳电流不同,使用时电流太大或太小都影响出光功率.

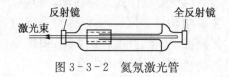

图 3-3-2　氦氖激光管

激光方向性强,光束截面小,能量很集中,切忌用眼睛直接对着它,否则会刺伤眼睛. 激光器有些接线头是露在外面的,而其上有很高的电压,使用时务必注意安全,防止触电. 此外,高压电源的电路中一般都有大电容,用完后必须关断电源,再使输出端短接放电,否则大电容上的高压可维持相当长时间,有造成触电的危险.

参考文献

[1] 李寿松. 物理实验[M]. 南京:江苏教育出版社,1999

[2] 马和平,权松等. 大学物理实验[M]. 长春:东北师范大学出版社,1996

[3] 白朗. 大学物理实验[M]. 徐州:中国矿业大学出版社,1999

第4章 趣味演示性实验

§4.1 有趣的旋转——角动量守恒研究

（Ⅰ）直升飞机

【实验原理】

根据刚体的角动量守恒定律可知,绕定轴转动的刚体,当对转轴的合外力矩为零时,刚体对转轴的角动量守恒.由几个刚体组成一个定轴转动系统,只要整个系统所受合外力对轴的力矩矢量和为零,系统的总角动量也守恒.

【实验装置】

如图4-1-1所示,本实验用直升飞机模型演示了角动量守恒定律.对机身、螺旋桨和尾桨构成的直升机转动系统来说,系统不受到对转轴的合外力矩,由定轴转动的角动量守恒定律可知,直升飞机系统对竖直轴的角动量应保持不变.

当通电使机身上面的螺旋桨旋转时,螺旋桨便对竖直轴产生了角动量,根据角动量守恒定律,机身必须向反方向转动,使其对竖直轴的角动量与螺旋桨产生的角动量等值反向,以保持系统的总角动量不变.开动尾翼时,尾翼推动大气产生补偿力矩,根据角动量定理,该力矩能够克服机身的反转,使机身保持不动.

图4-1-1 直升飞机模型

【实验内容与步骤】

1. 打开电源开关,扳下机身螺旋桨控制按钮,观察到机身和螺旋桨沿着相反的方向旋转起来;加大(或减小)螺旋桨转速,机身的转速也将随之加大(或减小).

2. 再扳下尾翼螺旋桨控制按钮(注意开关的方向与机身螺旋桨控制开关的方向应一致),尾翼螺旋桨旋转,机身转速变慢;调整尾翼螺旋桨转速,直至机身不再旋转.

3. 关闭尾翼螺旋桨控制按钮,改变机身螺旋桨控制开关的方向,使其反转,机身旋转的方向也随之反向.

4. 再次按下尾翼螺旋桨控制按钮(注意其开关的方向也反向),调整尾翼螺旋桨转速,直至机身不再旋转.

5. 关闭尾翼螺旋桨按钮,将机身螺旋桨的转速降到最低,关闭控制按钮.关闭仪器电源.

【实验注意事项】

1. 两个控制开关的方向一定要一致,否则不但不能使机身平衡,反而会使机身越转越快.
2. 螺旋桨的速度不要过大,否则尾翼的力矩将不能平衡机身的转动.
3. 实验过程中切勿触碰飞机模型,以免损坏.

【实验拓展】

试分析直升飞机能正常飞行时,机身螺旋桨的转速和尾翼螺旋桨转速之比.直升飞机的前行和转弯如何实现? 课后收集直升飞机的图片,观察不同直升飞机的螺旋桨构造和飞行情况,分析各螺旋桨的作用.

(Ⅱ) 角动量守恒仪

【实验原理】

不受外力矩作用的物体系统的总角动量守恒.在总角动量守恒的前提下,可以通过内力作用使构成物体系统的各部分的角动量的大小和方向发生变化.

本实验装置如图 4-1-2 所示,又称茹可夫斯基凳.操作者双手各持一个相同的重物坐在茹可夫斯基凳上,此时操作者和凳构成一系统.因为人的双臂并不产生对转轴的外力矩,忽略转轴的摩擦,系统的角动量应保持守恒,所以手臂伸缩前后角动量是相等的,即 $I_1\omega_1 = I_2\omega_2$.人和凳的转速随着人手臂的伸缩而改变:当人手伸开时,系统的转动惯量增大,从而人和凳的转速减小;当人手合拢时,系统的转动惯量减小,从而人和凳的转速增大.

图 4-1-2 茹可夫斯基凳

【实验内容与操作】

1. 操作者手持哑铃坐在凳上,将哑铃收在胸前,另一个人将操作者推转,速度尽量快.
2. 操作者迅速将哑铃水平伸开,人与凳子的转速明显变慢.
3. 操作者再迅速将哑铃水平收回到胸前,人与凳子的转速明显变快.
4. 重复上述操作.

【相关实验】

图 4-1-3 悬挂式角动量守恒仪

悬挂式角动量守恒仪,如图 4-1-3 所示.

1. 结构特点:可沿水平杆滑动的两个平衡锤与拉线相连,通过拉线可以改变锤的位置.
2. 操作说明:左手持悬线,右手用力驱动水平杆,使之以垂直杆为定轴转动,如果左手用力下拉悬线,可见平衡锤向内侧靠拢,转速加快.因为手往下拉对定轴没有力矩作用,但是下拉的过程中做了功,因此这个系统的动能是不守恒的.

§4.2 飞机升力——流体力学研究

【实验原理】

液体和气体都称为流体,它与固体的区别在于易变形,易流动.十八世纪瑞士物理学家丹尼尔·伯努力发现,理想流体在重力场中作稳定流动时,同一流线上各点的压强、流速和高度之间存在一定的关系:

$$p_1 + \frac{1}{2}\rho \cdot V_1^2 + \rho g h_1 = p_2 + \frac{1}{2}\rho \cdot V_2^2 + \rho g h_2$$

此关系式称之为伯努力方程.

若在同一高度上,或在气体中高度差效应不显著的情况下,则有:

$$p_1 + \frac{1}{2}\rho \cdot V_1^2 = p_2 + \frac{1}{2}\rho \cdot V_2^2$$

式中:ρ 为流体密度;p_1、V_1 为一处流体的压强和速度;p_2、V_2 为另一处流体的压强和速度.显然,当流体流过物体表面时,流速大,则压强小;流速小,则压强大.飞机能在空中飞翔就是利用这一原理.

飞机机翼的形状是经过精心设计的,呈流线型,下面平直,上面圆拱,飞行时能使流过机翼上方空气的流速大于机翼下方的空气流速.从伯努力方程来看,在速度比较大的一侧压强要相对低一些,因此机翼下表面的压强要比上表面大,形成一个向上偏后的总压力,它在垂直方向上的分力叫举力或升力,如图 4-2-1(a)所示.实验指出,举力与机翼的形状、气流速度和气流冲向翼面的角度有关.正是举力的作用使飞机机翼向上举起.如果机翼的上下形状相同,如图 4-2-1(b)所示,那么上下压强相同,就不存在压力差,即没有升力.

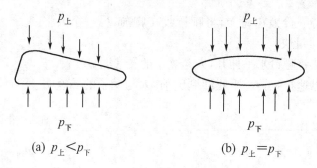

(a) $p_上 < p_下$ (b) $p_上 = p_下$

图 4-2-1 机翼表面压强

【实验装置】

图 4 - 2 - 2　机翼升力演示装置

【实验拓展】

1. 在两张纸中间吹气,这两张纸会被吹得相互分开还是相互靠拢? 为什么?

2. 用气泵通过塑料管向上吹气,设法稳定地托起一个或更多的乒乓球,怎样才能托起? 用伯努力方程分析其原因. 将吹气管倾斜,在多少倾斜度下乒乓球会掉下? 此角与吹起管口的大小有什么关系?

3. 将乒乓球放在水平的桌面上,让气泵吹出的气体通过喇叭口吹出,并对准乒乓球,观察乒乓球在什么情况下被吹走? 什么情况下被吸住? 画出力的分析图,用伯努力方程解释这一现象.

§4.3　共振与驻波

（Ⅰ）共振实验仪

【实验原理】

振动系统在周期性外力的作用下所发生的振动称为受迫振动,这个周期性外力称为驱动力.根据机械振动理论,当驱动力角频率 ω 和振动系统固有角频率 ω_0 满足关系 $\omega = \sqrt{\omega_0^2 - 2\beta^2}$ 时,受迫振动的位移振幅达到最大,称为位移共振.阻尼 β 越小,共振频率越接近固有角频率 ω_0,位移振幅就越大.

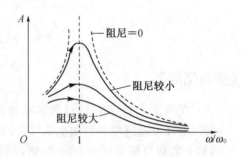

图 4-3-1　共振的位移振幅与驱动力频率的关系

机械共振演示系统演示了位移共振现象.系统的驱动力由振源带动载物台振动加到振子上,台上的振子作受迫振动.当振源频率与台面上某物体的固有频率相接近时,可观察到该物体发生共振的现象,其振动位移非常明显.

【实验仪器】

图 4-3-2　机械共振演示仪

【实验内容与步骤】

1. 将仪器输出信号频率和幅度调至最小,然后接通仪器电源.
2. 由小到大调节信号频率,逐一靠近仪器上各弹簧振子(小卡通)的固有频率.
3. 逐渐加大输出幅度可看到相应频率的振子和弹簧上下振动现象.而其他弹簧不振动,若振动可适当微调频率.
4. 观察各振子在多大策动频率下振动位移达到最大,试估算其阻尼 β 大小.
5. 实验完毕,将频率调节旋钮和电压调节旋钮调回最小,关闭电源.

【注意事项】

输出幅度调节一定要从小到大调节,出现共振现象即可.一般而言共振时需要的策动力较小.输出幅度过大,既影响演示效果又会损坏仪器.

（Ⅱ） 昆 特 管

【实验原理】

昆特管是一种演示驻波的实验装置.驻波是由两列传播方向相反而振幅与频率都相同的波叠加而成的.昆特管一端振源发出的声波(纵波)在管内空气中传播,经另一端反射形成反射波.当波长与管长满足一定的条件时,反射波与入射波叠加就会形成驻波,驻波的振动会激发煤油的振动.

在驻波中,波节点始终保持静止,波腹点的振幅为最大,其他各点以不同的振幅振动.因此,驻波的波腹处,压强最小,因此煤油被激起,形成浪花,此处液体振动最激烈;而波节点处煤油则保持静止.通过调节昆特管振源的频率,可以在管内形成不同频率(模式)的驻波,从而在管内形成不同形式的浪花.

由于 $v = \lambda f$(其中 v 为波速,f 为频率,λ 为波长),根据波长和频率可以测出昆特管中的波速.相邻波腹(或波节)间的距离为半个波长.反射端由于半波损失,形成波节,波节到波腹的距离为 1/4 波长.

【仪器装置】

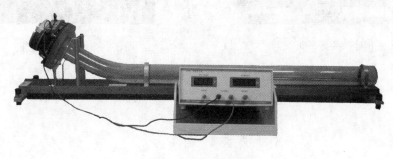

图 4-3-3　昆特管

【实验内容与步骤】

1. 将信号源电压输出旋钮逆时针旋转,使电压调至最低,接通电源.

2. 将信号频率调至某一参考值(标在仪器上)附近,逐步加大信号源输出电压,再调节频率微调旋钮直至管内出现明显的片状浪花,即在管内形成了稳定的驻波.若水花不够大,可适当增大电压值.

3. 改变信号源频率,重复上述操作,观察管内出现的相邻浪花的间距,特别注意昆特管的反射端到第一个浪花的距离是其他浪花间距离的一半.

4. 试计算煤油中的波速.

【注意事项】

1. 每次改变频率之前先降低输出电压,调好频率后再增大电压,电压不要长时间大于 20 V,以免损坏扬声器.

2. 频率一般在 100～800 Hz 间调节,太高的频率不仅刺耳,而且容易损坏低频扬声器.

3. 仪器上标出的可形成驻波的频率是参考值,实验时要在该值附近认真调节.

【实验拓展】

1. 鱼洗介绍:鱼洗由铜铸成,汉已有之,形似洗面盆,盆底有四条"汉鱼"浮雕,四尾鱼嘴处的喷水装饰线沿盆壁辐射而上,盆壁自然倾斜外翻,盆沿上有两个对称的铜耳,通体呈青铜古绿,文饰典雅,古色古香.

2. 演示现象:鱼洗盆中注入 3/4 的清水,用肥皂清洁双手和盆沿上双耳后,用双掌内侧摩擦双耳时,鱼洗发出嗡鸣声,这时鱼洗喷出的水柱珠光四溅,蔚为奇观,喷水高达 72 cm. 如图 4-3-4 和 4-3-5 所示.

请解释铜喷洗(鱼洗)现象.

图 4-3-4　鱼　洗

图 4-3-5　水珠轨迹

§4.4　静电感应实验

【实验原理】

导体因受到附近带电体的影响在其表面的不同部位出现正、负电荷的现象叫静电感应. 处在静电场中的导体, 由于电场的作用, 导体中的自由电子进行重新分布, 使导体内的电场跟着变化, 直到导体内的电场强度减小到零为止. 结果靠近带电体的一端出现与带电体异号的电荷, 另一端出现与带电体同号的电荷. 如果导体原来不带电, 则两端带电的数量相等. 如果导体原来已带电, 则两端电量的代数和应与导体原带电量相等.

若导体呈尖端状, 则在尖端处发生的放电现象叫尖端放电. 当导体带电时, 尖端附近的电场特别强, 使附近气体电离导致放电. 在尖端放电的过程中, 电子和中性分子的碰撞使分子电离, 离子在电场中的迁移, 可形成"电风".

【实验内容与步骤】

1.　静电植绒

(1) 如图 4-4-1 所示, 在装置容器内放入绒丝 (并非百分之百的绝缘体).

(2) 将高压电源的正、负极分别接入装置的上下两极板, 打开电源. 此时绒丝在上下两极板间所建立的电场中极化而垂直排列, 并带少量与下极板同号的电荷. 在强电场的作用下绒丝竖直地飞向上极板, 与上极板相碰, 即中和并带与上极板相同的电荷, 在电场的作用下又迅速飞向下极板, 这样绒丝在两极板间上下飞舞.

图 4-4-1　静电植绒装置

(3) 关闭高压电源, 并使上下极板放电. 取下上极板, 在其内表面涂上具有一定图案或文字的粘结剂, 放回上极板, 再在两极板间加上直流高压. 此时, 绒丝就可整齐而竖直地附着在图案或文字处, 达到静电植绒的目的.

2.　静电风转轮

(1) 如图 4-4-2 所示, 把直流高压电源的正、负极接到演示仪的两排针尖的支柱上, 并调节使尖端方向与转轮圆筒相切.

(2) 接通电源, 即可见转轮转动, 转速相当高.

这是由于在两排尖端附近电场强度很强, 使得空气局部电离, 与尖端极性相同的离子被排斥而高速离开, 沿切线方向对转轮施加冲量. 对轮轴而言, 其受到持续的同方向的冲量矩, 在此冲量矩的作用下转轮转动. 由于转轴支点和空气的阻力矩很小, 故转速可达很高.

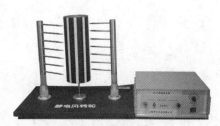

图 4-4-2　静电风转轮装置

3. 避雷针模拟实验

（1）如图4-4-3所示，将球端金属物置于两水平方向的平行极板之间.

（2）两极板接高压直流电源的正、负极，升压后可见球端与上极板之间放电，模拟了带电云层电场较强时，若建筑物没有避雷针，可能会遭雷击.

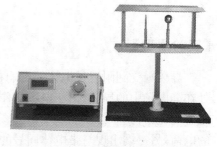

图4-4-3　避雷针模拟装置

（3）关闭高压电源，并使上下极板放电.将尖端金属和球端金属同时置于两水平方向的平行极板之间，并调节尖端和球端等高.

（4）两极板接高压直流电源的正、负极，升压后可见由于尖端放电的作用，避免了球端与上极板之间的放电，这模拟了由于有避雷针与带电云之间的放电，就可避免建筑物遭雷击. 注：实验时上极板接负高压，下极板接正高压效果明显.

【注意事项】

1. 各实验开始和结束后都必须用放电叉或接地极对仪器放电（将上下极板短接一下即可）.

2. 使用高压电源时，注意安全；电压升降时应缓慢调节，实验结束后务必将电源电压调至零.

§4.5　电磁感应现象研究

【实验原理】

当穿过导体回路的磁通量发生变化时,回路中就产生感应电动势.若回路闭合,则产生感应电流.电磁感应的基本定律是法拉第电磁感应定律和楞次定律.

1. 法拉第电磁感应定律:任一给定回路中的感生电动势 ε 的大小与穿过回路的磁通量的变化率 $\dfrac{\mathrm{d}\Phi}{\mathrm{d}t}$ 成正比.

2. 楞次定律:闭合回路中感应电流的方向,总是使得由它所激发的磁场来阻止引起感应电流的磁通量的变化(增加或减少).

【实验装置】

1. 涡电流力学效应.如图 4-5-1 所示,仪器中两个金属圆环分别套在两个形状不同的线圈铁芯上.其结构实际上是把两个常用的跳圈(金属圆环)实验结合起来,使之交替工作.

2. 小型涡电流实验仪.如图 4-5-2 所示,仪器由三个高度相同而结构不同的中空铝管和一块磁铁、一块铝块所组成.三个铝管中,一个管壁完好,一个管壁上开有狭缝,还有一个管壁上开有许多圆孔.

3. 电磁阻尼摆.如图 4-5-3 所示,仪器由一对磁铁和两个摆锤构成.其中,一个摆锤是闭合的金属板,另一个是梳状开口金属板.

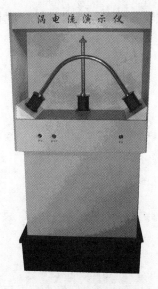

图 4-5-1　涡电流力学效应演示仪

图 4-5-2　小型涡电流演示仪

图 4-5-3　电磁阻尼摆

【实验内容与步骤】

1. 涡电流力学效应

（1）将闭合环状铝环套在线圈中的铁芯上，这时铝环由于重力作用落于下部.

（2）接通电源（交流电），按下通电按钮，观察铝环运动情况，分析铝环运动的原因，验证楞次定律.

2. 小型涡电流实验仪

（1）让一块磁铁分别从三个中空铝管顶端落下. 观察并比较在三种情况下磁铁下落的快慢情况.

（2）让一块铝块分别从三个中空铝管顶端落下，观察下落的快慢情况，并与磁铁下落情况作比较.

（3）分析上述现象产生的原因.

3. 电磁阻尼摆

（1）同时将两个摆锤放在磁场以外的挂钩上以同样的高度释放，观察摆动情况.

（2）将开口梳状金属摆锤置于两磁铁中间的挂钩上，以一个高度释放，观察摆动情况.

（3）取下梳状摆锤，再将闭合金属板摆锤放到同一位置，以同一高度释放，观察摆动情况.

（4）分析上述现象产生的原因.

【实验拓展】

1. 将实验内容 1 中的交流电改为直流电，上述结果会怎样？

2. 如将实验内容 1 中原来的金属圆环——铝环，改为铜环或塑料环再进行上述实验，结果会怎样？分析实验结果.

3. 分析家用电器——电磁炉的工作原理，并说明其对锅等器皿材料的要求.

§4.6　奇妙的偏振光

　　光是一种电磁波,电磁波是横波,即光波振动方向垂直于光的传播方向.通常,光源发出的光波,其振动在垂直于光的传播方向上作无规则取向,但统计平均来说,在空间所有可能的方向上,光波矢量的分布可看作是机会均等的,它们的总和与光的传播方向是对称的,这种光就称为自然光.偏振光是指光的振动方向不变,或具有某种规则地变化的光波.按照振动方向的不同,偏振光可分为平面偏振光(线偏光)、圆偏振光和椭圆偏振光、部分偏振光几种.在自然界中得到的光大多是自然光或部分偏振光,可以被看成是由许多偏振方向不同的线偏振光的叠加.

　　一般采用两个偏振片来对自然光进行起偏的方法得到线偏光.偏振片只允许某一特定振动方向的光通过,而其他振动方向的光将不能通过.因此任何偏振态的光波,经过偏振片后都将变成线偏振光.如果两个偏振片的偏振方向相互垂直,则没有光通过这个组合,即发生消光现象;其中前一个偏振片起着将任意光变为线偏振光的作用,称为起偏器,而后一个偏振片可起到完全消光,从而证明光为线偏振光的作用,称为检偏器.而当两个偏振片的偏振方向不完全垂直时,将有部分光通过这个组合,通过光的相对强度与夹角有关.

　　利用偏振光可以进行很多有趣的实验.

(I) 光的双折射

【实验原理】

　　一束自然光入射到各向异性媒质上时,在媒质中有两束折射光出现,称作双折射现象,如图 4-6-1 所示.一束遵守折射定律,称寻常光(o 光);另一束不遵守折射定律,称非寻常光(e 光).两束折射光都是线偏振光,满足一定的条件时其偏振方向互相垂直.

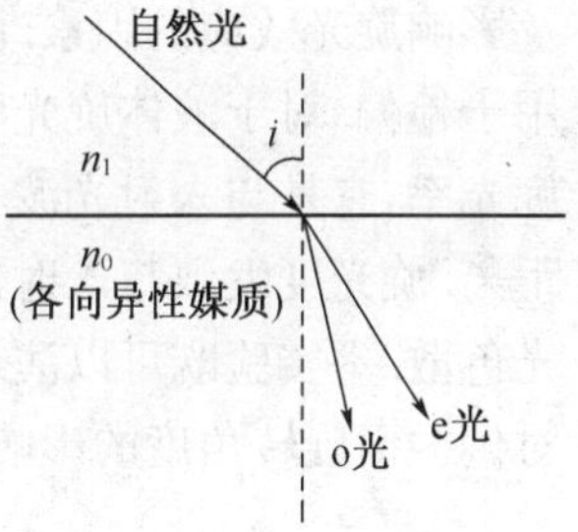

图 4-6-1　双折射示意图

【实验装置】

　　双折射演示装置,如图 4-6-2 所示.

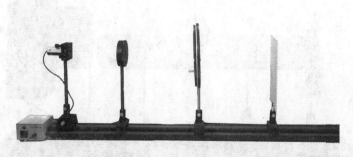

图 4-6-2　双折射演示装置

【实验内容与步骤】

1. 打开激光器电源,调节光路使激光束对准双折射晶体的入射窗口,在屏上可观察到两个光点.

2. 旋转双折射晶体,可看到一个光点不动,另一个光点绕着不动的光点转,即 e 光绕着 o 光转.

3. 在双折射晶体与屏幕之间插入偏振片,并适当调整偏振片的前后位置,使得 e 光和 o 光两个光点都呈现在偏振片上.

4. 旋转偏振片可观察到 o 光和 e 光交替消失.

5. 旋转偏振片,使 e 光消失,记下此时偏振片的偏振化方向;再旋转偏振片,使 o 光消失,观察此时偏振片的偏振化方向正好转过 90°.

【注意事项】

取、放偏振片时要小心,以免掉地摔坏.

（Ⅱ）旋光色散

【实验原理】

当偏振光通过某些物质(如石英等晶体或食糖水溶液、松节油等),光矢量的振动面将以传播方向为轴发生转动,这一现象称为旋光现象.本实验利用糖溶液的旋光性演示旋光现象及影响旋光效应的因素.糖溶液放在两个偏振片中间,一个偏振片用于起偏,另一个偏振片用于检偏.对于液体旋光物质,振动面转过的角度即旋光度 $\varphi = \alpha \rho d$,比例系数 α 称溶液的旋光率,它是与入射光波长有关的常数;ρ 为溶液的浓度;d 为偏振光在旋光物质中经过的距离.旋光度大致与入射偏振光波长的平方成反比,这种旋光度随波长而变化的现象称为旋光色散.本实验既可以演示白色偏振光的旋光色散现象,也可以半定量地测量不同波长的光对偏振面旋转角度的影响.

【实验装置】

旋光色散演示装置,如图 4 - 6 - 3 所示.

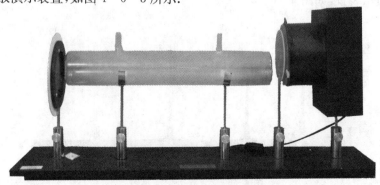

图 4 - 6 - 3　旋光色散演示装置

【实验内容与步骤】

1. 配置溶液：大约用 300 g 蔗糖，玻璃管内的溶液大约占整个容器的 2/3 左右为妥，将溶液摇匀.

2. 打开仪器灯箱光源，连续缓慢转动前端偏振片，可观察到玻璃管下半部有糖溶液的地方透过来的光的颜色按红橙黄绿青蓝紫依次变化；管的上部没有糖溶液的地方仅有明暗的变化.

3. 在光源和装有糖溶液的玻璃管之间加上滤色片，旋转偏振片，记下从玻璃管上方看视场最暗时偏振片的角度；再旋转偏振片，再记下从玻璃管下方看视场最暗时偏振片的角度.

4. 换用另一种颜色的滤色片，重复步骤 3 的操作.

5. 保留好实验数据，用来分析旋光效应与波长的关系.

6. 改变糖溶液的浓度，重复步骤 3、4 的操作，分析溶液浓度对旋光效应的影响.

【注意事项】

操作时要保护好装有糖溶液的玻璃管，以免损坏.

（Ⅲ）偏振光干涉

【实验原理】

白光光源发出的光经偏振片后变成线偏振光. 线偏振光通过图案模型后产生应力双折射，分成有一定相差且振动方向互相垂直的两束光，即 o 光和 e 光，两束光振动方向平行，振动频率相同，相位差恒定，满足干涉条件，再次通过一个偏振片后两束光将发生干涉，从而形成干涉条纹.

本实验装置如图 4-6-4 所示，装置中有两种不同的模型：① 用不同层数的薄膜叠制而成的蝴蝶和飞机模型，中心厚，四周薄，薄膜内部的残余应力分布均匀；② 用光弹材料制成的三角板和曲线板，厚度相等，但内部存在着非均匀分布的残余应力.

对于蝴蝶和飞机模型，由于应力均匀，双折射产生的光程差由厚度决定，各种波长的光干涉后的强度均随厚度而变，故干涉后呈现与层数分布对应的色彩图案.

对于三角板和曲线板，由于厚度均匀，双折射产生的光程差主要与残余应力分布有关，各波长的光干涉后的强度随应力分布而变，则干涉后呈现与应力分布对应的不规则彩色条纹. 条纹密集的地方是残余应力比较集中的地方.

图 4-6-4　偏振光干涉演示装置

若将受力的 U 形尺放在装置中，可以看到 U 形尺的干涉条纹类似于三角板和曲线板，但区别在于这里的应力不是残余应力，而是实时动态应力，所以条纹的色彩和疏密是随外力的大小而变化的. 利用偏振光的干涉,可以考察透明元件是否受到应力以及应力的分布情况.

转动外层偏振片,即改变两偏振片的偏振化方向夹角,也会影响各种波长的光干涉后的强度,使图案颜色发生变化.

【实验内容与步骤】

1. 轻轻地从仪器上方抽出仪器内的两种图案,看到它们都是由无色透明的材料制成,原样放回.

2. 打开光源,这时立即观察到视场中各种图案偏振光干涉的彩色条纹.

3. 旋转面板上的旋钮,观察干涉条纹的色彩也随之变化.

4. 把透明 U 形尺从窗口放进,观察不到异常,用力握 U 形尺的开口处,立即看到在尺上出现彩色条纹,且疏密不等;改变握力,条纹的色彩和疏密分布也发生变化.

【注意事项】

取、放玻璃片要小心轻放,注意安全.

§4.7　超导磁悬浮

【实验原理】

超导通常是指超导电性,即某些物质在低温下出现的电阻为零和完全抗磁性的特征.具有超导性的物体称为超导体.

1. 零电阻现象

当某种金属或合金冷却到某一温度 T_c 以下,其直流电阻突然降到零.这一确定温度 T_c 叫做超导体的临界温度.在 T_c 以上,超导体和普通金属一样有一定的电阻值,这时超导体处于正常态;在 T_c 以下,阻值为零,这时超导体处于超导态.通常是把样品的电阻降到正常态阻值一半时的温度定义为超导体的临界温度 T_c.基于超导体的零电阻特性,可将超导体通一恒定电流,并使其降温,随温度变化测量其阻值.当阻值突然降到该仪器不能检测时,此时的温度就是 T_c.

2. 完全抗磁性

超导体的磁性与常规磁体的磁性不同,超导体进入超导态后置于外磁场中,它内部产生的磁化强度与外磁场完全抵消,磁力线完全被排斥在超导体外面,从而内部的磁感应强度为零,撤去外磁场后,超导体外磁场也完全消失,这就是超导体的完全抗磁性,即迈斯纳效应.

【实验内容与步骤】

1. 超导零电阻演示

(1) 如图 4-7-1 所示,打开显示器电源,观察电压和电流的示值(均不为零).

(2) 将测试杆的测试端插入液氮罐,观察显示器的电压示值逐渐变为零,但电流示值不变.

(3) 稳定片刻,电压示值仍为零,电流示值仍不变.

(4) 观察完毕,抽出测试杆,断开显示器电源.

图 4-7-1　超导零电阻演示仪

2. 超导磁力测量

(1) 如图 4-7-2 所示,打开磁力显示仪的电源开关,预热 5 min 左右.

(2) 将超导块放在试样架中心,用螺丝将其固定(卡住即可,不必用力拧,以免损坏样品).

(3) 逆时针转动手柄,使永磁体向下移动至与超导样品轻轻接触再略微离开,调整样品位置使之与永磁体对正,打开深度尺电源开关.

(4) 顺时针转动手柄,使永磁体远离超导样品,上移至大约 4 cm 的位置.

图 4-7-2　超导磁力测量仪

(5) 向低温容器中注入液氮,并保持液氮面略高于超导样品上表面,使样品冷却至超导状态(实验过程中液氮蒸发液面下降时,可随时添加液氮).

(6) 逆时针转动手柄,向下移动永磁体(手柄转动 1 圈,磁体约移动 1.5 mm)同时观察磁力显示器上的示数变化,并注意其正负.

(7) 在磁体距样品 3 mm 处开始反向移动磁体,同时观察磁力显示器上的示数变化,并注意其正负的变化.

3. 超导磁悬浮列车

(1) 如图 4-7-3 所示,在小车下面垫上 8 mm 左右的硬纸板,并一同放在磁性导轨上.

(2) 取下小车上盖,将液氮倒入小型液氮容器,再倒入车体容器中(内有超导块),大约过 2~3 min,使超导块充分冷却,盖上车盖,撤下硬纸板,小车悬浮在导轨上方.

(3) 接上驱动变压器,将其电压调到 4.5 V 左右,打开驱动开关.用手给车一个驱动力,使小车顺着驱动器的转动方向运动,小车受到一个向前的驱动力作用,就会沿着磁性导轨持续运动起来.

(4) 实验完毕,断开电源,把小车取下.

图 4-7-3　超导磁悬浮列车

【注意事项】

1. 液氮的温度是零下近 200℃,操作者及观看者注意不要触及液氮,操作时一定要戴手套.

2. 超导块的冷却要均匀、全面,最好全部浸入液氮中.

3. 切勿将超导样品掉到地上,以免损坏.

4. "实验内容 1"中注意保持测试杆的清洁,插入液氮罐前一定要擦净;观察完毕及时抽出测试杆,切勿长时间浸泡在液氮中;插、取测试杆时务必小心,不要把液氮溅到身上,特别是取出测试杆时不要用手摸,以免粘掉皮肤.

5. "实验内容 2"中转动手柄时要慢,特别注意在磁体靠近超导样品时不要使两者相碰,更不要用力压样品.

6. "实验内容 3"装置的轨道磁性极强,对手表、手机、相机等物品有影响,注意将这些物品与轨道保持距离.

第 5 章　基础性实验

§5.1　密度测定

【实验目的】

1. 熟练掌握物理天平的调整和使用方法.
2. 掌握测定固体和液体密度的两种方法.

【实验原理】

若一个物体的质量为 m,体积为 V,则其密度为

$$\rho = \frac{m}{V} \tag{5-1-1}$$

可见,通过测定 m 和 V 可求出 ρ. 质量可通过各种天平进行称量,而体积则可根据形状规则、不规则、小粒状的固体或液体分别采用不同方法测量,从而计算出物体的密度.

1. 测量固体的密度

对于一般形状规则的固体,质量可用天平称量,体积可由测量的几何尺寸算出,从而计算出密度. 对于特殊形状规则的固体,以及形状不规则的固体,主要采用下述方法测定:

(1) 能沉于液体中的固体密度的测定

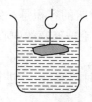 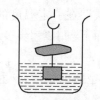

图 5-1-1　待测固体沉　　　图 5-1-2　助沉物沉　　　图 5-1-3　助沉物和待测
　　　　　于水中　　　　　　　　　于水中　　　　　　　　固体沉于水中

若待测固体能沉于液体(如水)中,可采用液体静力"称量法"测定其密度. 即先用天平称出被测物体在空气中质量 m_1,然后将物体浸入水中,称出其在水中的质量 m_2,如图 5-1-1 所示,则物体在水中受到的浮力为

$$F = (m_1 - m_2)g \tag{5-1-2}$$

根据阿基米德原理,浸没在液体中的物体所受浮力的大小等于物体所排开液体的重量.

因此,可以推出

$$F = \rho_0 V g \tag{5-1-3}$$

其中 ρ_0 为液体的密度(本实验中采用的液体为蒸馏水);V 是排开液体的体积亦即物体的体积. 联立(5-1-2)和(5-1-3)式可以得到

$$V = \frac{m_1 - m_2}{\rho_0} \tag{5-1-4}$$

由此得出

$$\rho = \frac{m_1}{m_1 - m_2}\rho_0 \tag{5-1-5}$$

(2) 浮于液体中固体密度的测定

若待测固体的密度比液体的密度小时,可采用加"助沉物"的办法测定其密度. 如图 5-1-2所示,"助沉物"在液体中而待测物在空气中时称出总质量为 m_1;如图 5-1-3 所示,"助沉物"和待测物都浸入液体中时称出总质量为 m_2. 因此,待测物体所受浮力为 $(m_1 - m_2)g$. 若待测物体在空气中称出的质量为 m,则待测物体的密度为

$$\rho = \frac{m}{m_1 - m_2}\rho_0 \tag{5-1-6}$$

(3) 小粒状固体密度的测定

对于不规则的小颗粒状固体,不可能用液体静力"称量法"来逐一称其质量. 因此,可采用"比重瓶法". 当然,所测粒状固体不能溶于水,其大小应保证能投入比重瓶内. 实验时,比重瓶内盛满蒸馏水,用天平称出瓶和水的总质量为 m_1,称出粒状固体在空气中的质量为 m_2,称出在装满水的瓶内投入粒状固体后的总质量为 m_3,则固体所排出比重瓶内水的质量为 $m = m_1 + m_2 - m_3$,而排出水的体积就是质量为 m_2 的粒状固体的体积,所以待测粒状固体的密度为

$$\rho = \frac{m_2}{m_1 + m_2 - m_3}\rho_0 \tag{5-1-7}$$

2. 测量液体的密度

对液体密度的测定可用"比重瓶法". 在一定温度的条件下,比重瓶的容积是一定的. 将液体注入比重瓶中,将毛玻璃塞由上而下自由塞上,多余的液体将从毛玻璃塞的中心毛细管中溢出,瓶中液体的体积将保持一定.

比重瓶的容积可通过天平称出其空瓶的质量 m_1 和充满蒸馏水时的质量 m_2 进行计算,即由 $m_2 = m_1 + \rho_0 V$ 推出

$$V = \frac{m_2 - m_1}{\rho_0} \tag{5-1-8}$$

如果再将待测密度为 ρ 的液体(如酒精)注入比重瓶,称出充满被测液体时的比重瓶的质量为 m_3,则 $\rho = (m_3 - m_1)/V$,将(5-1-8)式代入得

$$\rho = \frac{m_3 - m_1}{m_2 - m_1}\rho_0 \tag{5-1-9}$$

【实验仪器】

天平,待测物体,线绳,助沉物,烧杯,水,酒精,比重瓶,吹风机.

【实验内容与步骤】

1. 调试物理天平:调节水平;调节零点;练习使用方法

2. 用液体静力"称量法"测物体的密度

(1) 测金属块的密度

① 用细线拴住金属块,置于天平的左面挂钩上测出其在空气中的质量 m_1.

② 将金属块浸没在水中,称出其质量 m_2.

③ 记录实验室内水的温度.

(2) 测塑料块的密度

① 测量塑料块在空气中的质量 m.

② 用细线在塑料块的下面悬挂一个"助沉物",测量塑料块在空气中而"助沉物"在液体中的总质量 m_1.

③ 将"助沉物"和塑料块一起浸入水中,测量总质量 m_2.

(3) 测定粒状固体的密度

① 将蒸馏水注满比重瓶后盖上塞子,擦去溢出的水,再用天平称出瓶和水的总质量 m_1.

② 采用天平称量固体颗粒铅的质量 m_2.

③ 将颗粒铅投入比重瓶内,擦去溢出的水,称出瓶、水和颗粒铅的总质量 m_3.

3. 采用比重瓶测定液体的密度

① 采用天平称量空比重瓶的质量 m_1.

② 采用吸管将蒸馏水充满比重瓶,称出其总质量 m_2.

③ 倒出比重瓶中的蒸馏水、烘干,然后再将被测液体注入比重瓶,称量比重瓶和待测液体的总质量 m_3.

【实验数据处理及分析】

1. 测固体密度

(1)自拟表格记录测量金属块密度的有关数据,并计算其密度及不确定度.

(2)自拟表格记录测量塑料块密度的有关数据,并计算其密度及不确定度.

(3)自拟表格记录测量颗粒铅密度的有关数据,并计算其密度及不确定度.

2. 采用比重瓶测量酒精的密度

自拟表格记录测量酒精密度的有关数据,并计算其密度及不确定度.

【思考与创新】

1. 使用物理天平应注意哪几点?怎样消除因天平两臂不等而造成的系统误差?

2. 分析造成本实验误差的主要原因.

3. 想一想：设计一个可行的方案，测定气体的密度.

附录：1904 年诺贝尔物理学奖——氩的发现

1904 年诺贝尔物理学奖授予英国皇家研究所的瑞利（Rayleigh，1842～1919）勋爵，以表彰他在研究最重要的一些气体的密度以及在这些研究中发现了氩. 瑞利以严谨、广博、精深著称，并善于用简单的设备做实验，而且能获得十分精确的数据. 他是 19 世纪末达到经典物理学巅峰的少数学者之一，在众多学科中都有成果，其中尤以光学中的瑞利散射和瑞利判据、物理学中的气体密度测量几方面影响最为深远. 气体密度测量本来是实验室中的一件常规工作，但是瑞利不放过常人不当回事的实验差异，终于作出了惊人的重大发现. 这就是 1892 年瑞利从密度的测量中发现了第一个惰性气体——氩.

自从门捷列夫周期表提出以后，科学家对寻找新的元素以填补周期表上的空缺，表现出了很大的积极性. 但是，人们没有想到，竟然在周期表上遗漏了整整一族性质特殊的惰性气体！

1882 年，瑞利为了证实普劳特假说，曾经测过氢和氧的密度. 经过 10 年长期的测定，他宣布氢和氧的原子量之比实际上不是 1∶16，而是 1∶15.882. 他还测定了氮的密度，他发现从液态空气中分馏出来的氮，跟从亚硝酸铵中分离出来的氮，密度有微小的但不可忽略的偏差. 从液态空气中分馏出来的氮，密度为 1.257 2 g/cm^3，而用化学方法从亚硝酸铵直接得到的氮，密度却为 1.250 5 g/cm^3. 两者数值相差千分之几，在小数点后第三位不相同. 他认为，这一差异远远超出了实验误差范围，一定有尚未查清的因素在起作用. 为此他先后提出过几种假说来解释造成这种不一致的原因. 其中有一种是认为在大气中的氮还含有一种同素异形体，就像氧和臭氧那样，这种同素异形体混杂在大气氮之中，而从化学方法所得应该就是纯净的氮. 两者密度之差说明这种未知的成分具有更大的密度. 于是，瑞利仿照臭氧的化学符号 O_3，称之为 N_3. 可是论文发表后没有引起人们的普遍注意，只有化学家拉姆赛（W. Ramsay）表示有兴趣和他合作进一步研究这一问题. 拉姆赛重复了瑞利的实验，宣布证实了瑞利的结果，肯定有 N_3 的存在. 两位科学家在经过严密的研究后，于 1894 年确定所谓的 N_3 并不是氮的同素异形体，而是一种特殊的、从未观察到的、不活泼的单原子气体，其原子量为 39.95，在大气中约含 0.93%. 他们取名为"氩"，其希腊文的原意是"不活泼"的意思. 第一个惰性气体就这样被发现了. 这种气体普遍存在于人类身边，多少科学家分析空气时都错过了发现的机会. 瑞利之所以抓住了这个机会，应该说是他严谨的科学态度、认真周密研究的结果，假如他把千分之几的偏差简单地归于实验误差，就会轻易地与成功失之交臂. 瑞利和拉姆赛发现氩的过程，历经了 10 年之久. 在平凡琐碎的化学实验工作中，他们不惜付出劳动，亲自动手，一丝不苟，才终于取得有历史意义的重大成果.

瑞利的最初研究工作主要是光学和振动系统的数学研究，后来的研究几乎涉及物理学的各个方面，如声学、波的理论、彩色视觉、电动力学、电磁学、光的散射、液体的流动、流体动力学、气体的密度、粘滞性、毛细作用、弹性和照相术. 他的坚持不懈和精密的实验导致建立了电阻标准、电流标准和电动势标准. 他后来的工作主要集中在电学和磁学问题上. 在 1877～1878 年期间，他的《声学理论》分为两卷出版. 为了解释"天空为什么呈现蓝色"这个长期令人不解的问题，他导出了分子散射公式，这个公式被称为瑞利散射定律. 在实验方面，他进行了光栅分辨率和衍射的研究，第一个对光学仪器的分辨率给出了明确的定义，这项工作导致后来关于光谱仪的光学性质等一系列基础性的研究，对光谱学的发展起了重要作用.

§5.2　杨氏弹性模量的测定

【实验目的】

1. 掌握光杠杆测量微小长度变化的原理和尺读望远镜的使用方法.
2. 学会用拉伸法测量金属丝的杨氏弹性模量.
3. 加强数据处理能力的训练.

【实验原理】

固体材料受外力作用时必然发生形变,本实验仅研究轴向形变(或称拉伸形变).设一根长度为 L 截面积为 S 的均匀金属丝,沿长度方向受外力 F 的作用后,伸长量为 ΔL,在弹性限度内根据胡克定律,有

$$\frac{F}{S} = E\frac{\Delta L}{L}$$

即

$$E = \frac{\dfrac{F}{S}}{\dfrac{\Delta L}{L}} \tag{5-2-1}$$

式中: $\dfrac{F}{S}$ 称为正应力(或叫胁强); $\dfrac{\Delta L}{L}$ 称为线应变(或叫胁变); E 称为材料的杨氏模量,它是材料的固有属性.

若金属丝的截面为圆形,直径为 d,则 $S = \dfrac{1}{4}\pi d^2$,代入(5-2-1)式得:

$$E = \frac{4FL}{\pi d^2 \Delta L} \tag{5-2-2}$$

式中 ΔL 是一个微小的长度变化量,很难用普通的方法测量,因此采用光杠杆放大法来测量.

光杠杆装置包括两部分:光杠杆和尺读望远镜. 光杠杆(图 5-2-1)由支架和平面镜组成,支架上有三个尖足组成等腰三角形,后足到两前足的垂直距离 k 可以调节. 尺读望远镜由望远镜和读数标尺组成,实验者从望远镜中可以看到通过光杠杆平面镜反射的标尺像,并通过望远镜中的读数叉丝读出当前标尺上的刻度值.

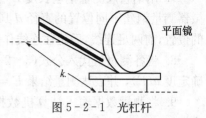

图 5-2-1　光杠杆

当钢丝伸长时,光杠杆后足会随之下降,导致光杠杆上平面镜的镜面绕两前足的连线发生转动,转动角度很小,用 θ 表示. 根据高等数学的知识,当 θ 角很小时, $\theta \approx \sin\theta \approx \tan\theta$. 如图 5-2-2 所示,在左侧的小三角形中, $\theta \approx \tan\theta = \dfrac{\Delta L}{k}$;在右

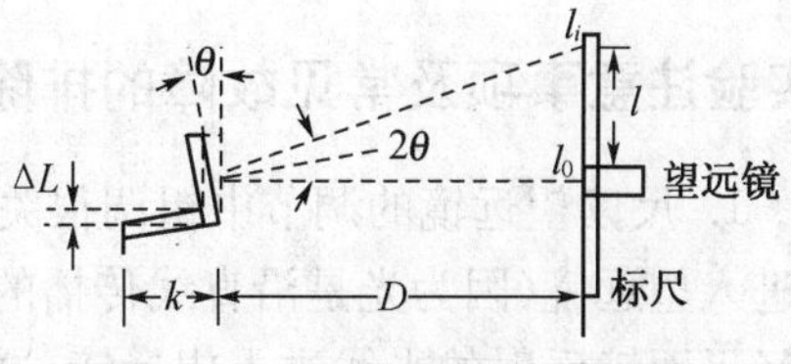

图 5-2-2　光杠杆放大原理图

侧的大三角形中，$2\theta \approx \tan 2\theta = \dfrac{l}{D}$，联立上述两式，可得：

$$\Delta L = \frac{k}{2D}l \tag{5-2-3}$$

将(5-2-3)式代入(5-2-2)式得：

$$E = \frac{8LDF}{\pi d^2 kl} \tag{5-2-4}$$

将上述各量测出代入(5-2-4)式即可测出金属丝的杨氏模量 E.

【实验仪器】

杨氏模量测定仪，卷尺(分度 1 mm，极限误差 1.2 mm)，螺旋测微器(分度 0.01 mm，极限误差 0.004 mm)，直尺(分度 1 mm，极限误差 0.1 mm)，砝码(质量 $m = 1$ kg).

【实验内容与步骤】

1. 调节测定仪底脚螺丝，使支架竖直.
2. 在钢丝下端的砝码盘上放置 2 个砝码，拉直钢丝.
3. 将光杠杆两前足放置在测量平台前沿的沟槽里，并将光杠杆的后足放置在与钢丝固定在一起的小圆柱体的平面上，调节平面镜的镜面基本竖直.
4. (粗调)先上下移动望远镜镜筒，使其与光杠杆基本等高. 然后，微调平面镜，使得从望远镜外面观察到平面镜中标尺的像围绕镜筒轴线上下基本对称. 再水平移动望远镜，使其瞄准器正对平面镜中央标尺的像.
5. (细调)通过调节目镜，使望远镜中的读数叉丝清晰；通过调节调焦旋钮使望远镜中的标尺像清晰；通过调节望远镜镜筒下方的仰俯角螺丝，使标尺像处于视场中央且无视差.
6. 在望远镜中读下初位置 l_0，在砝码盘上加一个砝码，记作 l_1，……直至读到 l_9. 减掉一个砝码，记作 l_8'，……直至读到 l_0'，将相同砝码时的两个读数取平均值得到 $l_0, \cdots, l_9$，并用逐差法算出 $\bar{l}$.
7. 用钢卷尺测量钢丝长度 L 一次，测量光杠杆镜面到标尺面的距离 D 一次，用螺旋测微器测量钢丝不同位置的直径 d 10 次并取平均值. 将光杠杆放置在平坦的纸上，印得三足的位置，前两足连线，后足往连线作垂线，用直尺测出其长度即为 k.
8. 将各测量值代入公式(5-2-4)，算出杨氏模量 $\bar{E}$. 评定各测量值的不确定度和总不确定度 $u(\bar{E})$，并表达测量结果 $E = \bar{E} \pm u(\bar{E})$.
9. 将测量数据输入计算机数据处理程序中，得出实验结果，验证手工处理数据的准确性.

【实验注意事项及常见故障的排除】

1. 尺读望远镜的调节中粗调很关键，望远镜对准平面镜是为了使平面镜反射的光线正好进入望远镜(因为光是沿直线传播的)；沿望远镜方向能看到平面镜中有标尺的像，是让标尺经平面镜反射的光线进入望远镜，这样才能在望远镜中看到标尺的像.
2. 通常在望远镜中找不到标尺像的情况有三种：① 平面镜的仰俯角不合适；② 望远镜

没对准平面镜或平面镜中无标尺像;③ 调焦不准确.一个典型的现象是在望远镜中只看到清晰的平面镜却看不到标尺,原因是本实验中平面镜只起改变光路的作用,它处于望远镜和标尺的中间,所以应继续调焦才能找到标尺像.

3. 正确估算单次测量时的测量不确定度、查表并计算仪器不确定度、计算 A 类不确定度、不确定度合成和传递、有效数字的运算规则、有效数字的保留、结果的表达和末位对齐形式等等,都是数据处理过程中不可忽视的地方.本实验中 $l_0,\cdots,l_9$ 是用逐差法处理的,在计算其 A 类不确定度的时候,不应认为是 9 次测量,而应认为是 5 次测量较为合理.

4. 加砝码时,砝码缺口不能向着同一方向,否则容易使重心偏向而倾倒;每次加砝码后要使其稳定,否则会造成光杠杆晃动而使读数抖动,不易读数.

5. 不要在读取 $l_0,\cdots,l_9$ 的过程中测量 D,L,k,d 等其他数据,否则容易造成偏差.

【思考与创新】

1. 两根材料相同,粗细、长度不同的钢丝,在相同的拉力下,伸长量是否相同? 杨氏模量是否相同?

2. 本实验中,为什么用不同的工具测量 l,D,d,k,L? 哪个量的误差对实验结果影响最大?

3. 怎样提高光杠杆的灵敏度?

4. 想一想:光杠杆放大法能应用在哪些方面? 本实验中金属丝的微小变化量有其他方法进行精确测量吗?

§5.3 三线摆实验

转动惯量是刚体转动惯性大小的量度,是表征刚体特性的一个物理量. 转动惯量的大小除与刚体的质量有关外,还与转轴的位置和刚体的质量分布(即形状、大小和密度)有关. 如果刚体形状简单、且质量分布均匀,则可直接计算出它绕特定轴的转动惯量. 但在工程实践中,我们常碰到大量形状复杂、且质量分布不均匀的刚体,用理论计算其转动惯量将极为复杂,有时甚至不可能,因此通常采用实验方法来测定.

测量刚体的转动惯量时,一般都是使刚体以一定的形式运动. 通过表征这种运动特征的物理量与转动惯量之间的关系,进行转换测量. 测量刚体转动惯量的方法有多种,三线摆法是具有较好物理思想的实验方法,它具有设备简单、直观、测试方便等优点.

【实验目的】

1. 学会用三线摆测定刚体的转动惯量.
2. 学会用累积放大法测量周期运动的周期.
3. 了解摆角大小和摆线长短对测量周期的影响.
4. 验证转动惯量的平行轴定理.

【实验原理】

三线摆实验装置如图 5-3-1 所示,上、下圆盘均处于水平,且悬挂在横梁上. 三个对称分布的等长悬线将两圆盘相连. 上圆盘固定,下圆盘可绕中心轴 OO' 做扭摆运动. 当下盘转动角度很小,且略去空气阻力时,扭摆的运动可近似看作简谐运动. 根据能量守恒定律和刚体转动定律均可以导出物体绕中心轴 OO' 的转动惯量(推导过程见本实验附录).

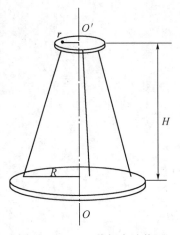

$$I_0 = \frac{m_0 g R r}{4\pi^2 H_0} T_0^2 \qquad (5-3-1)$$

式中: m_0 为下盘的质量; r, R 分别为上下悬点离各自圆盘中心的距离; H_0 为平衡时上下盘间的垂直距离; T_0 为下盘做简谐运动的周期; g 为重力加速度(连云港地区 $g = 9.797 \text{ m/s}^2$).

图 5-3-1 三线摆实验装置

将质量为 m 的待测刚体放在下盘上,并使待测刚体的转轴与 OO' 轴重合. 测出此时下盘运动周期 T_1 和上下圆盘间的垂直距离 H. 同理可求得待测刚体和下圆盘对中心转轴 OO' 轴的总转动惯量为:

$$I_1 = \frac{(m_0 + m) g R r}{4\pi^2 H} T_1^2 \qquad (5-3-2)$$

如不计因重量变化而引起的悬线伸长,则有 $H \approx H_0$. 那么,待测物体绕中心轴 OO' 的转动惯量为:

$$I = I_1 - I_0 = \frac{gRr}{4\pi^2 H}\left[(m+m_0)T_1^2 - m_0 T_0^2\right] \tag{5-3-3}$$

因此,通过长度、质量和时间的测量,便可求出刚体绕某轴的转动惯量. 用三线摆法还可以验证转动惯量的平行轴定理. 若质量为 m 的物体绕过其质心轴的转动惯量为 I_C,当转轴平行移动距离 x 时(如图 5-3-2 所示),则此物体对新轴 OO' 的转动惯量为 $I_{OO'} = I_C + mx^2$. 这一结论称为转动惯量的平行轴定理. 实验时将质量均为 m',形状和质量分布完全相同的两个圆柱体对称地放置在下圆盘上. 按同样的方法,测出两小圆柱体和下盘绕中心轴 OO' 的转动周期 T_x,则可求出每个柱体对中心转轴 OO' 的转动惯量:

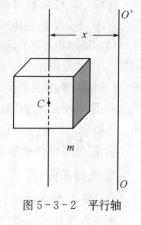

图 5-3-2 平行轴

$$I_x = \frac{1}{2}\left[\frac{(m_0 + 2m')gRr}{4\pi^2 H}T_x^2 - I_0\right] \tag{5-3-4}$$

如果测出小圆柱中心与下圆盘中心之间的距离 x 以及小圆柱体的半径 R_x,则由平行轴定理可求得

$$I_x' = m'x^2 + \frac{1}{2}m'R_x^2 \tag{5-3-5}$$

比较 I_x 与 I_x' 的大小,可验证平行轴定理.

【实验仪器】

三线摆(包含米尺、游标卡尺以及待测物体),光电计时器,秒表.

【实验内容与步骤】

1. 必做部分

(1) 测定圆环对通过其质心且垂直于环面的轴的转动惯量

① 调整上盘水平:调整底座上的三个旋钮,直至上盘面水准仪中的水泡位于正中间.

② 调整下盘水平:调整上圆盘上的三个旋钮,改变三条摆线的长度,直至下盘水准仪中的水泡位于正中间.

③ 测量空盘绕中心轴 OO' 转动的周期 T_0:轻轻转动上盘(思考如何正确启动上盘),带动下盘转动,这样可以避免三线摆在做扭摆运动时发生晃动(注意扭摆的转角不能过大,最好控制在 5° 以内). 周期的测量常用累积放大法,即用计时工具测量累积多个周期的时间,然后求出其运动周期(想一想,为什么不直接测量一个周期). 如果采用自动光电计时装置(光电计时的使用方法请参阅 §5.5 附录),光电门应置于平衡位置,即应在下盘通过平衡位置时作为计时的起止时刻,使下盘上的挡光杆处于光电探头的中央,且能遮住发射和接收红外线的小孔,然后开始测量;如用秒表手动计时,也应以过平衡位置作为计时的起止时刻(想一想,为什么),并默读 5,4,3,2,1,0,当数到"0"时启动秒表,这样既有一个计数的准备过程,又不至于少数一个周期.

④ 测出待测圆环与下盘共同转动的周期 T_1:将待测圆环置于下盘上,注意使两者中心

重合,按同样的方法测出它们一起运动的周期 T_1.

(2) 用三线摆验证平行轴定理

将两小圆柱体对称放置在下盘上,测出其与下盘共同转动的周期 T_x 和两小圆柱体的间距 $2x$. 不改变小圆柱体放置的位置,重复测量 3 次.

(3) 其他物理量的测量

① 用米尺测出上下圆盘三悬点之间的距离 a 和 b,然后算出悬点到中心的距离 r 和 R(等边三角形外接圆半径).

② 用米尺测出两圆盘之间的垂直距离 H_0;用游标卡尺测出待测圆环的内、外直径 $2R_1$,$2R_2$ 和小圆柱体的直径 $2R_x$.

③ 记录各刚体的质量.

2. 选做部分

(1) 研究摆角的大小对下悬盘转动周期的影响

当下盘作扭转振动,且摆角 $\theta < 5°$ 时,其振动是一个简谐振动,振动周期为

$$T_0 = 2\pi\sqrt{\frac{HI}{mgRr}} = 2\pi\sqrt{\frac{HR}{2gr}} \tag{5-3-6}$$

当摆角 $\theta > 5°$ 时,下盘的扭转振动不能再看作简谐运动,(5-3-6)式不再适用,必须进行修正. 当摆线较长时,振动周期为

$$T = 4\sqrt{\frac{HI}{mgRr}}\int_0^{\frac{\pi}{2}}\sqrt{\frac{1}{1-k_1^2\sin^2\varphi}}\,\mathrm{d}\varphi = \frac{2}{\pi}N(k_1)T_0 \approx \frac{T_0}{1-0.063\theta_0^2} \tag{5-3-7}$$

式中:$N(k_1)$ 为第一类完全椭圆积分,θ_0 为角振幅.

自行设计实验方案,选择不同的摆角,测量振动周期,研究振动周期随摆角的变化情况.

(2) 研究摆线的长短对下悬盘转动周期的影响

现有的实验研究结果表明,摆线的长度对三线摆方法测量刚体的转动周期是有影响的. 请同学们自己设计实验方案,保持摆角 $\theta < 5°$,改变摆线长度,研究振动周期随摆长的变化情况(尤其注意短摆线),并与理论值进行比较(参看(5-3-6)式),分析误差来源.

【实验数据处理及分析】

1. 圆环转动惯量的测量及计算

根据以上数据,求出待测圆环的转动惯量,将其与理论计算值比较,求相对误差,并进行讨论. 已知理想圆环绕中心轴转动惯量的计算公式为 $I_{理论} = \dfrac{m}{2}(R_1^2 + R_2^2)$.

2. 验证平行轴定理

利用公式(5-3-4)和(5-3-5)计算圆柱体对中心转轴 OO' 的转动惯量,并计算相对误差.

【思考题】

1. 用三线摆测刚体转动惯量时,为什么必须保持上、下盘水平?

2. 在测量过程中,如下盘出现晃动,对周期测量有影响吗? 如有影响,应如何避免?

3. 三线摆放上待测物后,其摆动周期是否一定比空盘的转动周期大? 为什么?

4. 测量圆环的转动惯量时,若圆环的转轴与下盘转轴不重合,对实验结果有何影响?

5. 如何利用三线摆测定任意形状的物体绕某轴的转动惯量?

6. 三线摆在摆动中受空气阻尼,振幅越来越小,它的周期是否会变化? 对测量结果影响大吗? 为什么?

参考文献

[1] 卢佃清. 摆角对三线扭摆周期的影响[J]. 物理实验,1996,16(6):275～276

[2] 唐会智. 用改进 *KBM* 法研究三线扭摆周期[J]. 物理实验,1999,19(2):9～11

[3] 刘凤祥. 三线摆运动周期的讨论[J]. 物理实验,1999,19(4):44～47

[4] 昝会萍,张引科. 也谈摆角对三线扭摆周期的影响[J]. 物理实验,1999,19(6):44～45

[5] 何勤. 三线摆周期的旋转矢量求法[J]. 物理实验,2001,21(8):43～45

[6] 籍延坤,焦志伟. 三线摆振动周期与角振幅的关系[J]. 大学物理实验,2002,15(3):35～37

[7] 刘建国,陈鸣. 单片机在三线摆实验中的应用[J]. 大学物理,2003,22(4):29～31

[8] 盛忠志,易德文,杨恶恶. 三线摆法测刚体的转动惯量所用近似方法对测量结果的影响[J]. 大学物理,2004,23(2):44～46

[9] 宋超,潘钧俊,叶郁文,庄表中. 用三线摆方法测试物体转动惯量的误差问题[J]. 力学与实践,2003,25(1):59～61

[10] 高本庆. 椭圆函数及其应用[M]. 北京:国防工业出版社,1991:137～138

附录：转动惯量测量式的推导

当下盘扭转振动，且转角 θ 很小时，其扭动是一个简谐振动，运动方程为：

$$\theta = \theta_0 \sin \frac{2\pi}{T_0} t \qquad (5-3-8)$$

当摆离开平衡位置最远时，其重心升高 h，根据机械能守恒定律有：

$$\frac{1}{2} I \omega_0^2 = mgh \qquad (5-3-9)$$

即

$$I = \frac{2mgh}{\omega_0^2} \qquad (5-3-10)$$

而

$$\omega = \frac{d\theta}{dt} = \frac{2\pi\theta_0}{T} \cos \frac{2\pi}{T} t \qquad (5-3-11)$$

$$\omega_0 = \frac{2\pi\theta_0}{T_0} \qquad (5-3-12)$$

将 $(5-3-12)$ 式代入 $(5-3-9)$ 式得

$$I = \frac{mghT^2}{2\pi^2\theta_0^2} \qquad (5-3-13)$$

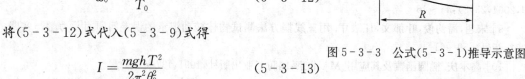

图 5-3-3　公式(5-3-1)推导示意图

从图 5-3-3 的几何关系中可得

$$(H-h)^2 + R^2 - 2Rr\cos\theta_0 + r^2 = l^2 = H^2 + (R-r)^2$$

简化可以得到 $Hh - \dfrac{h^2}{2} = Rr(1-\cos\theta_0)$，将 $\dfrac{h^2}{2}$ 略去，且取 $1-\cos\theta_0 \approx \dfrac{\theta_0^2}{2}$，则有 $h = \dfrac{Rr\theta_0^2}{2H}$，代入 $(5-3-13)$ 式得

$$I = \frac{mgRr}{4\pi^2 H} T^2 \qquad (5-3-14)$$

即得公式 $(5-3-1)$.

§5.4　表面张力系数的测定

表面张力系数是表征液体性质的一个重要参数,在表面物理、表面化学、医学等领域中具有重要的意义.影响液体表面张力系数的因素很多,主要有:液面的性质、液体的温度、液体中杂质的含量等.测量液体表面张力系数的方法很多,常用的有拉脱法、毛细管法等.作为教学实验,拉脱法有明显的优点:直观,它直接测量拉力、固体与液面接触长度,可以帮助学生准确理解物理概念.但传统的拉脱法仪器稳定性差,重复性差.本实验采用圆环形吊体和微力学传感器技术,有效地提高了实验的准确度.

【实验目的】

1. 了解应变电阻效应.
2. 了解传感器弹性元件应变与载荷的线性关系.
3. 了解应变片传感器组成测量电桥的方法.
4. 学会用测力传感器测量液体的表面张力系数.

【实验原理】

1. 表面张力

液体表面是指厚度为分子吸引力有效半径(约 10^{-9} m)的薄层,称为表面层.如图 5-4-1 所示,处于表面层内的分子较之液体内部的分子缺少了一半与它相吸引的分子(液面上方的气相层的分子很少),因而出现了一个指向液体内部的吸引力,使得表面层分子有向液体内部收缩的趋势.从能量的角度看任何内部分子要进入表面层都要克服这个吸引力而做功,表面层有比液体内部更大的势能即表面能.所以,液体要处于稳定状态,液面就必须缩小,致使液面好像是一个张紧的膜.这种处于液体表面,并使表面有收缩倾向的力,叫液体的表面张力.如图 5-4-2 所示,假想在液面上划一条分界线 AB,表面张力就表现为直线两旁的液面以一定的拉力相互作用.拉力 $\boldsymbol{F}$ 与 $\boldsymbol{F}_1$ 存在于表面层,这两个力大小相等,方向相反,且都与液面相切,与分界线 AB 垂直.表面张力的大小 F 与线段 AB 的长度 l 成正比,即

$$F = \alpha l \tag{5-4-1}$$

式中,α 称为液体的表面张力系数.

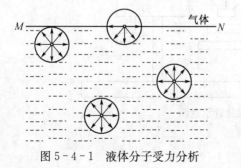

图 5-4-1　液体分子受力分析

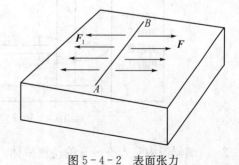

图 5-4-2　表面张力

2. 圆环拉脱法测量表面张力系数

如图 5-4-3 所示，将一表面洁净的金属薄圆环(外径为 D，内径为 d) 竖直浸入液体，然后轻轻提起. 由于液面收缩而产生的沿着切线方向的力就是液体的表面张力，形成的 θ 角称为浸润角. 由于液体对金属体是浸润的，因此，当渐渐提起金属环过程中，金属环的内外表面将附着液膜，浸润角 θ 逐渐减小，当 $\theta \rightarrow 0$ 时，金属环脱离液面(即液膜自然破裂的瞬间)各力的平衡条件为：

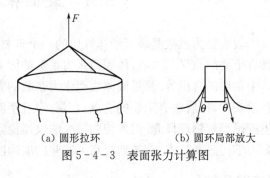

(a) 圆形拉环　　(b) 圆环局部放大

图 5-4-3　表面张力计算图

$$F = mg + \alpha(\pi D + \pi d) \qquad (5-4-2)$$

所以

$$\alpha = \frac{F - mg}{\pi D + \pi d} \qquad (5-4-3)$$

在(5-4-2)和(5-4-3)式中：F 是向上的拉力，mg 是金属环的重量(严格来讲，还应包括金属体上粘附的液体的重量). 只要测出圆环脱离液面瞬间的拉力 F 和金属圆环的重量 mg 或者 $F - mg$ (即克服表面张力所需的拉力，称之为拉脱力)，再量出圆环内外径，就可算出被测液体的表面张力系数 α.

【实验仪器】

DW-135 表面张力系数电测仪，金属圆环，玻璃器皿，游标卡尺，烧杯，水，乙醇，毛巾等.

【实验内容与步骤】

1. 为了准确又方便地测量向上的拉脱力(或表面张力 F)，采用测力传感器装置，如图 5-4-4 所示，四只应变片式传感器上、下各两片对称粘贴于弹性元件 A 上，将它们分别接入图 5-4-8 所示的测量电桥(本实验中只需将电测仪信号线插入底座的四芯插座内即可).

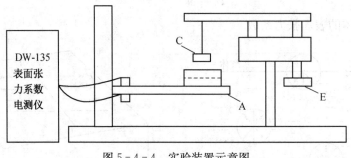

图 5-4-4　实验装置示意图

2. 玻璃器皿内装入 $\frac{1}{3} \sim \frac{1}{2}$ 的待测液体.

3. 金属圆环固定在合适的高度.

4. 旋钮 E 调节至最上端.

5. 当金属圆环 C 未放入液体里时,测出液体和器皿对传感器向下的作用力 P.

6. 向下调节旋钮 E,使圆环 C 缓缓浸入水中.

7. 向上调节旋钮 E,将圆环 C 缓缓拉出水面,此时会发现器皿对传感器向下的作用力逐渐减小,记下最小的作用力 Q,则表面张力 F 的大小为

$$F = P - Q \tag{5-4-4}$$

8. 重复上述步骤,测量 10 次.

9. 改用无水乙醇,重复上述步骤进行测量.

10. 用游标卡尺分别测出圆环外径 D、内径 d(各测三次),将这些数据代入(5-4-5)式,算出表面张力系数.

$$\alpha = \frac{\overline{F}}{\pi(\overline{D} + \overline{d})} \tag{5-4-5}$$

11. 用焦利氏秤测定实验数据,自拟实验步骤,并对两种仪器测得的结果作简要分析.

【实验注意事项及常见故障的排除】

1. 在开启表面张力系数电测仪电源之前,弹性元件 A 上面的托盘内不要放置任何物品.

2. 金属圆环悬挂至合适的高度,以接近待测液体表面为佳.

3. 实验过程中,不要随意开关电源.

4. 玻璃器皿等易损物品,须轻拿轻放,注意安全.

【思考与创新】

1. 计算 α 时,未计拉脱圆环时其表面所粘附的液体重量,所算出的 α 值是偏大还是偏小? 能对此作出修正吗?

2. 在实验步骤 10 中,用 $\alpha = \dfrac{\overline{F}}{\pi(\overline{D} + \overline{d})}$ 计算表面张力系数,而不用 $\alpha = \dfrac{\overline{F} - mg}{\pi(\overline{D} + \overline{d})}$ 计算表面张力系数,为什么可以这样做?

3. 构思一个具体而又可行的方案,研究不同温度下水的表面张力系数.

4. 想一想:电阻应变片作为一种传感器还可以应用于哪些方面?

参考文献

[1] 王惠棣. 物理实验[M]. 天津:天津大学出版社,1997

[2] 方建兴. 物理实验[M]. 苏州:苏州大学出版社,2001

[3] 赵凯华,罗蔚英. 热学[M]. 北京:高等教育出版社,1998

[4] 金发庆. 传感器技术与应用[M]. 北京:机械工业出版社,2002

附 录

一、DW-135 表面张力系数电测仪

1. 应变

如图 5-4-5 所示,直杆在轴向拉力作用下,将引起轴向长度的增加和横向尺寸的缩小.反之,在轴向压力作用下将引起轴向长度的减小和横向尺寸的增加.设直杆未受力时的长度为 L_0,在轴向拉力 P 作用下,长度由 L_0 变为 L_1,直杆在轴线方向的伸长量为

$$\Delta L = L_1 - L_0 \tag{5-4-6}$$

将 ΔL 除以 L_0 得

$$\varepsilon = \frac{\Delta L}{L_0} \tag{5-4-7}$$

式中 ε 称为应变,是材料变形程度的量度,它没有量纲,通常将比值 10^{-6} 叫做 1 微应变,记作 $1\mu\varepsilon$. 如图 5-4-6 所示,一根矩形截面的金属梁,一端固定,另一端自由,在自由端加一载荷 W,则梁将产生弯曲变形,梁的上表面会有拉应变产生,梁的下表面会有压应变产生. 这些应变都可以通过电阻应变片测量出来,在形变较小的情况下,应变的大小与所加的载荷成线性关系.

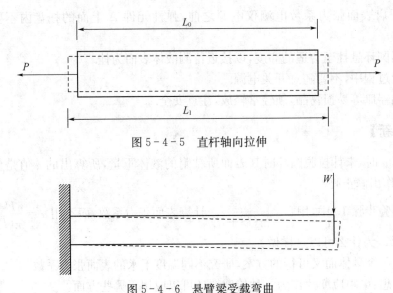

图 5-4-5 直杆轴向拉伸

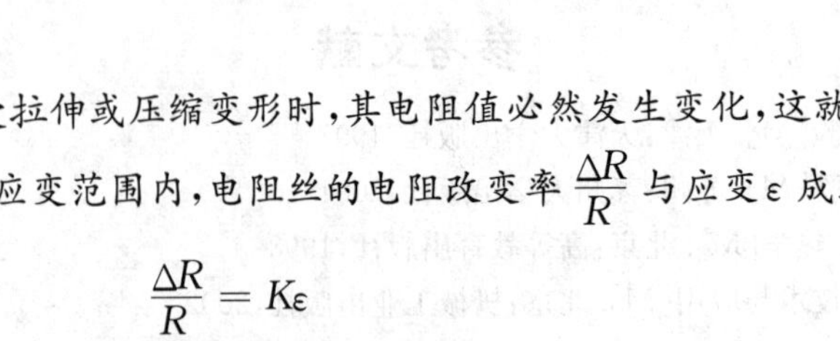

图 5-4-6 悬臂梁受载弯曲

2. 电阻应变片

金属电阻丝承受拉伸或压缩变形时,其电阻值必然发生变化,这就是应变电阻效应.研究结果表明,在一定应变范围内,电阻丝的电阻改变率 $\frac{\Delta R}{R}$ 与应变 ε 成正比,即

$$\frac{\Delta R}{R} = K\varepsilon \tag{5-4-8}$$

式中,K 为比例常数,称为电阻丝的灵敏系数.将金属电阻丝粘贴在绝缘的薄基片上,再点焊出两根引线,构成电阻应变片,如图 5-4-7 所示.

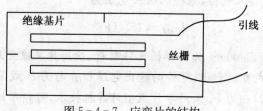

图 5-4-7 应变片的结构

3. 测量电桥

如图 5-4-8 所示,直流电桥四个桥臂上的电阻分别为 R_1, R_2, R_3, R_4. 若在对角点 A, C 上加直流电压 U_{AC},则在对角点 B, D 上的输出电压 U_{BD} 为

$$U_{BD} = U_{AB} - U_{AD} = I_1 R_1 - I_4 R_4$$

由于 $I_1 = \dfrac{U_{AC}}{R_1 + R_2}, I_4 = \dfrac{U_{AC}}{R_3 + R_4}$,故

$$U_{BD} = U_{AC} \frac{R_1 R_3 - R_2 R_4}{(R_1 + R_2)(R_3 + R_4)} \quad (5-4-9)$$

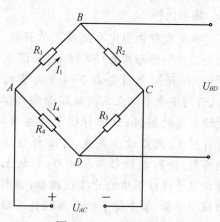

图 5-4-8 测量电桥

当电桥平衡时,$U_{BD} = 0$. 由(5-4-9)式可得电桥的平衡条件为 $R_1 R_3 = R_2 R_4$.

设电桥的四个桥臂为粘贴在梁或杆件表面上的同种规格的电阻应变片,其初始电阻值均相等,即 $R_1 = R_2 = R_3 = R_4 = R_0$,则试件受力之前,电桥保持平衡(即 $U_{BD} = 0$). 在试件受力后,设各电阻应变片产生的电阻改变量分别为 $\Delta R_1, \Delta R_2, \Delta R_3, \Delta R_4$,则由(5-4-9)式得

$$U_{BD} = \frac{(R_1 + \Delta R_1)(R_3 + \Delta R_3) - (R_2 + \Delta R_2)(R_4 + \Delta R_4)}{(R_1 + \Delta R_1 + R_2 + \Delta R_2)(R_3 + \Delta R_3 + R_4 + \Delta R_4)} U_{AC}$$

由于 ΔR_i 都非常小,则上式可简化为

$$U_{BD} \approx U_{AC} \frac{\Delta R_1 + \Delta R_3 - \Delta R_2 - \Delta R_4}{4R_0} = \frac{U_{AC}}{4}\left(\frac{\Delta R_1}{R_0} - \frac{\Delta R_2}{R_0} + \frac{\Delta R_3}{R_0} - \frac{\Delta R_4}{R_0}\right)$$

将(5-4-8)式代入上式可得

$$U_{BD} = \frac{U_{AC} K}{4}(\varepsilon_1 - \varepsilon_2 + \varepsilon_3 - \varepsilon_4) \tag{5-4-10}$$

(5-4-10)式表明,应变信息 $(\varepsilon_1 - \varepsilon_2 + \varepsilon_3 - \varepsilon_4)$ 通过电桥可以线性地转换为电压信号 U_{BD},对此电压进行放大,就可以显示出应变信息.

如图 5-4-9 所示,四片电阻应变片分别粘贴在弹性元件的上下两表面.将应变片按

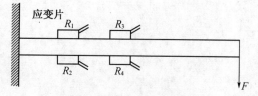

图 5-4-9 测力传感器

图 5-4-8 所示的要求接入电桥，电桥的输出电压为

$$U_{BD} = U_{AC}JF \qquad (5-4-11)$$

式中：U_{AC} 为供桥电压（已知）；J 为与弹性元件材料、应变片及应变片位置有关的常数；F 为待测力。由(5-4-11)式可以看出，电桥的输出电压 U_{BD} 与力 F 成简单的线性关系。只要测出电压 U_{BD}，即可得到待测力 F。采用单片微型计算机技术，可精确地测出 U_{BD}，并且可以直接以数字量的形式显示出待测力的大小。

二、焦利氏秤

焦利氏秤由固定在底座上的秤框、可升降的金属杆和锥形弹簧秤等组成，如图 5-4-10 所示。在秤框上固定由下部可调节的载物平台、作为平衡参考点用的玻璃管和作弹簧伸长量读数用的游标；升降杆位于秤框内部，其上部有刻度，用以读出高度，升降杆顶端带有可调螺钉，供固定锥形弹簧秤用，杆的上升和下降由位于秤框下端的升降钮控制；锥形弹簧秤由锥形弹簧、带小镜子的金属挂钩及砝码盘组成。带镜子的挂钩从平衡指示玻璃管内穿过，且不与玻璃管相碰。

焦利氏秤和普通的弹簧秤有所不同：普通弹簧秤是固定上端，通过下端移动的距离来称衡，而焦利氏秤则是在测量过程中保持下端始终在某一位置，靠上端的位移大小来称衡。因此，在使用焦利氏秤时应注意保持小镜面上的指示横线、平衡指示玻璃管上的刻度线及其在小镜中的像三者对齐，简称为"三线对齐"。

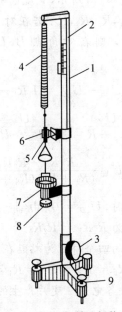

图 5-4-10　焦利氏秤装置图

1. 秤框；2. 升降金属杆；3. 升降钮；4. 锥形弹簧；
5. 带小镜的挂钩；6. 平衡指示玻璃管；7. 平台；
8. 平台调节螺丝；9. 底脚螺丝

§5.5　简谐振动的研究

振动和波动理论是声学、地震学、建筑力学、光学、无线电技术等学科的基础,而简谐振动又是振动学和波动学的理论基础,因为一切复杂的振动都可以看作是多个简谐振动的合成.因此,熟悉简谐振动的规律及其特征,对于学习振动和波动的知识是十分必要的.

研究简谐振动的实验仪器和方法很多,气垫导轨就是其中之一.在气垫导轨上做实验可以减小摩擦力,从而使某些力学实验要求低摩擦力的条件得以实现,同时配以计时装置和其他各种附件,便可以在气垫导轨上较容易地实现与运动学、动力学及能量等方面有关的实验.所以,气垫导轨作为一种教学仪器被广泛应用.

【实验目的】

1. 熟悉气垫导轨的使用.
2. 了解简谐振动的规律和特征,测出弹簧振子的周期.
3. 自行设计实验步骤测量弹簧振子中弹簧的劲度系数和有效质量.
4. 自行设计实验步骤验证简谐振动中的机械能守恒.

【实验原理】

1. 气垫导轨的介绍

(1) 气垫导轨:本实验中的导轨是由长为 2 m 的非常平直的三角管状铝质材料制成的,其表面均匀地分布着直径为 0.4 mm 的喷气小孔.从导轨的一端送进压缩空气,由小孔喷出,与导轨上的滑块之间形成一层空气薄膜——"气垫",将滑块浮起,使滑块近似地在导轨上做无摩擦运动.整个导轨安装在工字架上,下面的底角螺丝用来调节导轨水平,如图 5-5-1 所示.

图 5-5-1　气垫导轨

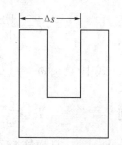

图 5-5-2　U 形挡光片

(2) 滑块:作为研究对象的滑块是由长 10～20 cm 的角状铝组成,其内表面与导轨的两侧面经精密加工达到精密吻合,两端可装缓冲弹簧和尼龙搭扣,上面装有挡光片.

(3) 挡光片:挡光片分为条形和 U 形两种.U 形挡光片中 Δs 为其有效宽度,作为挡光或遮光物,如图 5-5-2 所示.

(4) 导轨水平的调节:

① 静态调节法：导轨通气后，将滑块轻轻置于导轨中间部位，如果滑块做定向运动，则说明导轨没有水平，这时应该调节单个底角螺丝，直到滑块保持不动或稍有不定向滑动.

② 动态调节：把两个光电门置于导轨中央彼此相距 $60\sim70$ cm 处，将滑块放在一端，并给以一定的初速度，使之平稳运动，分别记下通过两光电门的时间 Δt_1 和 Δt_2，一般认为 $\Delta t_1 = \Delta t_2$ 时，导轨已达水平.

2. 简谐振动的动力学规律

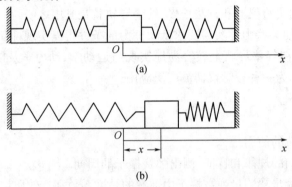

图 5 - 5 - 3　简谐振动研究实验装置图

如图 5 - 5 - 3 所示，气垫导轨上质量为 m 的滑块两端各连接一个劲度系数为 k_1 的弹簧，弹簧的另一端固定在导轨两端，滑块处于平衡位置时每个弹簧的伸长量为 x_0，滑块在气轨上做往返运动时，略去阻尼，其运动应该是一个简谐振动. 当滑块距平衡位置为 x 时，其运动方程为

$$-kx = M\frac{\mathrm{d}^2 x}{\mathrm{d}t^2} \quad (\text{其中 } k = 2k_1) \tag{5-5-1}$$

求解(5 - 5 - 1)式可以得到

$$x = -A\cos(\omega_0 t + \varphi_0)$$

$$v = \frac{\mathrm{d}x}{\mathrm{d}t} = A\omega_0 \sin(\omega_0 t + \varphi_0)$$

$$a = \frac{\mathrm{d}^2 x}{\mathrm{d}t^2} = A\omega_0^2 \cos(\omega_0 t + \varphi_0) \tag{5-5-2}$$

(5 - 5 - 2)式中　　　$\omega_0 = \sqrt{\dfrac{k}{M}}$

则有周期　　　　$T = \dfrac{2\pi}{\omega_0} = 2\pi\sqrt{\dfrac{M}{k}} = 2\pi\sqrt{\dfrac{m+m_0}{k}} \tag{5-5-3}$

式中 $M = m + m_0$ 是弹簧振子的有效质量，m_0 是弹簧的等效质量.

由此可见，弹簧振子的周期由振子的有效质量 M 和弹簧的劲度系数 k 决定，与振幅无关. 若测出不同质量 m_i 下的周期 T_i，则有

$$T_1^2 = \frac{4\pi^2}{k}(m_1 + m_0)$$

$$T_2^2 = \frac{4\pi^2}{k}(m_2 + m_0)$$

...

$$T_6^2 = \frac{4\pi^2}{k}(m_6 + m_0) \tag{5-5-4}$$

本实验中滑块质量采取等质量递增,可以用逐差法处理数据,由(5-5-4)式可以得到

$$\bar{k} = \frac{3 \times 4\pi^2 \times (m_{i+3} - m_i)}{(T_6^2 - T_3^2) + (T_5^2 - T_2^2) + (T_4^2 - T_1^2)} \tag{5-5-5}$$

代入测量数值,求出其平均值.再将 $\bar{k}$ 代入(5-5-4)式得到

$$m_{0i} = \frac{\bar{k}T_i^2}{4\pi^2} - m_i \tag{5-5-6}$$

从而可以求得 m_0 的平均值.

也可以用作图法处理数据.作 $T^2 - m$ 图,结果是一条直线,直线的斜率为 $4\pi^2/k$,截距为 $(4\pi^2/k)\,m_0$.所以利用 $T^2 - m$ 图,很容易求得 k 和 m_0 的数值.

3. 简谐振动中的能量守恒

当滑块距平衡位置为 x 时,弹簧振子系统的动能为

$$E_k = \frac{1}{2}Mv^2 = \frac{1}{2}(m + m_0)v^2 \tag{5-5-7}$$

势能(设弹簧自然长度时弹簧振子系统的势能为零)为

$$E_p = \frac{1}{2}k_1(x_0 + x)^2 + \frac{1}{2}k_1(x_0 - x)^2 = \frac{1}{2}kx^2 + \frac{1}{2}kx_0^2 \tag{5-5-8}$$

式中 x_0 是弹簧振子处于平衡位置时每个弹簧的伸长量.总机械能为

$$E = E_k + E_p = \frac{1}{2}M\omega_0^2 A^2 + \frac{1}{2}kx_0^2 = \frac{1}{2}kA^2 + \frac{1}{2}kx_0^2 \tag{5-5-9}$$

可以看出,E 为一个恒量,与 x 无关.

通过测定各个位置的 E_k 和 E_p,验证是否满足机械能守恒.

【实验仪器】

气垫导轨,气源,滑块,平板挡光片,U 形挡光片,MUJ - Ⅲ A 计时、计数、测速仪,光电门,弹簧(2 根),天平,砝码.

【实验内容与步骤】

1. 测定周期 T,观察振动系统的周期与振幅的关系

(1) 打开气源,把滑块置于气垫导轨上并将气垫导轨调水平,将弹簧连于滑块和气垫导轨两端之间.使滑块离开平衡位置,观察其振动情况.

(2) 四芯线的两个接头分别接导轨上的光电门和计时、计数、测速仪背后的接口,按下计时、计数、测速仪的周期键,设定记录时间为 10 个周期.滑块的振幅依次取 10 cm,20 cm,30 cm,分别测出其振动 10 个周期的时间,每个振幅测三次.

2. 测定弹簧的劲度系数和等效质量（自行拟定具体实验步骤）

不断改变滑块的质量（所加砝码的质量记为 δm），测出对应的周期. 实验数据处理要求先用逐差法求出 k 和 m_0 值，再用作图法处理数据，在标准计算纸上以 m_i 为横坐标，以 T_i^2 为纵坐标，作 $T^2 - m$ 图，根据图中曲线的斜率和截距求出 k 和 m_0 的值.

3. 验证简谐振动中的能量守恒（自行拟定具体实验步骤）

在验证机械能守恒的实际测量过程中，因为势能中 $\frac{1}{2}kx_0^2$ 部分是常数，所以，可以测 $E_p' = \frac{1}{2}kx^2$，用 $E' = E_k + E_p'$ 验证机械能守恒. 由于挡光片本身占有一定的宽度，平衡位置不易找准，所以实验中采取两侧求 v，最后取平均值得到选定位置的速度.

【实验注意事项及常见故障的排除】

1. 气垫导轨的轨面的光洁度和平整度要求很高，必须倍加爱护，切勿压、划、敲击等.

2. 在导轨未通气时，不要将滑块在导轨上来回滑动，调节滑块上挡光片的位置或更换挡片时，应该把滑块从导轨上取下.

3. 要爱护弹簧，缓慢拉伸并一定注意不要超出弹性范围.

4. 注意防尘，实验前最好用干净软泡沫塑料块将导轨表面上的灰尘轻轻拂去，实验后整理好所有仪器并用软布盖好.

【实验数据处理及分析】

自拟数据记录表格，并按实验要求对数据进行处理，得出实验结果或结论，并对其进行误差分析，设计可行的减小误差的措施.

【思考题】

1. 仔细观察滑块的振幅有无衰减，分析其原因.

2. 弹簧振动时的等效质量并不等于弹簧的全部质量，为什么？

3. 实验中如果两个弹簧的劲度系数不一样，该实验能否实现？ 如能实现，操作过程应作哪些相应的调整？

参考文献

[1] 龚雄镇. 气轨上的物理实验[M]. 北京：北京大学出版社，1983

[2] 郑伯玮. 大学物理实验[M]. 北京：高等教育出版社，2000

[3] 张雄，王黎智等. 物理实验设计与研究[M]. 北京：科学出版社，2001

附录：MUJ-ⅢA 计时、计数、测速仪的使用简介

本机采用单片微处理器,程序化控制,是一种新型的智能化仪器,可广泛应用于各种计时、计数、测速实验中。在与气垫导轨配套使用时,除具有一般数字计时器的功能外,还具有将所测时间直接转换为速度、加速度的特殊功能.

1. 结构名称(如图 5-5-4)

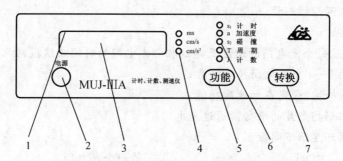

图 5-5-4　MUJ-ⅢA 计时、计数、测速仪的面板图
1. 溢出指标;2. 电源开关;3. LED 显示屏;4. 测量单位指示灯;
5. 功能选择复位键;6. 功能指示灯;7. 功能转换键

2. 功能、使用与选择

(1) 功能键

① 功能选择、复位键:用于五种功能的选择及取消显示数据、复位.

② 数值转换键:用于挡光片宽度设定,简谐运动周期值的设定,测量单位的转换.

(2) 使用

① 开机前接插好电源.

② 根据实验的需要,选择所需光电门的数量,将光电门线插入 P1,P2 插口(注意一定要接插可靠).

③ 按下电源开关.

④ 按功能选择复位键,选择您所需要的功能.注意:当光电门没遮光时,每按键一次转换一种功能,循环显示.当光电门遮光时按一下此键复位清零.

⑤ 当每次开机时,挡光片宽度会自动设定为 10 mm,周期自动设定为 10 次.

⑥ 当选择及计时,加速度或碰撞功能时,按下数值转换键小于 1.5 秒时,测量数值自动在 ms,cm/s,cm/s² 循环显示供您选择.

⑦ 按下数值转换键大于 1.5 秒将显示已设定挡光片的宽度 1 cm 显示 1.0,3 cm 显示 3.0,此时如有已完成的实验数据可保持.

⑧ 再按数值转换键,可重新选择您所需要的挡光片宽度,前面所保持的实验数据将被清除.(注:使用挡光片宽度数值应相符.否则显示 ms 时正确,转换成 cm/s² 时将是错误的.)

⑨ 当功能选择周期(T)时,按上述方法可设定您所需要的周期数值.

3. 实验与操作

实验开始前确认所使用的挡光片与本机设定的挡光片宽度是否相等(仅显示时间时可忽略此项操作).

(1) 计时(S_1)

测量 P1 口或 P2 口两次挡光时间间隔及滑块通过 P1,P2 口两只光电门的速度:

① 将光电门连接线接插可靠;

② 按下功能选择键,设定在计时功能;

③ 让带有凹形挡光片的滑行器通过光电门,即可显示所需要的测量数据;

④ 此项实验可连续测量.

(2) 加速度(a)

测量滑块通过每个光电门的速度及通过相邻光电门的时间或这段路程的加速度 a:

① 将选择的 2~4 个光电门接插可靠;

② 按功能选择键,设定在加速度功能;

③ 让带有凹形挡光片的滑行器通过光电门;

④ 本机会循环显示下列数据:

1	第一个光电门
×××××	第一个光电门测量值
2	第二个光电门
×××××	第二个光电门测量值
1—2	第一至第二光电门
×××××	第一至第二光电门测量值

注:如接插 3 个或 4 个光电门时,将继续显示 3,2—3,4,3—4 段的测量值.本机具有保护功能,只有按下功能键方可选择下一次测量.

(3) 碰撞(S_2)

等质量、不等质量碰撞:

① 将 P1, P2 各连接一只光电门;

② 按下功能选择键,设定在碰撞功能;

③ 在两只滑行器上装好相同宽度的挡光片和碰撞弹簧,让滑行器从气轨两端向中间运动,各自通过一个光电门后相撞,相撞后向反方向运动,根据滑行器质量的变化分别通过各自的光电门;

④ 本机会循环显示下列数据:

P1.1	P1 口光电门第一次通过
×××××	P1 口光电门第一次测量值
P1.2	P1 口光电门第二次通过
×××××	P1 口光电门第二次测量值
P2.1	P2 口光电门第一次通过
×××××	P2 口光电门第一次测量值
P2.2	P2 口光电门第二次通过
×××××	P2 口光电门第二次测量值

⑤ 为提高循环显示效率,本机只显示遮过光的光电门的测量值;

⑥ 如滑块三次通过 P1 口，本机将不显示 P2.2 而显示 P1.3；

⑦ 如滑块三次通过 P2 口，本机将不显示 P1.2 而显示 P2.3.

注：本机具有保护功能，只有按下功能选择键方可选择下一次测量.

（4）周期（T）

测量简谐振动 1～100 周期的时间：

① 滑行器装好挡光条，接插好光电门接口；

② 按下功能选择键，设定周期功能；

③ 按下数值转换键不改，确认到所需要的周期数放开此键即可；

④ 简谐运动每完成一个周期，显示的周期数会自动减 1. 当最后一次遮光完成，本机会自动显示累计时间值；

⑤ 当需要重新测量时，请按功能选择键复位.

（5）计数（J）

测量遮光次数：

① 将光电门接插可靠；

② 按下功能选择键，设定在计数功能；

③ 滑行器安装好挡光条，并通过光电门计数开始.

注：最大计数量程为 99 999 次，超过后会自动清零，重新开始计数. 所需计数较大时，只需记住几次清零，用 99 999 乘以清零次数加上显示数值即为计数值.

§5.6　声速测定

声波是一种在弹性媒质中传播的弹性波. 在气体中,声波振动的方向与传播方向一致,因此是纵波. 振动频率在 $20\sim 20\ \mathrm{kHz}$ 的声波称为可闻声波,频率低于 $20\ \mathrm{Hz}$ 的称为次声波;频率高于 $20\ \mathrm{kHz}$ 的称为超声波,后二者都不能被人耳听到. 声波的传播与介质的特性和状态等因素有关. 在声学技术中,需要了解声波的频率、波速、波长、声压以及衰减等特性. 特别是声速的测量,在声波定位、探伤和测距中有重要的作用.

声速测量的常用方法有两类:第一类是测量声波传播距离 l 和时间间隔 t,然后根据公式 $v=\dfrac{l}{t}$ 计算声速 v;第二类是测出频率 f 和波长 λ,再计算声速 v. 本实验采用第二类测量方法.

【实验目的】

1. 学习用电测法测量非电量的设计思想,了解压电陶瓷换能器的功能.
2. 用驻波法和行波法测量空气中的声速.
3. 学习用逐差法处理实验数据.

【实验原理】

由于超声波具有波长短、易于定向发射和不可闻等优点,所以在超声波段测量声速是比较方便的. 超声波的发射和接收一般是通过电磁振动和机械振动的相互转换来实现的,主要是利用压电效应和磁致伸缩效应. 本实验采用压电陶瓷换能器来实现声压和电压之间的转换.

1. 压电陶瓷换能器

压电陶瓷换能器的结构如图 5-6-1所示,主要由压电陶瓷片和轻、重两种金属组成. 压电陶瓷片由一种多晶结构的压电材料(如钛酸钡、锆钛酸铅)制成. 将信号源发出的正弦交变电压加在压电陶瓷晶体的两个平行面上,它就会按正弦规律发生纵向伸缩(即产生机械振动),从而发射出超声波. 放置在距波源一定远处的另一个压电晶体接收到超声波后,又会将机械振动转换成电压的变化.

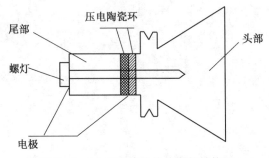

图 5-6-1　压电陶瓷换能器的结构图

当换能器的压电晶体的固有频率与外界信号频率一致时就会产生谐振,此时压电陶瓷换能器能够较好地进行声能与电能的相互转换,从而获得最大的声波压强. 所以实验时应调节信号发生器的输出频率,使其与换能器谐振(示波器上信号幅度最大),此时的频率即为压电陶瓷的谐振频率.

2. 驻波法(共振干涉法)

实验原理如图 5-6-2所示. S_1,S_2 为压电陶瓷换能器. S_1 装在固定端,接收器 S_2 可以

移动. 带有功率输出的信号发生器产生的超
声频率段的正弦交变电压信号接在 S_1 上,使
S_1 产生受迫振动,向周围空间定向发出一近
似的平面波. S_2 为接收换能器,它接收到声
波后产生与声源同频率的电振动. 当 S_1 和 S_2
的表面互相平行时,声波就在两个平面间往

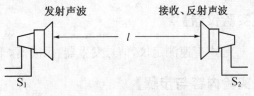

图 5-6-2　声速测量原理图

返,形成驻波. 当两个换能器之间的距离 l 为半波长的整数倍时,出现稳定的驻波共振现象,
声压波幅最大. 在接收器的反射面处是振幅的"波节"位置,同时是声压的"波腹"位置,即该
处位移为零,声压最大. 连续改变 l 值,声压波幅将在最大与最小之间周期性的变化. 接收器
S_2 上的电压与该处声压成正比,测量接收器电压
随两个换能器距离的变化情况,相邻两次电压最大
对应的距离变化就是半波长,由此可以得到波长 λ.
值得注意的是:随着 S_2 和 S_1 的距离 l 的增大,声压
极大值是逐渐减小的,由示波器观察到的各极大值
的幅度也是逐渐衰减的,如图 5-6-3 所示. 但声
压幅度的衰减并不影响波长的测定,因此我们只需
找到各周期中的极大值所对应的 S_2 位置即可. 再根
据公式 $v = f\lambda$ 可直接算出 v,其中声波的频率 f
即驱动电压的频率,可从信号发生器面板上直接读出.

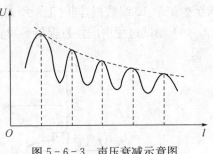

图 5-6-3　声压衰减示意图

3. 行波法(相位比较法)

S_1 与 S_2 处的声波有一定的相位差,当两者距离为 l 时,相位差为 $\varphi = \dfrac{2\pi l}{\lambda}$,因此可以通

过测量 φ 来求得声速 $v = \dfrac{2\pi l f}{\varphi}$. 连续改变距离 l 的值,测出相位差的 2π 变化,对应的距离变

化就是一个波长.

相位差可以根据两个互相垂直的简谐振动合成所得到的李萨如图形来测定. 将输入 S_1
的信号同时接入示波器的 X 输入端,将接收信号电压接到示波器的 Y 输入端,由于 S_1 端和
S_2 端电信号频率完全一致,因而得到如图 5-6-4 所示的简单图形. 初始时图形为图
5-6-4(a);S_2 移动距离为半波长 $\dfrac{\lambda}{2}$ 时,图形变化至图 5-6-4(c);S_1 移动距离为一个波
长时,图形变化至图 5-6-4(e).

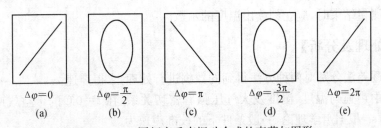

图 5-6-4　同频率垂直振动合成的李萨如图形

【实验仪器】

超声声速测定仪,信号发生器,示波器,干湿两用温度计,导线若干.

【实验内容与步骤】

1. 驻波法

(1) 熟悉各实验装置和仪器的使用方法,按图 5-6-5 正确连接线路.

(2) 调节信号发生器输出信号的频率,达到与换能器谐振.

(3) 移动 S_2,测出各振幅极大值点 S_2 对应的位置坐标 l,记录在自制的数据表格中. 要求至少记录 12 组数据,同时记录所对应的信号频率 f,以便采用逐差法处理数据.

(4) 测试过程中应注意保持 S_2 与 S_1 表面的平行.

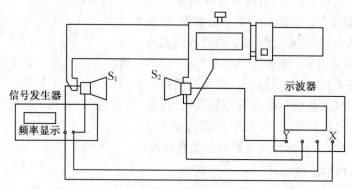

图 5-6-5　测试装置

2. 相位比较法

(1) 微调 S_2 方位,使其稍微倾斜于 S_1(即 S_2 不平行 S_1),得李萨如图形.

(2) 改变 S_2 的位置,从找到第一个斜线形李萨如图形开始测量,记录 S_2 的位置坐标. 并注意:S_2 的第一个位置与 S_1 之间的距离应不小于 4~5 cm. 连续移动 S_2,每次得到相同的斜线形李萨如图形时,测量对应的 S_2 的位置坐标,至少测量 12 组,记录在自制的记录表格中. 同时记录所对应的信号频率 f.

【实验注意事项及常见故障的排除】

1. 发射器和接收器不能接触.

2. 数据测量结束时,应立刻读出温度的示数.

【实验数据处理及分析】

1. 应用逐差法分别对两种方法得到的数据进行处理,求得声速 v.

2. 大气中声速与温度、湿度及大气压强有密切关系. 在 $t=0℃$ 的干空气中,声速为 $v_0 = 331.45$ m/s. 根据声学理论,一般条件下的校准声速为

$$v' = v_0 \sqrt{\frac{T}{273.15}}$$

式中 $T = 273.15 + t$ 为室温,单位为 K. 比较 v 与 v',计算相对误差

$$Er = \frac{|v - v'|}{v'} \times 100\%$$

3. 分析误差产生的原因.

【实验拓展】

上述实验装置也可用于测定超声波在水、油或其他液体中的声速. 只要将两个用压电材料做成的喇叭浸入在相应的液体中即可. 同样,如果将整个装置放在一个密封容器中,其中充满各种气体(例如氧气、氮气),就可以测出不同气体中的声速. 借助于气压计,也可以测量在不同气压下气体中的声速. 通过声速测定,也可以反过来推算出气体的绝热指数 γ(参见实验 5.2).

【思考题】

1. 本实验要求信号源与换能器固有频率一致,在谐振情况下进行测量,为什么?

2. 行波法中,为什么选用斜线形李萨如图形作为观测点?

3. 在驻波法测声速时,要求实验装置中 S_1 和 S_2 严格平行,这是为什么? 在相位比较法中是否仍然要求 S_1 和 S_2 的端面严格平行? 请说明.

4. 如何用实验的方法确定谐振频率?

参考文献

[1] 成正维. 大学物理实验[M]. 北京:高等教育出版社,2002:172~177

[2] 杨韧. 大学物理实验[M]. 北京:北京理工大学出版社,2005:53~57

§5.7　导热系数的测定

热传导是热量交换(热传导、对流、辐射)的三种基本方式之一,导热系数(又称热导率)是反映材料热传导性质的物理量,表示材料导热能力的大小.材料的导热机理在很大程度上取决于它的微观结构,热量的传递依靠原子、分子绕平衡位置的振动以及自由电子的迁移.在金属中电子流起支配作用,在绝缘体和大部分半导体中则以晶格振动起主导作用.因此,某种材料的导热系数不仅与构成材料的物质种类密切相关,而且还与它的微观结构、温度、压力及杂质含量有关.在科学实验和工程设计中,所用材料的导热系数都需要用实验的方法精确测定.

物体按导热性能可分为良导体和不良导体.对于良导体一般用瞬态法测量其导热系数,即通过测量正在导热的流体在某段时间内通过的热量.对于不良导体则用稳态平板法测量其导热系数.所谓稳态即样品内部形成稳定的温度分布.本实验就是用稳态法测量不良导体的导热系数.

【实验目的】

1. 了解热传导现象的物理过程,巩固和深化热传导的基本理论.
2. 学习用稳态平板法测量不良导体的导热系数.
3. 学会用作图法求冷却速率.
4. 了解实验材料的导热系数与温度的关系.

【实验原理】

1. 导热系数

根据 1882 年傅立叶(J. Fourier)建立的热传导理论,当材料内部有温度梯度存在时,就有热量从高温处传向低温处,这时,在 dt 时间内通过 dS 面积的热量 dQ,正比于物体内的温度梯度,其比例系数是导热系数,即:

$$\frac{dQ}{dt} = -\lambda \frac{dT}{dz} dS \tag{5-7-1}$$

式中: $\frac{dQ}{dt}$ 为传热速率; $\frac{dT}{dz}$ 为与面积 dS 相垂直方向上的温度梯度,负号则表示热量从高温处传到低温处; λ 为导热系数.在国际单位制中,导热系数的单位为 $W \cdot m^{-1} \cdot K^{-1}$.

2. 用稳态平板法测不良导体的导热系数

设圆盘 B 为待测样品,如图 5-7-1 所示,待测样品 B、散热盘 C 二者的规格相同(其位置如图 5-7-2 所示),厚度均为 h、截面积均为 $S\left(S = \frac{\pi D^2}{4}, D 为圆盘直径\right)$,圆盘 B 上下两面的温度 T_1 和 T_2 保持稳定,侧面近似绝热,则根据(5-7-1)式可知传热速率为:

$$\frac{dQ}{dt} = -\lambda \frac{T_2 - T_1}{h} S = \lambda \frac{T_1 - T_2}{h} S \tag{5-7-2}$$

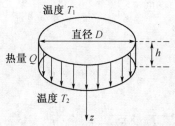
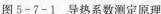
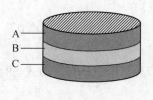

图 5 - 7 - 1　导热系数测定原理　　　　　　图 5 - 7 - 2　三圆盘放置图

为了减小侧面散热的影响,圆盘 B 的厚度 h 不能太大.由于待测圆盘上下表面的温度 T_1 和 T_2 是用加热盘 A 底部和散热盘 C 顶部的温度来表示的,所以必须保证样品与加热盘 A 和散热盘 C 紧密接触.

所谓稳态法就是获得稳定的温度分布,这时温度 T_1 和 T_2 也就稳定了.当 T_1 和 T_2 的值稳定不变时,可以认为通过样品 B 的传热速率与散热盘 C 在温度 T_2 时的散热速率相当.为了求出这时的传热速率,可以先求散热盘 C 在温度 T_2 时的散热速率.实验中,在读得稳定的 T_1 和 T_2 时,即可将样品移去,将加热盘 A 与散热盘 C 直接接触,当 C 盘的温度上升高于 T_2 大约 10℃后,将加热盘 A 移开,让 C 盘自然冷却,每隔一定的时间间隔采集一个温度值,直到其温度下降低于 T_2 约 10℃,由此求出铜盘 C 在温度 T_2 附近的冷却速率(即温度变化率).由于物体的冷却速率与它的散热面积成正比,考虑到铜盘 C 自然冷却时,其表面是全部暴露在空气中的,即散热面积是上、下表面与侧面,而实验中达到稳态散热时,铜盘 C 上表面却是被样品覆盖着的,故其散热速率为:

$$\frac{\mathrm{d}Q}{\mathrm{d}t} = \frac{\left(\dfrac{\pi D^2}{4} + \pi D h\right)}{\left(\dfrac{\pi D^2}{2} + \pi D h\right)} \cdot \frac{\mathrm{d}Q_{\text{全}}}{\mathrm{d}t} \tag{5-7-3}$$

式中:$\dfrac{\mathrm{d}Q_{\text{全}}}{\mathrm{d}t}$ 表示铜盘 C 自然冷却时的散热速率,它和冷却速率 $\dfrac{\mathrm{d}T}{\mathrm{d}t}$ 之间的关系为:

$$\frac{\mathrm{d}Q_{\text{全}}}{\mathrm{d}t} = -mc\frac{\mathrm{d}T}{\mathrm{d}t} \tag{5-7-4}$$

式中:m 和 c 分别为铜盘 C 的质量和比热容,负号表示热量向温度低的方向传播.由(5-7-2),(5-7-3),(5-7-4)式,可以求出导热系数的公式为:

$$\lambda = -mc\frac{D+4h}{2D+4h} \cdot \frac{4}{\pi D^2} \cdot \frac{h}{T_1 - T_2} \cdot \frac{\mathrm{d}T}{\mathrm{d}t} \tag{5-7-5}$$

式中:m,c,D,h,T_1,T_2 都可由实验测出准确值,由此可见,只要求出 $\dfrac{\mathrm{d}T}{\mathrm{d}t}$,就可以求出导热系数 λ.

根据热电偶的工作原理,热电偶是将一定的温差转化为电动势而显示出来:

$$E \approx \alpha\Delta T \tag{5-7-6}$$

这里 α 为温差系数,根据(5-7-6)式可以知道

$$\begin{cases} T_1 - T_2 = \dfrac{1}{\alpha}(E_1 - E_2) & (5-7-7(\text{a})) \\[2mm] \dfrac{\mathrm{d}T}{\mathrm{d}t} = \dfrac{1}{\alpha}\dfrac{\mathrm{d}E}{\mathrm{d}t} & (5-7-7(\text{b})) \end{cases}$$

将(5-7-7)式代入(5-7-5)式,得到

$$\lambda = -mc\,\frac{D+4h}{2D+4h}\cdot\frac{4}{\pi D^2}\cdot\frac{h}{E_1-E_2}\cdot\frac{\mathrm{d}E}{\mathrm{d}t} \qquad (5-7-8)$$

【实验仪器】

WTF-Ⅲ型导热系数测试仪,热电偶,游标卡尺,铜盘,待测圆盘形样品,硅油等.

【实验内容与步骤】

1. 对照 WTF-Ⅲ型导热系数测试仪示意图(图 5-7-3)和实物,熟悉各部件的功能.

图 5-7-3　WTF-Ⅲ型导热系数测试仪示意图

2. 将待测盘 B 和散热盘 C 固定于装置中,并保持接触良好.

3. 连接 PID 自动控制信号线和加热电源线(已接好).将两支热电偶分别与信号输入接口 V_1 和 V_2 连接,并将其热端(绿色)分别插入上、下铜盘的小孔中,冷端(黑色)置于冰水混合物中(或直接置于空气中采用电子自动补偿冰点,此时应将电子补偿开关拨到"自动",则校准调节电位器上方的指示灯亮).

4. 接通电源,计时表即开始计时.计时表采用 60 进制,小数点后 2 位显示秒,小数点前 2 位显示分钟.按一下启停按钮,计时表停止(或累计)计时;按一下复位按钮,计时表从 0 开始计时.

5. 直接对上圆盘 A 加热.将 PID 控温设定在待测温度 T_1,控温方式拨到"自动",此时,3 个圆盘的温度均逐渐升高.

6. 根据稳态法,必须得到稳定的温度分布. 当 PID 显示温度达到设定温度后,将信号选通开关交替拨到 V_1 和 V_2 挡,通过数字电压表的示值观察圆盘温度是否达到稳定状态. 当其示值保持 10 min 以上不变时(示值在 0.02 mV 范围内波动可视为不变),记录此时 E_1 和 E_2 的值.

7. 抽出样品 B,将加热盘直接跟散热盘接触,此时控温方式可选择"手动","手动控制"拨到"高". 待散热盘的温度比 T_2 上升 10℃(数字电压表的示值比 E_2 约增加 0.4 mV)左右后,移去加热盘 A,停止加热,将控温方式和手动控制两个开关拨到中间位置,让散热盘 C 在空气中自然冷却,每隔 30 秒记录一次数字电压表的示值 E,直至散热盘 C 的温度降至比 T_2 低 10℃左右. 以 t 为横坐标,E 为纵坐标,作 E-t 曲线,并根据曲线求出斜率 $\dfrac{\mathrm{d}E}{\mathrm{d}t}\Big|_{E=E_2}$.

8. 用游标卡尺测出待测样品圆盘 B 的直径 D 和厚度 h,用物理天平称出散热盘 C 的质量 m(或由实验室给出),根据(5-7-8)式求出待测样品在温度 T_1 时的导热系数.

【实验注意事项及常见故障的排除】

1. 务必使待测样品与 A,C 盘紧密接触.
2. 使温度稳定后再记录此时的 E_1,E_2.
3. 请不要直接用手触摸加热盘、散热盘及样品盘,以免烫伤.
4. 实验样品不能连续做实验,必须要降至室温半小时以上才能做下一次实验.
5. 若开机后秒表没有显示,需关闭电源 5 s 再重新启动,原因是电源不稳定.

【实验数据处理及分析】

1. 散热盘的比热 $c =$ ＿＿＿＿＿＿ J·kg^{-1}·K^{-1},散热盘的质量 $m =$ ＿＿＿＿＿＿kg.
2. 稳定状态时的温度(电压):$E_1 =$ ＿＿＿＿＿＿mV, $E_2 =$ ＿＿＿＿＿＿mV.
3. 散热盘自然冷却时温差电动势的变化速率 $\dfrac{\mathrm{d}E}{\mathrm{d}t}\Big|_{E=E_2}$,数据记录表自拟.

【思考题】

1. 实验过程中环境温度的变化,对测量结果有什么影响?
2. 求温度 T_2 时的冷却速率,在温度降低到 T_2 附近时要多测几组数据,并且越接近 T_2 越好,应该如何解释?
3. 如何理解传热速率、散热速率以及冷却速率这三个概念?
4. 用稳态法测定不良导体的导热系数时其误差的主要来源有哪些?

【实验拓展】

1. 如果改变待测样品的形状,比如说改成薄的方块,那么原理中的(5-7-3)式应该如何修正?
2. 将测得的数据用 Excel,Mathematica 等软件拟合成 E-t 曲线图.

参考文献

[1] 崔益和,殷长荣. 物理实验[M]. 苏州:苏州大学出版社,2003

[2] 杨俊才，何焰蓝. 大学物理实验[M]. 北京:机械工业出版社，2004

[3] 成正维. 大学物理实验[M]. 北京:高等教育出版社，2002

附录:傅立叶生平简介

傅立叶(J. Fourier，1768～1830)1768年生于法国的奥赛尔，他的父亲是一名裁缝，不幸的是，他八岁就成为孤儿. 他小时候在一所由天主教管理的军事学校学习，多年之后，他担任了这所学校的讲师. 军事学校对他的影响很大，他参与发起了法国大革命，因为是有功人员，所以他被奖赏作了法国工艺学院的教授，而他对军事的喜爱却有增无减. 拿破仑要远征埃及，他就把教授的职务辞去而去追随拿破仑，1798年，他被任命为埃及南方的总督，后来英国打败了法国，从此他就回到法国当一个地方首长，也开始了他的热学实验.

图 5-7-4　傅立叶

1807年，傅立叶向法国科学院递交了一篇关于金属热传导的论文. 在这篇论文中，他作出了惊人的数学推断:任何函数都可以表示成正弦函数和余弦函数之和，可是这论文被拒绝了. 1811年，他把论文修正过之后，再去法国科学院投稿，可是还是被拒绝了，但是为了鼓励他继续研究，法国科学院给了他一笔研究奖金. 傅立叶生气地继续从事他的热学研究，并于1822年在法国发表了《热的解析理论》，这是热学方面伟大的著作. 虽然，已经证明傅立叶当年的推断是错误的，但是的确有许多函数可以表示成正弦函数和余弦函数之和，今天被称为傅立叶级数，并且在声学、光学、热力学和建筑学中有重要的应用.

有一个关于他的有趣传说，因为他在埃及待过，并且在那里做过热学实验，因此他深信:沙漠的热对我们的身体是非常有用的，因此他喜欢穿很多衣服待在温度很高的房间里，或许是因为他对热的研究太过于狂热了，加大了心脏负荷，使得他在63岁的时候因心脏病过世，而料理他后事的人发现，他整个人竟然都是烫的.

§5.8　热电偶定标实验

在现代工业自动控制系统中,温度控制是经常遇到的工作,对温度的自动控制有许多种方法.在实际应用中,热电偶的重要应用是测量温度,它是把非电学量(温度)转化成电学量(电动势)来测量的一个实际例子.用热电偶测温具有许多优点,如测温范围宽(−200∼2 000℃)、测量灵敏度和准确度较高、结构简单不易损坏等.此外由于热电偶的热容量小,受热点也可做得很小,因而对温度变化响应快,对测量对象的状态影响小,可以用于温度场的实时测量和监控.热电偶在冶金、化工生产中用于高、低温的测量;在科学研究、自动控制过程中作为温度传感器,具有非常广泛的应用.在大学物理实验中,热电偶温度计的定标是一个传统实验,该实验要求学生找出热电偶的温差电动势与冷热端温差之间的关系,并给出温差电动势与冷热端温差之间的关系曲线,求出经验方程,从而完成其定标工作,了解热电偶测温度的基本原理.

【实验目的】

1. 加深对温差电现象的理解.
2. 了解热电偶测温的基本原理和方法.
3. 了解热电偶定标基本方法.

【实验原理】

1. 温差电效应

温度是表征热力学系统冷热程度的物理量,温度的数值表示法叫温标.常用的温标有摄氏温标、华氏温标和热力学温标等.

温度会使物质的某些物理性质发生改变.一般来讲,任一物质的任一物理性质只要它随温度的改变而发生单调的、显著的变化,都可用它来标志温度,也即制作温度计.常用的温度计有水银温度计、酒精温度计和热电偶温度计等.

在物理测量中,经常将非电学量如温度、时间、长度等转换为电学量进行测量,这种方法叫做非电量的电测法.其优点是不仅使测量方便、迅速,而且可提高测量精密度.温差电偶是利用温差电效应制作的测温元件,在温度测量与控制中有广泛的应用.本实验是研究一给定温差电偶的温差电动势与温度的关系.

如果用 A,B 两种不同的金属构成一闭合电路,并使两接点处于不同温度,如图 5−8−1 所示,则电路中将产生温差电动势,并且有温差电流流过,这种现象称为温差电效应.

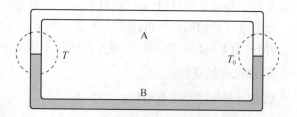

图 5−8−1　闭合电路

2. 热电偶

两种不同金属串接在一起,其两端可以和仪器相连进行测温(图 5-8-2)的元件称为温差电偶,也叫热电偶. 温差电偶的温差电动势与二接头温度之间的关系比较复杂,但是在较小温差范围内可以近似认为温差电动势 E_T 与温度差 $(T-T_0)$ 成正比,即

$$E_T = \alpha(T - T_0) \qquad (5-8-1)$$

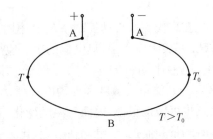

图 5-8-2　热电偶测温

式中: T 为热端的温度, T_0 为冷端的温度, α 称为温差系数(或称温差电偶常量),单位为 $\mu V \times {}^\circ C^{-1}$,它表示二接点的温度相差 $1\,^\circ C$ 时所产生的电动势,其大小取决于组成温差电偶材料的性质,即

$$\alpha = (k/e)\ln(n_{0A}/n_{0B}) \qquad (5-8-2)$$

式中: k 为玻耳兹曼常量, e 为电子电量, n_{0A} 和 n_{0B} 为两种金属单位体积内的自由电子数目.

如图 5-8-3 所示,温差电偶与测量仪器有两种连接方式:(a) 金属 B 的两端分别和金属 A 焊接,测量仪器 M 插入 A 线中间;(b) A,B 的一端焊接,另一端和测量仪器连接.

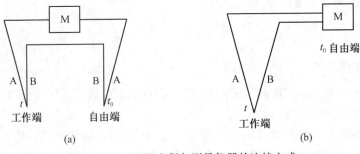

图 5-8-3　温差电偶与测量仪器的连接方式

在使用温差电偶时,总要将温差电偶接入电势差计或数字电压表,这样除了构成温差电偶的两种金属外,必将有第三种金属接入温差电偶电路中,理论上可以证明,在 A,B 两种金属之间插入任何一种金属 C,只要维持它和 A,B 的联接点在同一个温度,这个闭合电路中的温差电动势总是和只由 A,B 两种金属组成的温差电偶中的温差电动势一样.

温差电偶的测温范围可以从 $4.2\,K(-268.95\,^\circ C)$ 的深低温直至 $2\,800\,^\circ C$ 的高温. 必须注意,不同的温差电偶所能测量的温度范围各不相同.

3. 热电偶的定标

热电偶定标的方法有两种:

(1) 比较法

即用被校热电偶与一标准组成的热偶去测同一温度,测得一组数据,其中被校热电偶测得的热电势即由标准热电偶所测的热电势所校准,在被校热电偶的使用范围内改变不同的温度、进行逐点校准,就可得到被校热电偶的一条校准曲线.

(2) 固定点法

　　这是利用几种合适的纯物质在一定气压下(一般是标准大气压),将这些纯物质的沸点和熔点温度作为已知温度,测出热电偶在这些温度下的对应的电动势,从而得到热电势-温度关系曲线,这就是所求的校准曲线.

　　本实验采用固定点法对热电偶进行定标.为了能从测量热电动势 E 中直接得出待测温度 T 值,必须测定其所用热电偶热电动势 E 与温度 T 的关系,这就是热电偶温度的定标.本实验是做"铜-康铜"热电偶温度计的定标.在测定 E-T 关系时,采用摄氏温度规定的两个固定点,即溶冰点(0℃)和沸水点(100℃),再在 0~100℃ 之间取若干温度点,给出 0~100℃ 之间的 E-T 曲线.

　　热电偶具有结构简单、小巧、热容量小、测温范围宽等优点,因此被广泛应用于生产和科学研究的测温和温度的自动控制中.

　　实用温标定义的固定点见表 5-8-1,常用热电偶特性见表 5-8-2.

表 5-8-1　国际实用温标(TPTS-68)定义的固定点

平衡状态	国际实用温标指定值	
	T_{68}(K)	T_{68}(℃)
平衡氢二相点	13.81	−259.34
氧三相点	54.361	−218.789
氧冷凝点	90.188	−188.962
水三相点	273.16	0.01
水沸点	373.15	100
锡凝固点	505.118 1	213.968 1
锌凝固点	692.73	419.58
银凝固点	1 235.08	961.93
金凝固点	1 337.58	1 064.43

表 5-8-2　常用热电偶特性

热电偶	常用温度范围(℃)	温差电动势近似值(mV/100℃)
铜-康铜	−200~+300	4.3
铁-康铜	−200~+800	5.3
铬-铝	−200~+1 100	4.1
铂-10%铑	−180~+1 600	0.95
铂,40%铑-铂,20%铑	+200~+1 800	0.4

【实验仪器】

　　"铜-康铜"热电偶,保温杯,WTF-Ⅲ导热系数测试仪(可直接用数字电压表或 UJ-36 直流电位差计).

1. 热电偶

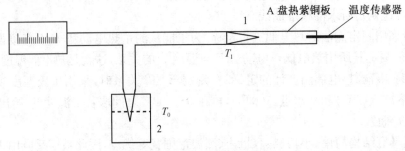

图 5-8-4 热电偶示意图

热电偶示意图如图 5-8-4 所示,"铜-康铜"热电偶的一个接点(冷端)放在盛有冰水混合物的杜瓦瓶中,使该接点维持在恒定的 0℃.另一接点(热端)放在 A 盘小孔中.升温由它的加热器来实现,当手动加热时,将控制方式置"手动";当自动加热时,将控制方式置"自动",由 PID 设定温度自动控制温度.

2. PID 控温

PID 智能温度控制器是一种高性能、高可靠性的智能型调节仪表,广泛应用于机械、化工、陶瓷、轻工、冶金、石化、热处理等行业的温度、流量、压力、液位等的自动控制系统.

3. 数字电压表

"铜-康铜"热电偶温度为 100℃时,其温差电动势约为 4.3 mV,参见本书附表 10.若精度要求不高,可直接用 20 mV 数字电压表代替 UJ-36 型携带式直流电位差计.

4. UJ-36 型携带式直流电位差计

电位差计的工作原理是用滑线电阻上产生的已知压降来补偿热电偶产生的电动势,测量精度较高,仪器使用方法如下:

(1) 被测电压(或电动势)接到"未知"接线柱上;

(2) 倍率开关旋到"×0.2"的位置上,这时仪器内部电源已接通,稍待片刻即可调节"调零"旋钮,使检流计指针指零;

(3) 将开关"K"扳向标准,调节多圈变阻器(R_p),使检流计指零;

(4) 将开关"K"扳向"未知",调节滑线读数盘(0~10 mV)和步进读数盘,使检流计指零.未知电动势按下式计算:

$$E = (步进盘读数 + 滑线盘读数) \times 0.2 \tag{5-8-3}$$

(5) 每次测量前要核对工作电流,即重复步骤(2)和(3)中的指零调节.为保护检流计,扳动开关"K"时,只要看出指针偏转方向,就立刻使"K"返回中间位置.进行指零调节时,不可将"K"扳住不放.

【实验内容与步骤】

1. 热电偶的冷端固定于 0℃,WTF-Ⅲ型导热系数测试仪采用电子补偿,使冷端始终保持在 0℃.

2. 测定热电偶当热端处于以下温度值时的热电势:

（1）水的冰点，即 0℃，将热电偶的热端放在冰水瓶里；

（2）常温下水的温度，将热电偶的热端放在盛水烧杯里；

（3）50.0℃，将热电偶的热端放在 A 盘小孔里，然后 PID 控温设定在 50.0℃，将控制方式置"自动"，加热器将会把铜盘自动加热到 50.0℃；

（4）PID 控温分别设定在 55.0℃，60.0℃，65.0℃，70.0℃，75.0℃，80.0℃，85.0℃（由于 PID 显示温度已经过校准可代替标准水银温度计），测出相应的热电势.

3. 如果精度要求较高，也可以用电位差计测热电势，WTF‐Ⅲ导热系数测试仪设有外接电位差计插孔，位于"特性测量与分析"的位置. 将外接线的一端插入外接电位差计插孔中，另一端的两个接线叉对应接到 UJ‐36 电位差计的"未知"正、负接线柱上. 当使用外接电位差计进行测量时，热电偶的冷端应放在冰水瓶中，此时，应检查冰水瓶内的水面是否有冰块. 按电位差计使用方法测量热电势 E. 当 $T = T_0$ 时，E 应为零. 若仪器指示不为零或超过最小分度一格，应对该仪器进行校准；小于一格时，可记下这个读数，作为零点订正值.

【实验数据处理及分析】

1. 记录热电偶定标数据

序　号	1	2	3	4	5	6	7	8	9	10
$T(℃)$										
$E(mV)$										
序　号	11	12	13	14	15	16	17	18	19	20
$T(℃)$										
$E(mV)$										

2. 作出热电偶的标定曲线

3. 求出"铜‐康铜"热电偶的温差电系数 α

在本实验温度范围内，E‐T 关系近似为线性，所以，在定标曲线上可以给出线性化后的平均直线，从而求得 α. 在直线上取两点 $a(T_a, E_a)$ 和 $b(T_b, E_b)$（不要取原来测量的数据点，并且两点间尽可能相距远一些），斜率

$$K = \frac{E_b - E_a}{T_b - T_a} \tag{5‐8‐4}$$

即为所求的 α.

【思考与创新】

1. 保温杯内的冰水混合物的温度是否处处为 0℃？

2. 热电偶温度计有什么特点？

3. 对该实验提出改进意见，或设计一套新的实验方案.

参考文献

［1］程守珠，江之永. 普通物理学第二册［M］. 北京：高等教育出版社，1982：108～110

［2］袁玉辉，曹家刚，董庶民. 大学物理实验［M］. 成都：西南交通大学出版社，1992：148～151

§5.9　普通照明电路安装

【实验目的】

1. 掌握安全用电的基础知识及常用电工工具的使用方法.
2. 了解常用照明电路器材的内部结构,掌握它们的固定和连接方法.
3. 了解导线规格及电工器材的选择,学会看懂简单的照明电路.
4. 掌握简单照明电路安装的一般操作规程.

【实验原理】

1. 常用照明电路所需器材

（1）照明灯

目前,家庭常用的照明电光源有白炽灯、荧光灯两种,安装方式可以是吊挂式、嵌入式,也可以是吸顶式.对于吊挂式白炽灯,在吊线盒和灯座中软线应打结;对于螺旋式灯座,应把电源中性线(零线 N)接到灯头的螺旋钢圈上,把相线(火线 L)经过开关接到灯头的铜片上,灯头及灯泡金属部分不得外露.如果火线与零线位置接反,很容易造成触电事故.吊式灯具距地面高度一般不能低于 2.5 m.对于吊顶内的嵌入式大功率白炽灯应采取隔热措施,以防止长时间点灯引燃建筑材料.白炽灯在拆换和清扫时应关闭电灯开关,注意不要触及灯泡裸露金属部分以免触电.对于荧光灯,镇流器要与电源电压、灯管功率相配合,不可混用.如采用电感镇流器,应将镇流器装在灯架中间,灯架距房顶要留有一定空隙,以便通风.如采用电子镇流器,应选用质量好的产品,否则会因镇流器的缘故,造成灯管过早衰老、寿命缩短.

（2）开关和插座

开关是通电、断电的控制设备.灯具开关应串联在火线上,不能接在零线上.如果开关接在零线上,在断电检修时一旦触及金属部分,也会造成触电.

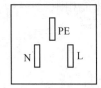

图 5-9-1　单联双控开关示意图　　　　图 5-9-2　单相三孔插座示意图

开关的种类和型号较多,常见的有单联单控、单联双控、双联单控、双联双控等.

插座是一种常用的电气器具,它灵活方便,在家庭中可以为任何用电器提供电源.插座在安装时接线要有一定的排列顺序:单相两孔插座横向排列时,右孔接火线,左孔接零线.单相三孔插座,上孔接保护接地线(PE),右孔接火线,左孔接零线.

（3）导线

家庭室内配电导线均要求采用绝缘导线,禁止使用裸导线.按照《民用建筑电气设计规范》要求,室内配线的铜芯线最小截面积为 1.5 mm². 当导线中有工作电流通过时,导线因具有电阻而发热,导线的温度会逐渐升高. 一般导线的最高允许工作温度为 65℃,若超过这个温度,导线绝缘层将加速老化,甚至短路损坏,引起火灾. 因此,家庭配电的每条支路配电导线的电流均不能超过 15 A,亦即每条支路负荷一般不能长时间超过 2.5 kW. 否则,会因绝缘材料的损坏而造成火灾.

(4) 设备和线路的保护

为了防止短路或过负荷的大电流对设备和导线所造成的损坏,要求用熔断器或自动空气开关对设备和导线进行短路保护和严重过负荷保护.

保险丝是电路短路保护器件. 当电路里的电流超过允许值的时候,保险丝就会熔化,切断电源,以保障线路和电器的安全,避免事故或火灾的发生.

保险丝是用柔软、熔化温度比铜、铁、铝低得多的铅制成的,另外还含有少量的、熔化温度较低的锑或锡.

为了使保险丝能保护电路安全运行,对保险丝有严格规定:当电流达到允许电流的 1.45 倍时,必须在一分钟内毁断自己;超过允许电流的倍数越大,毁断的时间应越短. 因此,挑选保险丝时,应当先根据所用电器的总瓦数,计算出通过电路的最大工作电流,使保险丝限定的电流等于或略大于电路的最大工作电流. 对于洗衣机、电冰箱等带有电动机的电器,由于电动机启动时电流比工作电流大很多倍,一般的经验认为:取保险丝允许电流为电动机工作电流的三倍.

触电保安器中有一个特殊的变压器,正式名称叫做电流互感器. 它的奥妙就在变压器的初级线圈上. 初级线圈是由两根导线并在一起绕成的,一根接火线,一根接零线. 正常情况下,初级线圈的两根导线中一来一往的电流大小相同,方向相反,变压器的铁芯产生的磁性刚好互相抵消,因此,次级线圈上没有感应电压产生. 一旦人体触及火线,有一部分电流经过人体直接进入大地,不再从初级线圈中的零线流回去. 这样,造成火线流过的电流大,零线流过的电流小,次级线圈中就有了感应电流. 这股感应电流可以使一只高灵敏度的继电器自动吸合切断电源. 有了保安器,在触电 0.1 s 内就能将电源切断. 在 220 V 电压下,这样短的触电时间,不会给人体造成重大伤害.

2. 常用电工工具

螺丝刀(“一”字型和“十”字型)、老虎钳、尖嘴钳、剥线钳、电工刀、测电笔、万用表等.

【实验仪器】

照明电路安装实验箱:25 W 白炽灯 3 只,25 W 日光灯 1 只,单联单控开关 1 个,单联双控开关 2 个,“一”字型和“十”字型螺丝刀、尖嘴钳、剥线钳各一把.

【实验内容与步骤】

1. 自行设计简单日光灯的连接电路并安装.
2. 自行设计单联双控白炽灯串、并联的连接电路并安装.

【实验注意事项及常见故障的排除】

本实验照明电路的工作电压是 220 V,做实验时,必须严格遵守以下规则:

1. 实验中严禁带电操作,连接线路时务必切断电源.

2. 安装完毕后先自查,然后必须经教师检查确认无误后,才能接入电源.

3. 实验器材和导线连接后,不允许有裸露的带电金属.

4. 保险丝型号规格配备要合适,且应串接在照明电源火线的最前端.

5. 开关与用电器串联,且应控制火线的接通或断开.

6. 用电器(包括电路中的插座)要跨接在火、零两线间.

7. 火线、零线要分清,保持走线整齐. 严禁火线与零线短接!

8. 实验完毕,务必切断电源后,再拆除实验连接线路,恢复原状.

【思考题】

1. 为什么安装照明电路时,火线一定要通过保险盒和开关进入灯座.

2. 如果实验箱线路接完后灯不亮,怎样检查线路故障?

提示:

(1) 断电检查. 按顺序检查各导线接点是否正确与牢固,保险丝是否完好.

(2) 用测电笔或万用表检查(在教师指导下进行). 用测电笔依次测火线到灯座的接线点,看氖泡是否发光. 如不发光,必有断点,再断电检查;如都发光,则零线有故障.

3. 灯泡忽亮忽暗或有时熄灭,这是什么原因?

提示:

(1) 灯座或开关的接线松动,保险丝接触不良,应旋紧.

(2) 电源电压忽高忽低,或者附近同一线路上有大功率的用电器经常启动.

(3) 灯丝忽接忽离(应调换灯泡).

§5.10　电子束的偏转与聚焦

带电粒子在电场和磁场中运动是近代科学技术许多领域中经常遇到的物理现象,许多电子检测仪器都是根据带电粒子在场中的运动规律设计而成的,如:示波管、电视显像管、摄像管、雷达指示管、电子显微镜等,它们的外形和功用虽然各不相同,但它们都利用了电子束的聚焦和偏转,因此统称为电子束管.电子束的聚焦与偏转可以通过电场或磁场对电子的作用来实现,前者称为电聚焦和电偏转,后者称为磁聚焦和磁偏转.本实验通过研究示波管中电子束的电、磁偏转和电聚焦,加深对电子在电场和磁场中运动规律的理解,了解示波器和显像管的工作原理.

【实验目的】

1. 了解示波管的基本构造和工作原理.
2. 研究静电场对电子的加速作用,掌握示波管中电子束电偏转和磁偏转的基本原理.
3. 理解示波管中电子束电聚焦的基本原理.
4. 掌握利用作图法求电、磁偏转灵敏度的数据处理方法.

【实验原理】

1. 示波管的基本结构

示波管又叫阴极射线管,以 8SJ31J 为例,它的构造如图 5-10-1 所示,主要包括三个部分:前端为荧光屏,中间为偏转系统,后端为电子枪.

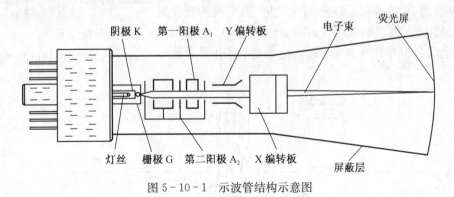

图 5-10-1　示波管结构示意图

(1) 电子枪

电子枪的作用是发射电子,并把它们加速到一定速度聚成一细束.电子枪由灯丝、阴极 K、控制栅极 G、第一阳极 A_1、第二阳极 A_2 等同轴金属圆筒和膜片组成.灯丝通电后加热阴极 K,使阴极 K 发射电子.控制栅极 G 的电位比阴极低,对阴极发出的电子起排斥作用,只有初速度较大的电子才能穿过栅极的小孔并射向荧光屏,而初速度较小的电子则被电场排斥回阴极.通过调节栅极电位可以控制射向荧光屏的电子流密度,从而改变荧光屏上的光斑亮度.阳极电位比阴极电位高很多,对电子起加速作用,使电子获得足够的能量射向荧光屏,从而激发荧光屏上的荧光物质发光.第一阳极 A_1 称为聚焦阳极;第二阳极 A_2 称为加速阳极,增加加速电极的电压,电子可获得更大的轰击动能,荧光屏的亮度可以提高,但加速电压一经确定,就不宜随时改变它来调节亮度.

（2）偏转系统

偏转系统由两对互相垂直的偏转板（平板电容器）构成,其中一对是上下放置的 y 轴偏转板（或称垂直偏转板）,另一对是左右放置的 x 轴偏转板（或称水平偏转板）.若在偏转板的极板间加上电压,则板间电场会使电子束偏转,使相应荧光屏上光点的位置发生偏移,偏移量的大小与所加电压成正比.其中,x 轴偏转板使电子束在水平方向（x 轴）上偏移,y 轴偏转板使电子束在垂直方向（y 轴）上偏移.

（3）荧光屏

荧光屏是用来显示电子束打在示波管端面的位置.屏上涂有荧光物质,在高速电子轰击下发出荧光.当电子射线停止作用后,荧光物质将持续一段时间后才停止发光,这段时间称为余辉时间.不同材料的荧光粉发出的颜色不同,余辉时间也不同.如果电子束长时间轰击荧光屏上固定一点,则这一点会被烧坏而形成暗斑,所以当电子束光斑需要长时间停留在屏上不动时,应将光点亮度减弱.示波管内部表面涂有石墨导电层,叫屏蔽电极,它与第二阳极连在一起,可避免荧光屏附近电荷积累.

2. 电子束的电聚焦

在示波管中,加速电场从加速电极经过栅极的小圆孔到达阴极表面,如图 5-10-2 所示.这个电场的分布具有这样的性质:使从阴极表面不同点发出的电子,向阳极方向运动时,在栅极小圆孔后方会聚,形成一个电子射线的交叉点 F_1（第一聚焦点）.由第一阳极和第二阳极组成的电聚焦系统,把 F_1 成像在示波管的荧光屏上,呈现为直径足够小的光点 F_2（第二聚焦点）,如图 5-10-3 所示.这与凸透镜对光的会聚作用相似,故称为电子透镜（电子透镜原理见附录一）.

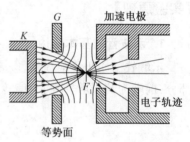

图 5-10-2　加速电极的电场

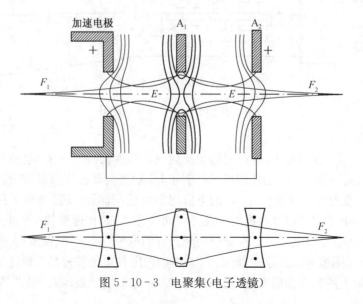

图 5-10-3　电聚集（电子透镜）

8SJ31J 示波管各电极形成的静电透镜的中间部分是一个会聚透镜,而两边是发散透镜. 由于中间部分是低电势空间,电子运动的速度小,滞留的时间长,因而偏转大,所以合成的透镜仍然具有会聚的性质. 改变各电极的电势,特别是改变第一阳极的电势,相当于改变了电子透镜的焦距,可使电子射线的会聚点恰好在荧光屏上,这就是电子射线的电聚焦原理.

3. 电子束的加速和电偏转

在示波管中,电子从被加热的阴极 K 逸出后,由于受到阳极电场的加速作用,使电子获得沿示波管轴向(z 轴)的动能. 假定电子从阴极逸出时初速度忽略不计,电子经过电势差为 V_2 的空间后,电场力做的功 eV_2 应等于电子获得的动能

$$\frac{1}{2}mv^2 = eV_2 \tag{5-10-1}$$

显然,电子沿 z 轴运动的速度 v_z 与第二阳极 A_2 的电压 V_2 的平方根成正比,即

$$v_z \approx v = \sqrt{\frac{2eV_2}{m}} \tag{5-10-2}$$

如果在电子运动的垂直方向加一横向电场,电子在该电场作用下将发生横向偏转,如图 5-10-4 所示. 若偏转板长为 b、偏转板末端至屏距离为 l、偏转电极间距离为 d、轴向加速电压(即第二阳极 A_2 电压)为 V_2、横向偏转电压为 V_{dy},则荧光屏上光点的横向偏转量 Y 由下式给出:

$$Y = \left(l_y + \frac{b}{2}\right) \cdot \frac{b}{2d} \cdot \frac{V_{dy}}{V_2} = K_e \frac{V_{dy}}{V_2} = \varepsilon_y V_{dy} \tag{5-10-3}$$

式中,$K_e = \left(l_y + \dfrac{b}{2}\right)\dfrac{b}{2d}$,称为示波管 Y 轴的"电偏常数",是一个与偏转系统的几何尺寸有关的常量;$\varepsilon_y = \dfrac{Y}{V_{dy}} = \dfrac{K_e}{V_2}$,称为示波管 Y 轴的电偏转灵敏度,它是反映电子束在电场中偏转特性的一个重要的物理量. 偏转板的电压越大,屏上光点的位移也越大,两者是线性关系,如图 5-10-5 所示.

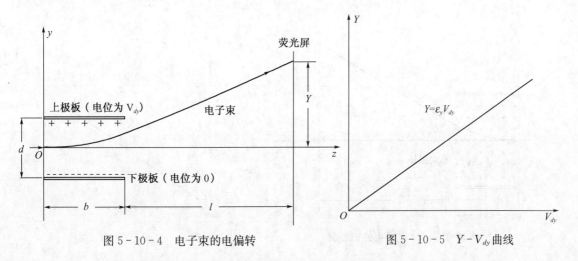

图 5-10-4　电子束的电偏转　　　　　　　图 5-10-5　Y-V_{dy} 曲线

同理可得，X 轴的电偏转灵敏度为：$\varepsilon_x = Y/V_{dx} = K'_e/V_2$，其中 $K'_e = \left(l_x + \dfrac{b}{2}\right)\dfrac{b}{2d}$；电偏转灵敏度的单位为 mm/V. 不难看出，电偏转灵敏度 ε_x，ε_y 与加速电压 V_2 成反比，即 V_2 越大，偏转灵敏度越低；在其他条件相同时，远离荧光屏的一对偏转板的灵敏度较大.

所以电偏转的特点是：电子束线偏离 z 轴（即荧光屏中心）的距离与偏转板两端的电压成正比，与加速电极的电压成反比.

增加偏转板的长度 l 与缩小两板间距离 d 虽然可以增大示波管的灵敏度，但是偏转量较大的电子容易被偏转板的末端阻挡，或电子束经过末端边缘的非均匀电场时，由于偏移量与偏转电压的线性关系遭到破坏，而引起电子束的散焦. 因此，在实际的示波管中，偏转电极并非一对平行板，而是呈喇叭口形状，这是为了减小偏转板的边缘效应，增大偏转板的有效长度.

4. 电子束的磁偏转

示波管通常采用电偏转结构，因此管子较长且显示屏幕小，不能满足电视机等设备的显像要求. 显像管主要用来显示图像，其工作原理和示波管很相似，但由于采用磁偏转结构，依据带电粒子在磁场中运动时受到洛仑兹力的作用而发生偏转的原理进行工作，因此显像管的前后距比示波管要短得多，并且容易满足大屏幕显示的要求，其用途更为广泛.

电子束通过外加横向磁场时，在洛仑兹力作用下要发生偏转. 如图 5-10-6 所示，磁感强度 $\boldsymbol{B}$ 的方向与纸面垂直指向读者，若电子以速度 v_z 垂直进入磁场 $\boldsymbol{B}$ 中，受洛仑兹力 $\boldsymbol{F}$ 作用，在磁场区域内做匀速圆周运动，半径为 R. 电子沿弧 OA 穿出磁场区后，沿 A 点的切线方向做匀速直线运动，最后打在荧光屏上，光点的偏移量为 Y_m.

设电子进入磁场之前，使其加速的电压为 V_2，忽略电子离开阴极 K 时的初动能，加速电场对电子所做之功等于电子动能的增量，即

$$\frac{1}{2}mv_z{}^2 = eV_2 \tag{5-10-4}$$

式中，e 为电子的电荷量，m 为电子的质量.

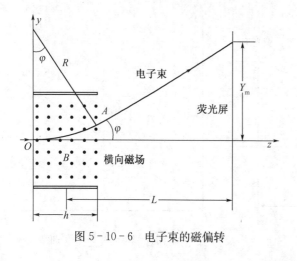

图 5-10-6 电子束的磁偏转

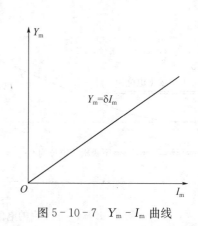

图 5-10-7 Y_m-I_m 曲线

电子以速度 v_z 垂直进入磁场 $\boldsymbol{B}$ 后, 所受洛仑兹力 $\boldsymbol{F}$ 的大小为

$$F = e v_z B \tag{5-10-5}$$

根据洛仑兹力的性质, $\boldsymbol{F}$ 为一个向心力. 其运动方程为

$$e v_z B = m \frac{v_z^2}{R} \tag{5-10-6}$$

可以确定电子偏转运动的轨道半径为

$$R = \frac{m v_z}{e B} \tag{5-10-7}$$

在偏转角 φ 较小的情况下, 近似地有:

$$\tan\varphi = \frac{b}{R} \approx \frac{Y_m}{L} \tag{5-10-8}$$

式中, b 为磁场宽度; Y_m 为电子在荧光屏上亮斑的偏转量(忽略荧光屏的微小弯曲); L 为从横向磁场中心至荧光屏的距离.

由此可得偏转量 Y_m 与外加磁场 B、加速电压 V_2 等的关系为

$$Y_m = b B L \sqrt{\frac{e}{2 m V_2}} \tag{5-10-9}$$

实验中的外加横向磁场由一对载流线圈产生, 其大小为

$$B = K \mu_0 n I_m \tag{5-10-10}$$

式中, μ_0 为真空中的磁导率, n 为单位长度线圈的匝数, I_m 为线圈中的励磁电流, K 为线圈产生磁场的公式修正系数 $(0 < K \leqslant 1)$.

由此可得偏转量 Y_m 与励磁电流 I_m、加速电压 V_2 等的关系为

$$Y_m = K \mu_0 n I_m b L \sqrt{\frac{e}{2 m V_2}} = K_m \frac{I_m}{\sqrt{V_2}} = \delta I_m \tag{5-10-11}$$

式中: $K_m = K \mu_0 n b L \sqrt{\dfrac{e}{2m}}$, 也是一个与偏转系统几何尺寸有关的常量, 称为磁偏常数; $\delta = \dfrac{Y_m}{I_m} = \dfrac{K_m}{\sqrt{V_2}}$, 反映了磁偏转系统的灵敏度的高低, 在国际单位制中, 磁偏转灵敏度的单位为米每安培, 记为 $\mathrm{m \cdot A^{-1}}$.

所以磁偏转的特点为: 电子束线偏离 z 轴(即荧光屏中心)的距离与偏转电流成正比, 与加速电压的平方根成反比.

由于电偏转系统的电偏转灵敏度与加速电压 V_2 成反比, 磁偏转系统的磁偏转灵敏度与加速电压 V_2 的平方根成反比, 这意味着, 随着加速电压 V_2 的增加, 电偏转灵敏度比磁偏转灵敏度下降得更快. 因此提高加速电压 V_2 对磁偏转灵敏度的影响要比对电偏转灵敏度的影响小.

使用磁偏转过程来控制显像管中电子束的运动有两个特点. 首先, 加速电压 V_2 对磁偏

转灵敏度的影响较小,因而提高显像管中电子束的加速电压来增强屏上图像的亮度比使用电偏转有利;其次,磁场中的洛仑兹力对电子不做功,不会改变电子的能量,它只改变电子运动的方向,即使偏转角很大也不会破坏电子束的聚焦,因此磁偏转便于得到电子束的大角度偏转,从而缩短示波管的长度,更适合于大屏幕图像显示的需要.但是磁偏转系统也有其难以克服的缺陷,主要因为磁偏转线圈的电感和分布电容较大,使得它不适用于高频偏转信号;而且磁偏转线圈通过的电流较大,需要消耗较大的功率.而电偏转系统由于偏转电场不消耗功率,偏转系统的电感和电容很小,在偏转信号频率很高时,惯性很小,所以示波管中往往都采用电偏转系统.

【实验仪器】

DS-Ⅳ型电子束实验仪.

【实验内容与步骤】

1. 验证电子束的电聚焦条件

(1) 接通仪器右下角电源开关.

(2) 将聚焦选择开关"点线"置于"点"(POINT)聚焦位置,辉度控制"V_G"旋钮调至适当位置.

(3) 调节适当的加速电压 V_2 和聚焦电压 V_1,使示波管屏上光点聚成一个细点,记录此时的加速电压 V_2 和聚焦电压 V_1.

(4) 改变加速电压 V_2 和聚焦电压 V_1,再使示波管屏上光点聚成一个细点,记录此时的加速电压 V_2 和聚焦电压 V_1,算出聚焦条件: $G = \dfrac{U_{A_1K}}{U_{A_2K}} \approx$ 常数.

注意:由于本仪器采用的是负高压,加速阳极 A_2 接地,测量 V_2 时读得的是 U_{A_2K},但测 V_1 时读得的是 $U_{A_2A_1}$,故 $U_{A_1K} = U_{A_2K} - U_{A_2A_1}$,即: $G = \dfrac{V_2 - V_1}{V_2}$.

2. 测量电子束的电偏转灵敏度

(1) 接通仪器右下角电源开关.

(2) 将聚焦选择开关"点线"置于"点"(POINT)聚焦位置,辉度控制"V_G"旋钮调至适当位置,调节适当的加速电压 V_2 和聚焦电压 V_1,使示波管屏上光点聚成一个细点,光点不要太亮,以免烧坏荧光物质.

(3) 将"电压测量转换"开关置于加速电压"V_2"挡,记录此时的加速电压值.

(4) 将"电压电流测量转换"开关分别置于"V_{dX}"和"V_{dY}"挡,调节"V_{dX}"和"V_{dY}"电位器,使 V_{dX} 和 V_{dY} 均为 0 伏,调节仪器面板左侧上部的"X,Y 辅助调零"电位器,使光点处于"坐标板刻度盘"的中心点.

(5) 在不同加速电压 V_2 时,分别测出偏转量 Y 随偏转电压 V_{dX}(或 V_{dY})变化的数据.参考表 5-10-1 记录数据,并用作图法求出相应的电偏转灵敏度.(加速电压 V_2 和偏转电压 V_{dX}(或 V_{dY})从仪器面板上的"电压显示"数字表中分别读出,偏转量 Y 从坐标板刻度盘上读出,坐标板上每格 5 mm.)

表 5 - 10 - 1　*x* 轴方向电偏转灵敏度的测量

	X(mm)		−20	−15	−10	−5	0	5	10	15	20	ε_x
1	V_2	V_{dx}										
2	V_2	V_{dx}										
3	V_2	V_{dx}										
4	V_2	V_{dx}										

3. 测量电子束的磁偏转灵敏度

（1）选择合适的加速电压 V_2，将磁偏转线圈 A 和 B 插入"磁偏转线圈"插孔.

（2）将"电压电流测量转换"开关分别置于" V_{dx} "和" V_{dY} "挡，调节" V_{dx} "和" V_{dY} "电位器，使 V_{dx} 和 V_{dy} 均为 0 伏，调节仪器面板左侧上部的"X, Y 辅助调零"电位器，使光点处于"坐标板刻度盘"的中心点.

（3）将"电流测量转换"开关置于"0. 2 A"挡，将"恒流源电流调节"电位器逆时针旋到底，接通仪器面板右下角的"恒流源"开关. 此时"电流显示"为"0".

（4）顺时针缓慢调节"恒流源电流调节"电位器，参考表 5 - 10 - 2 记录相应的励磁电流 I_m 和偏移距离 Y_m（ I_m 从仪器面板上的"电流显示"数字表中读出， Y_m 从坐标板刻度盘上读出，坐标板上每格 5 mm). 扳动仪器面板左侧中部的"电流换向"开关，即可将流过磁偏转线圈 A 和 B 的电流换向，但请切记在扳动"电流换向"开关之前，务必先将"恒流源电流调节"电位器逆时针旋到底.

（5）改变加速电压 V_2（至少三次），重复上述步骤，记录相应的数据.

（6）用作图法计算出不同加速电压下的磁偏转灵敏度.

表 5 - 10 - 2　磁偏转灵敏度的测量

	Y_m(mm)		−20	−15	−10	−5	0	5	10	15	20	δ
1	V_2	I_m										
2	V_2	I_m										
3	V_2	I_m										
4	V_2	I_m										

【实验注意事项及常见故障的排除】

注意事项：

1. 光点不能太亮，以免烧坏荧光屏.

2. 实验中因有高压，操作时需倍加小心，以防电击.

3. 在改变磁偏转线圈 A 和 B 的电流方向时，应先调节励磁电流输出为零或最小，然后再扳动"电流换向"开关，使电流反向.

4. 改变加速电压后，光点的亮度会改变，应重新调节亮度，若调节亮度后加速电压有变化，再调到设定的电压值.

常见故障的排除：

1. 实验过程中有时会出现找不到光点的情况,可能的原因和解决办法如下:

(1) 亮度不够.解决办法是适当增加亮度.

(2) 已经加有较大的偏转电压(x方向或y方向),使光点偏出荧光屏.此时应通过调节电偏转旋钮,使偏转电压降为零.

(3) "调零"旋钮使用不当,造成光点偏出荧光屏.调节"调零"旋钮,即可找到光点.

(4) 聚焦电压不恰当.调节聚焦旋钮即可.

2. 在电偏转实验中,随着偏转电压的改变,光点移动的轨迹不是水平线,致使偏转电压增大造成灵敏度增大.

原因:示波管的角度不对.

解决方法:将"点/线"转换开关置于"线"位,荧光屏上出现亮线,轻轻转动示波管使亮线水平即可.

3. 在磁偏转实验中,随着励磁电流的改变,光点移动的轨迹不是垂线.

原因:外界磁场(主要是地磁场)的影响.

解决方法:改变实验仪器的位置和角度.

4. 在磁偏转实验中,随着励磁电流的改变,光点不动.

原因:励磁线圈接触不良;仪器损坏.

解决方法:重插励磁线圈;检修仪器.

【思考题】

1. 示波管主要由哪几部分组成? 它是如何用电场控制电子射线的强弱、电子束的聚焦及偏转的?

2. 在电偏转和磁偏转实验中,怎样根据荧光屏上光点的偏转方向判断电场和磁场方向?

3. 电偏转和磁偏转的特点各是什么?

4. 比较电偏转和磁偏转的优缺点.

5. 想一想,电子束管具体有哪些应用?

附　录

一、静电透镜的电聚焦原理

静电透镜的电聚焦原理可用图 5 - 10 - 8 说明.在两块电势差为 10 V 的带电平行板中间放一块带有圆孔的金属膜片 M,如图 5 - 10 - 8(a)所示.当膜片 M 上加 4 V 电压使其处在"自然"电势状态,这时膜片左右的电场都是平行的均匀电场,左极板出发的电子,通过膜片至右极板的整个过程都是匀加速运动,不存在透镜的作用.

在图 5 - 10 - 8(b)中,设膜片 M 的电势为零,低于"自然"电势,这时在膜片 M 左方远离开孔处没有电场存在,而在右方电场强度(或等势面密度)增加了.由于右极板上正电势的影响,膜片 M 圆孔中心的电势要比膜片高些,其等势面伸向左面低电势空间,形成如图 5 - 10 - 8(b)所示的等势曲面,这些曲面与中心轴成轴对称.由于电场 E 方向与等势面保持垂直,自高电势指向低电势,这时在小孔附近场强的方向偏离孔的中心轴,而电子受力的方向与场强 **E** 的方向相反.因此,自左极板出发的电子,经过膜片 M 的圆孔向右极板运动时,在圆孔处由于受到偏向中心轴的作用力而弯曲运动,折向轴线,最终与轴相交于 A′ 点.这个作用与光学凸透镜会聚作用类同,因此,场强方向偏离中心轴的静电透镜是会聚透镜.膜片 M 的电势降得越低,等位面的弯曲程度就越厉害,透镜对电子的会聚能力越强.

与图 5-10-8(b)相反,设图 5-10-8(c)中膜片 M 的电势为 10 V,高于"自然"电势.等势面在膜片 M 的圆孔处伸向右方高电势空间,这个电场的方向向中心轴会聚.因此,它使电子射线偏离中心轴而弯曲运动,这与光学凹透镜的发散作用类同.

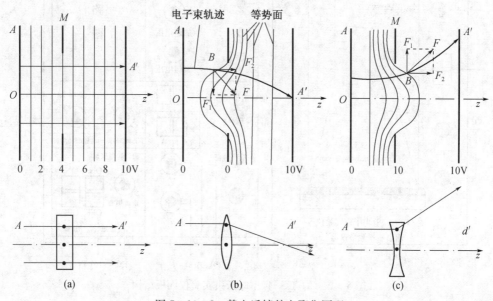

图 5-10-8　静电透镜的电聚焦原理

二、DS-Ⅳ型电子束实验仪

整个实验仪器安装在一只铝合金箱子内,核心元件是一支电子示波管(型号为8SJ31J),这种示波管体积较小,从管壁外部可清楚看到管内电子枪及各电极的形状构造,很适宜教学上的特殊要求.示波管装在仪器面板左方管座上,荧光屏前固定有刻度(坐标)板,必要时可以卸掉刻度板,把管身稍为抬起,以便套上螺线管线圈.

仪器面板根据需要划分为如下几个功能区:左面为示波管和磁偏转线圈插座及纵向磁场线圈(螺线管)电源插座及其换向开关;中部上方是电子示波管加速电压 V_2、聚焦电压 V_1、栅压 V_G(亮度)控制及外测量孔;中下方是电偏转电压 x 轴电压(水平方向的 V_{dx})控制、y 轴电压(垂直方向的 V_{dy})控制及外测量孔;右方中部是电子束电路示意图及高压测量转换开关和电压电流测量转换开关;其下方是总电源开关和恒流源电源开关;右上方是数字电压表,分别显示实验需要的各电压和电流值.仪器箱内另配有一只螺线管线圈、一对磁偏转线圈.整个电路设计性能稳定,电压、电流采用数字表测量.DS-Ⅳ型电子束实验仪的面板结构,如图 5-10-9 所示.

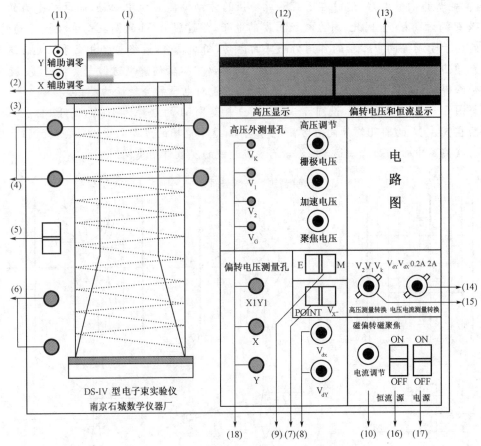

图 5-10-9 DS-Ⅳ型电子束实验仪面板结构

其结构说明如下：

(1) 8SJ 系列示波管插座.

(2) 8SJ 系列示波管.

(3) 电子束磁聚焦实验用螺线管线圈.

(4) 电子束磁偏转实验用磁偏转线圈插孔.

(5) 电子束磁聚焦和磁偏转实验用恒流换向开关.

(6) 电子束磁聚焦实验用螺线管线圈的电流线插孔.

(7) 电子束点线转换开关,打向左侧时电子束为点,打向右侧时电子束为线.

(8) 电子束电偏转实验用 X,Y 方向偏转电压调节旋钮.

(9) 当此开关打向"M"时,做电子束的"零场法"磁聚焦实验(此时示波管的第一阳极 A_1 和第二阳极 A_2 连接);当此开关打向"E"时,做电子束的其他实验.

(10) 电子束磁偏转和磁聚焦实验用恒流源电流调节旋钮.

(11) 电子束 X,Y 方向的电偏转辅助调节电位器.

(12) 示波管的加速电压(V_2)、栅极电压(V_G)和聚焦电压(V_1)的电压显示数字表,通过开关"15"进行测量转换.

(13) 示波管的 x 轴偏转电压(V_{dX})、y 轴偏转电压(V_{dY})、磁偏转恒流源(0.2 A)和磁聚焦恒流源(2 A)的显示数字表,通过开关"(14)"进行测量转换.

(14) 示波管的 x 轴偏转电压(V_{dX})、y 轴偏转电压(V_{dY})、磁偏转恒流源(0.2 A)和磁聚焦恒流源(2 A)的测量转换开关.

(15) 示波管的加速电压(V_2)、栅极电压(V_G)和聚焦电压(V_1)的测量转换开关.

(16) 恒流源开关.

(17) 电源开关.

(18) 外测量孔.其中 V_K 测量孔接示波管的阴极 K,V_1 测量孔接聚焦电极 A_1,V_2 测量孔接加速电极 A_2,V_G 测量孔接示波管的栅极 G,X_1Y_1 测量孔为 V_{dX} 和 V_{dY} 的公共地,X 测量孔为 X 轴偏转电压 V_{dX} 的另一外测量孔,Y 测量孔为 y 轴偏转电压 V_{dY} 的另一外测量孔.

§5.11　示波器的原理及使用

示波器是一种用途十分广泛的电子测量仪器,它可以直接观察电信号的波形,测量电压的幅度、周期(频率)等参数.用双踪示波器还可以测量两个信号之间的时间差或相位差,一些性能较好的示波器甚至可以将输入的电信号存储起来以备分析和比较.在实际应用中凡是能转化为电压信号的电学量和非电学量(如压力、温度、磁感应强度、光强等)都可以用示波器来观测.

【实验目的】

1. 了解示波器的基本结构和工作原理,掌握示波器和信号发生器的基本使用方法.
2. 学会使用示波器观察电信号波形,测量电压幅值及频率.
3. 掌握利用李萨如图形测量频率的实验方法.

【实验原理】

不论何种型号和规格的示波器都包括了如图 5-11-1 所示的几个基本组成部分:示波管(又称阴极射线管,cathode ray tube,简称 CRT)、垂直放大电路(Y 放大)、水平放大电路(X 放大)、扫描信号发生电路(锯齿波发生器)、自检标准信号发生电路(自检信号)、触发同步电路、电源等.

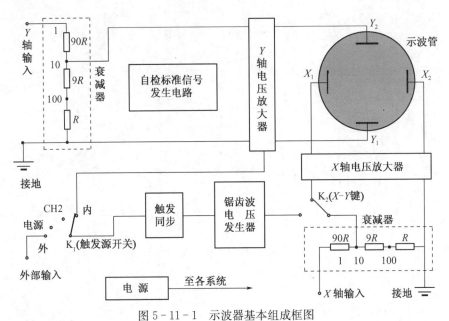

图 5-11-1　示波器基本组成框图

1. 示波原理

在中学物理课中有一个演示振动图形的沙斗实验,装置如图 5-11-2 所示.图中 P 为平面板,能在 x 轴方向上做匀速直线运动.S 为沙斗,斗内装上细沙,细沙能从斗的下端慢慢漏出,沙斗通过细绳连接在支架 H 上,构成单摆.假定此单摆在与 x 轴的垂直方向,

即 y 轴上振动,P 在 x 轴方向匀速运动,那么在平面板上将有漏沙的径迹,这就是单摆的振动图线——正弦曲线.根据曲线和匀速运动的速率 v 不难求得振动周期(或频率)和振幅等物理量的大小.

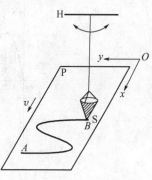

图 5-11-2　沙斗实验

示波器的示波原理和沙斗实验中平面板上漏沙径迹的道理相同.

(1) 如果仅在垂直偏转板上(y 偏转板)加正弦交变电压 $U_y(t)$,则电子束在荧光屏上所产生的亮点位置随着电压在 y 方向做往复运动.如果电压频率较高,由于人眼的视觉暂留现象,因此看到的是一条竖直亮线,其长度与正弦交变电压的峰-谷值 U_{P-P} 成正比.如图 5-11-3 所示.

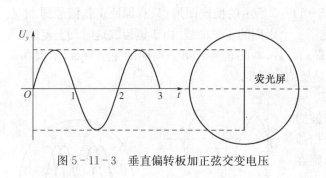

图 5-11-3　垂直偏转板加正弦交变电压

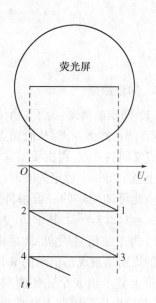

图 5-11-4　水平偏转板加锯齿电压

(2) 如果在水平偏转板(x 偏转板)加上扫描发生器所输出的扫描(锯齿)电压 $U_x(t)$,则能使 y 轴方向所加的被观察信号电压 $U_y(t)$ 在空间展开,与沙斗实验中的平面板 P 有同样的作用.即在水平方向形成一个时间轴(t 轴),这个时间轴的扫描周期可通过加在水平偏转板上的锯齿电压 $U_x(t)$ 调节.如图 5-11-4 所示,由于锯齿电压在 0~1 时间内与时间呈线性关系达到最大值,使电子束在荧光屏上产生的亮点随时间线性水平移动,最后到达荧光屏的最右端,在 1~2 时间内(最理想情况是该时间段为零)$U_x(t)$ 突然回到起点,即亮点回到荧光屏的最左端.如此重复变化,若仅在水平偏转板加一频率足够高的锯齿电压,则在荧光屏上形成一条水平亮线,即 t 轴.

常规显示波形:如果在 y 偏转板加正弦交变电压(实际上任何所想观察的波形均可)的同时,在 x 偏转板加锯齿电压,则电子束受竖直、水平两个方向电场力的作用,电子束进行两种相互垂直运动的合成运动.当两种电压周期相同时,在荧光屏上将能显示出 y 偏转板上所加正弦电压的一个完整周期波形,如图 5-11-5 所示.

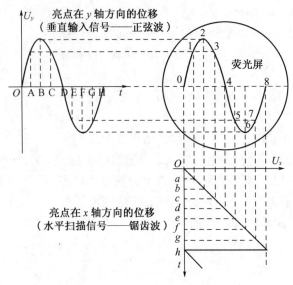

图 5-11-5　波形显示原理图

2. 同步原理

（1）同步的概念：为了显示如图 5-11-5 所示的稳定图形，只有保证正弦信号到 H 点时，锯齿波正好到 h 点，从而亮点扫完了一个周期的正弦曲线．由于锯齿波这时马上复原，所以亮点又回到 0 点，再次重复这一过程．光点所画的轨迹和第一周期的完全重合，所以在荧光屏上显示出一个稳定的波形，这就是所谓的同步．

由此可知同步的一般条件为：$T_x = nT_y(n=1,2,3,\cdots)$．其中 T_x 为锯齿波周期，T_y 为正弦信号周期．就是说：若扫描电压的周期是被观察信号的 n 倍时，则在荧光屏上显示出 n 个完整周期的稳定波形．若扫描电压的周期不是被观察信号的 n 倍时，则荧光屏上的波形就不会稳定，是紊乱的，如图 5-11-6 所示．

（2）手动同步的调节：为了获得一定数量的稳定波形，示波器设有扫描周期调

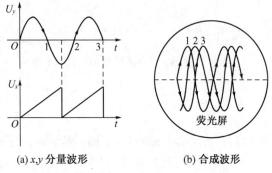

(a) x,y 分量波形　　　(b) 合成波形

图 5-11-6　紊乱的波形

节旋钮，用来调节锯齿波电压的周期 T_x（或频率 f_x），使之与被测信号的周期 T_y（或频率 f_y）成若干整数倍关系，从而，在示波器荧光屏上得到被测信号若干整数倍完整的波形．

（3）自动触发同步调节：输入 y 轴的被测信号与示波器内部的锯齿波电压是相互独立的．由于环境或其他因素的影响，它们的周期（或频率）可能发生微小的改变．这时虽通过调节扫描旋钮使它们之间的周期满足整数倍关系，但过一段时间后波形又会不稳定．这在观察高频信号时尤其明显．为此，示波器内设有触发同步电路，它从垂直放大电路中取出部分待测信号，输入到扫描发生器，迫使锯齿波与待测信号同步，此称为"内同步"．操作时，首先使示波器水平扫描处于待触发状态，然后使用"电平"（LEVEL）旋钮，改变触发电压大小，当待测信号电压上升到触发电平时，扫描发生器才开始扫描．若同步信号是从仪器外部输入时，

则称"外同步".

3. 李萨如图形的原理

如图 5 - 11 - 7 所示,从示波器的 x 和 y 轴分别输入频率相同或成简单整数比的两个正弦电压,则荧光屏上将呈现特殊的光点轨迹,这种轨迹图称为李萨如图形. 如图 5 - 11 - 8 所示,频率比不同的输入信号将形成不同的李萨如图形,相位差不同的输入信号也会形成不同的李萨如图形. 从中可总结出如下规律:如果作一个假想方框,限制光点 x,y 方向变化的范围,则图形与此框相切时,横边上切点数 n_x 与竖边上的切点数 n_y 之比恰好等于 Y 和 X 输入的两正弦信号的频率之比,即 $f_y : f_x = n_x : n_y$($T_x : T_y = n_x : n_y$). 但若出现如 $f_y : f_x = 1 : 3$、相位差为 0 时的李萨如图形,

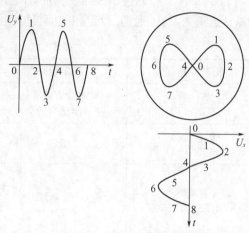

图 5 - 11 - 7 李萨如图形

有端点与假想边框相接时,应把一个端点计为 $\frac{1}{2}$ 个切点,则 $n_x : n_y = \frac{1}{2} : \frac{3}{2}$. 所以利用李萨如图形能方便地比较两正弦信号的频率. 若已知其中一个信号的频率,数出图上的切点数 n_x 和 n_y,便可算出另一待测信号的频率.

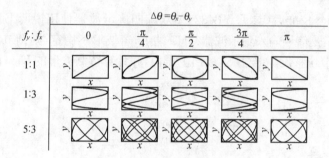

图 5 - 11 - 8 李萨如图形(设初相位 $\theta_y = 0$)

【实验仪器】

1. 双踪示波器(YB4320A 双踪四迹示波器面板分布图及功能请参见附录一);
2. 信号发生器(SG1691 双路数字合成信号发生器面板分布图及功能请参见附录二).

【实验内容与步骤】

1. 观测信号波形并测量峰-谷值和频率

(1) SG1691 双路数字合成信号发生器

打开电源开关,面板上显示"HUST2100",其默认状态为:通道指示"CH1",CH1 和 CH2 通道的波形"正弦",频率"100 Hz",幅度"0 V",直流偏置"0 V",衰减"0 dB",个数"0 (连续波形)",脉宽"20%",相位"0". 利用增加、减少、左移、右移、设置及触发键,从 CH1

(CH2)通道输出频率为 200 Hz、幅度为 2 V、相位为 0°的正弦信号,其他设置不变.

（2）YB4320A 双踪四迹示波器

YB4320A 双踪四迹示波器使用前,示波器面板上的所有按键处于弹出状态,这时仪器的默认通道为 CH1 通道.设定相关面板控制键,见表 5－11－1.

表 5－11－1　面板控制键设定

面板控制键	设定状态	面板控制件	设定状态
辉　度 INTENSITY③	顺时针方向旋转 调节出适当的亮度	聚　焦 FOCUS④	小圆点
耦合选择 AC－GND－DC㉙	AC	触发方式 TRIG MODE⑯	AUTO(自动)
衰减器 VOLTS/DIV㉖㉝	1V/div	触发源 SOURCE⑱	INT(内)
微调旋钮 VARIABLE 扫描微调⑫、衰减 微调(垂直)㉕㉜	顺时针旋到底 CAL (校准)	扫描时间因数选择 开关 TIME/DIV⑮	1 ms/div
位移旋钮 POSITION ⑭㉓㉟	中　间	触发电平旋钮 TRIG LEVEL⑰	锁　定

示波器进行信号校准后(参见 YB4320A 双踪四迹示波器使用说明书),将信号发生器 CH1 通道输出的正弦信号输入到示波器 CH1 端上,若波形不稳定,则调节触发电平旋钮⑰可使波形稳定.调节位移旋钮⑭㉓㉟,读出测量值,并计算待测波形的 $U_{\text{P-P}}$ 和周期 T.

$$U_{\text{P-P}} = A \times \frac{\text{V}}{\text{div}},$$
$$T = B \times \frac{\text{Time}}{\text{div}},$$

式中:A 为波形在荧光屏上所占垂直格数,B 为一个周期波形在荧光屏上所占水平格数(在读取 A 和 B 时,注意估读,每一大格已分为 5 个小格,供估读时参考);"$\frac{\text{V}}{\text{div}}$"指的是在校准状态下(衰减微调旋钮顺时针旋到底)示波器屏幕上纵向每个方格之间的电压差;"$\frac{\text{Time}}{\text{div}}$"指的是在校准状态下(扫描微调旋钮顺时针旋到底)示波器屏幕上光点横向扫描过每一个方格所需要的时间.

利用双路数字合成信号发生器输出一定的电压信号,验证上述的两个测量公式.

2. 观察并绘出李萨如图形

（1）从 SG1691 双路数字合成信号发生器的两个通道分别输出频率比 $f_y : f_x = 1 : 2$,$2 : 1$,$2 : 3$ 的正弦信号,其频率范围为 1 000～3 000 Hz,振幅各为 2 V,相位差 $\Delta\theta = \theta_x - \theta_y$ 为 $0, \frac{\pi}{4}, \frac{\pi}{2}, \frac{3\pi}{4}, \pi$.将两个信号各自输入到示波器的 x 轴和 y 轴,并按下示波器的 X-Y 键⑪,

观察并绘出 15 个李萨如图形. 再利用频率为 10～30 Hz 的正弦信号观察上述 15 个李萨如图形,并绘出光点的运动方向.

(2) 当示波器的 x 轴和 y 轴输入的正弦信号频率比值为非简单整数比值(如:$f_y : f_x = 100 : 102$)时,观察李萨如图形.

3. 利用李萨如图形测未知正弦信号的频率

(1) x 轴输入已知正弦信号

将 SG1691 双路数字合成信号发生器输出频率为 100 Hz、幅度为 2 V、相位为 0°的正弦信号作为标准信号,输入到示波器的 CH1(X)通道.

(2) y 轴输入待测正弦信号

将未知正弦信号输入到示波器的 CH2(Y)通道.

(3) 按下示波器的 X - Y 键⑪,并调节标准信号频率、示波器的触发电平旋钮⑰、位移旋钮⑭㉓㉟及衰减器㉖㉝等,直至形成稳定的李萨如图形. 根据李萨如图形求出未知信号的频率 $f_y = \dfrac{n_x}{n_y} f_x$.

【实验注意事项及常见故障的排除】

1. 为了保护荧光屏不被灼伤,使用示波器时,光点亮度不能太强,而且也不能让光点长时间停在荧光屏的一点上.

2. 实验过程中,如果短时间不使用示波器,应调节"辉度"旋钮使荧光屏上的光点消失;不要经常通断示波器的电源,以免缩短示波器(主要是示波管)的使用寿命.

3. 利用示波器进行信号测量之前,必须按照示波器的使用说明书先对示波器进行信号校准,然后进行测量,方为准确.

【实验数据处理及分析】

1. 观察波形并测量电压和频率

(1) 在坐标纸上将所观察到的正弦信号用曲线板按 1 : 2 的比例绘出.

(2) 电压和频率测量数据记录,参见表 5 - 11 - 2.

(3) 比较 U_{P-P} 与 U'_{P-P},f 与 f'. 若把 U_{P-P} 和 f 作为约定真值,分析用示波器测量的误差来源.

表 5 - 11 - 2　电压和频率测量数据表

待测信号		示波器观测的数据						
电压峰-谷值 U_{P-P} (V)	波形频率 f(Hz)	V/div	垂直格数	U'_{P-P} (V)	Time/div	水平格数	f' (Hz)	T' (ms)

2. 绘出所观察的各种频率比和不同相位差的李萨如图形

(1) 设置 SG1691 双路数字合成信号发生器 CH1 和 CH2 通道的输出正弦信号频率比值为 $f_y : f_x = 1 : 2, 2 : 1, 2 : 3$;相位差为 $\Delta\theta = 0, \dfrac{\pi}{4}, \dfrac{\pi}{2}, \dfrac{3\pi}{4}, \pi$ 时,依次在坐标纸上绘出各

种李萨如图形(参考图 5 - 11 - 8).

（2）当输入到示波器 CH1 和 CH2 通道的正弦信号频率比值为非简单整数比值（如：$f_y : f_x = 100 : 102$）时，观察李萨如图形并进行分析.

3. 利用李萨如图形测未知正弦信号的频率（数据表自拟）

【思考题】

1. 如果被观测的图形不稳定，出现向左移或向右移的现象，其原因是什么？该如何使之稳定？

2. 观察李萨如图形时，能否用示波器的"同步"把图形稳定下来？李萨如图形为什么一般都在动？主要原因是什么？

3. 若被测信号幅度太大（在不引起仪器损坏的前提下），则在示波器上会看到什么现象？要完整地显示图形，应如何调节？

4. 示波器能否用来测量直流电压？如果能测，应如何进行？

参考文献

[1] 王玉兰,洪光,邵静波等. 对电子示波器的使用实验的改进[J]. 延边大学学报(自然科学版),2004,30(1):73~75

[2] 黎明. 示波器原理读解[J]. 物理实验,2004,24(9):63~64

[3] 山燕妮,王军. 示波器原理及应用指南[J]. 电讯工程,2001,1:36~44

附　录

一、YB4320A 双踪四迹示波器面板分布图及功能

图 5 - 11 - 9 为 YB4320A 双踪四迹示波器面板分布图，其各部分功能如下：

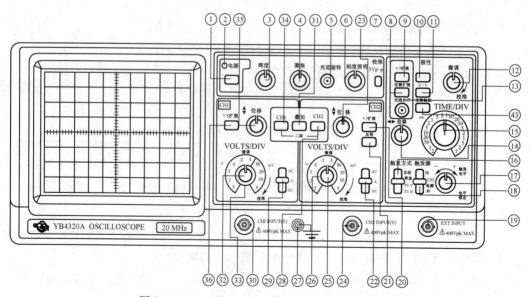

图 5 - 11 - 9　YB4320A 双踪四迹示波器面板分布

(1) 主机电源

① 电源开关(POWER)：将电源开关按键弹出即为"关"位置，将电源接入，按下电源开关，以接通电源.

② 电源指示灯：电源接通时指示灯亮.

③ 亮度旋钮(INTENSITY)：顺时针方向旋转旋钮，亮度增强.接通电源之前将该旋钮按逆时针方向旋转到底.

④ 聚焦旋钮(FOCUS)：用亮度控制钮将亮度调节至合适的标准，然后调节聚焦控制钮直至轨迹达到最清晰的程度，虽然调节亮度时聚焦可自动调节，但聚焦有时也会轻微变化.如果出现这种情况，需重新调节聚焦.

⑤ 光迹旋转旋钮(TRACE ROTATION)：由于磁场的作用，当光迹在水平方向轻微倾斜时，该旋钮用于调节光迹与水平刻度线平行.

⑥ 刻度照明控制钮(SCALE ILLUM)：该旋钮用于调节屏幕刻度的亮度.该旋钮按顺时针方向旋转，亮度将增加.该功能用于黑暗环境或拍照时的操作.

(2) 垂直方向部分

㉚ 通道1输入端(CH1 INPUT(X))：该输入端用于垂直方向的输入.在 X-Y 方式时输入端的信号成为 X 轴信号.

㉔ 通道2输入端(CH2 INPUT(Y))：和通道1一样，但在 X-Y 方式时输入端的信号仍为 Y 轴信号.

㉒,㉙ 交流/接地/直流耦合选择开关(AC/GND/DC)：选择垂直放大器的耦合方式.

交流(AC)：垂直输入端由电容器来耦合.

接地(GND)：放大器的输入端接地.

直流(DC)：垂直放大器的输入端与信号直接耦合.

㉖,㉝ 衰减器开关(VOLT/DIV)：用于选择垂直偏转灵敏度的调节.如果使用的是10∶1的探头，计算时将幅度×10.

㉕,㉜ 垂直微调旋钮(VARIBLE)：垂直微调用于连续改变电压偏转灵敏度，此旋钮在正常情况下应位于顺时针方向旋转到底的位置.将旋钮逆时针方向旋转到底，垂直方向的灵敏度下降到 2.5 倍以下.

⑳,㉟ CH1×5 扩展、CH2×5 扩展(CH1×5MAG,CH2×5MAG)：按下×5 扩展按键，垂直方向的信号扩大 5 倍，最高灵敏度变为 1 mV/div.

㉓,㉟ 垂直移位(POSITION)：调节光迹在屏幕中的垂直位置.垂直方式工作按钮，选择垂直方向的工作方式.

㉞ 通道1选择(CH1)：屏幕上仅显示 CH1 的信号.

㉘ 通道2选择(CH2)：屏幕上仅显示 CH2 的信号.

㉞,㉘ 双踪选择(DUAL)：同时按下 CH1 和 CH2 按钮，屏幕上会出现双踪并自动以断续或交替方式同时显示 CH1 和 CH2 上的信号.

㉛ 叠加(ADD)：显示 CH1 和 CH2 输入电压的代数和.

㉑ CH2 极性开关(INVERT)：按此开关时 CH2 显示反相电压值.

(3) 水平方向部分

⑮ 扫描时间因数选择开关(TIME/DIV)：共20挡，在 $0.1\ \mu s/div \sim 0.2\ s/div$ 范围选择

扫描速率.

⑪ X－Y 控制键：如 X－Y 工作方式时，垂直偏转信号接入 CH2 输入端，水平偏转信号接入 CH1 输入端.

㉓ 通道 2 垂直移位键（POSITION）：控制通道 2 在屏幕中的垂直位置，当工作在 X－Y 方式时，该键用于 Y 方向的移位.

⑫ 扫描微调控制键（VARIBLE）：此旋钮以顺时针方向旋转到底时处于校准位置，扫描由 Time/div 开关指示.该旋钮逆时针方向旋转到底，扫描减慢 2.5 倍以上.正常工作时，该旋钮位于校准位置.

⑭ 水平移位（POSITION）：用于调节轨迹在水平方向移动.顺时针方向旋转该旋钮向右移动光迹，逆时针方向旋转向左移动光迹.

⑨ 扩展控制键（MAG×5）（MAG×10，仅 YB4360）：按下去时，扫描因数×5 扩展或×10 扩展.扫描时间是 Time/div 开关指示数值的 1/5 或 1/10.例如：×5 扩展时，100 μs/div 为 20 μs/div.部分波形的扩展：将波形的尖端移到水平尺寸的中心，按下×5 或×10 扩展按钮，波形将扩展 5 倍或 10 倍.

⑧ ALT 扩展按钮（ALT－MAG）：按下此键，扫描因数×1、×5 或×10 同时显示.此时要把放大部分移到屏幕中心，按下 ALT－MAG 键.

扩展以后的光迹可由光迹分离控制键⑬移位距×1 光迹 1.5 div 或更远的地方.同时使用垂直双踪方式和水平 ALT－MAG 可在屏幕上同时显示四条光迹.

（4）触发（TRIG）

⑱ 触发源选择开关（SOURCE）：选择触发信号源.

内触发（INT）：CH1 或 CH2 上的输入信号是触发信号.

通道 2 触发（CH2）：CH2 上的输入信号是触发信号.

电源触发（LINE）：电源频率成为触发信号.

外触发（EXT）：触发输入上的触发信号是外部信号，用于特殊信号的触发.

㊸ 交替触发（ALT TRIG）：在双踪示波器交替显示时，触发信号交替来自于两个 Y 通道，此方式可用于同时观察两路不相关信号.

⑲ 外触发输入插座（EXT INPUT）：用于外部触发信号的输入.

⑰ 触发电平旋钮（TRIG LEVEL）：用于调节被测信号在某地电平触发同步.

⑩ 触发极性按钮（SLOPE）：触发极性选择.用于选择信号的上升沿或下降沿触发.

⑯ 触发方式选择（TRIG MODE）：

自动（AUTO）：在自动扫描方式时扫描电路自动进行扫描.在没有信号输入或输入信号没有被触发同时，屏幕上仍然可以显示扫描基线.

常态（NORM）：有触发信号才能扫描，否则屏幕上无扫描显示.当输入信号的频率低于 20 Hz 时，请用常态触发方式.

TV－H：用于观察电视信号中行信号波形.

TV－V：用于观察电视信号中场信号波形.

（注意：仅在触发信号为负同步信号时，TV－V 和 TV－H 同步.）

⑦ 校准信号（CAL）：电压幅度为 0.5 V_{P-P}，频率为 1 kHz 的方波信号.

㉗ 接地柱（⊥）：接地端.

二、SG1691 双路数字合成信号发生器

图 5 - 11 - 10 为 SG1691 信号发生器面板图,其各部件功能如下:

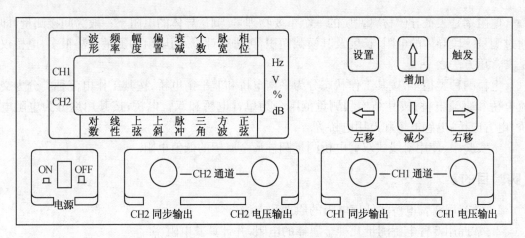

图 5 - 11 - 10　SG1691 双路数字合成信号发生器面板分布

(1) 电源开关:按进开(ON),按出关(OFF).

(2) 工作状态下,用增加键和减少键(上下键),可以选择输出通道(CH1 和 CH2);用左移键和右移键(左右键),可以查看 7 个参数中任意一个的设置值.

(3) 按设置键,可以使 LCD 当前显示的参数闪烁,这说明已进入对该参数的设置状态:用左移键和右移键,可以改变数据闪烁的位置,用增加键和减少键,可以改变当前闪烁位数据的值(每按一次改变±1).

(4) 设置完当前参数后,按触发键,可进入触发状态(正常工作状态).再利用增加、减少、左移、右移键,对 CH1 或 CH2 通道的波形及其他参数进行设置,方法同上.

(5) 电压输出端输出用户所设置的波形;同步输出端输出基波,其默认频率 100 Hz,默认幅度 0.5 V.

§5.12　电阻率的测定

电阻率是表征导体材料性质的一个重要物理量.测量导体的电阻率一般为间接测量,即通过测量一段导体的电阻、长度及其横截面积,再进行计算.而电阻的测量方法很多,电桥仅是其常用方法之一.

电桥的种类很多,按其工作状态分为平衡电桥和非平衡电桥;按其工作电流种类分为交流电桥和直流电桥;按其结构和测量范围分为单臂电桥和双臂电桥;按其用途分为电阻桥、电容桥、电感桥和万用电桥等.

本实验中,使用滑线式双臂电桥测量圆柱形金属棒的低值电阻.

【实验目的】

1. 学习用双臂电桥测低值电阻的原理和方法.
2. 掌握用双臂电桥测量几种金属棒的电阻,并计算其电阻率.

【实验原理】

由于导线电阻和接触电阻的存在,用单臂电桥(即惠斯登电桥)测量 $1\ \Omega$ 以下的电阻时误差很大.为了减少误差,可将单臂电桥改进为双臂电桥.

首先分析导线电阻和接触电阻(数量级为 $10^{-2} \sim 10^{-5}\ \Omega$)对测量结果的影响.如图 5-12-1 所示,用伏安法测量金属棒的电阻 R_x.通过安培计的电流 I 流经 A 点分为 I_1 和 I_2 两路. I_1 经过电流表与金属棒间的接触电阻和导线电阻 R_1 再流入 R_x, I_2 经过电流表与电压表间的接触电阻和导线电阻 R_3 再流入电压表.其等效电路如图 5-12-2 所示.其中 R_2, R_4 与 R_1, R_3 的情况相同. R_1 和 R_2 应算作与 R_x 串联, R_3 和 R_4 应算作与电压表串联,所以电压表量出的电压不只是 R_x 两端的电压,测量结果有误差.如果 R_x 与 R_1, R_2 的阻值为同数量级,则测量结果的误差相当大.

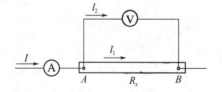

图 5-12-1　伏安法电路

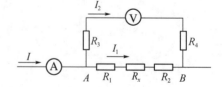

图 5-12-2　伏安法等效电路

将测量线路改成四接点法,如图 5-12-3 所示,其中 AB 段是被测电阻 R_x,经同样的分析可知,虽然接触电阻和导线电阻仍然存在,但所处的位置不同,构成的等效电路如图 5-12-4 所示.由于电压表的内阻远大于 R_x, R_3 和 R_4,所以电压表和电流表的读数可以相当准确地反映电阻 R_x 上的电压降和通过它的电流,故利用欧姆定律就可算出电阻 R_x.由此可见,测量低值电阻时,为了消除接触电阻,应将通过电流的接点(简称电流接点)与测量电压的接点(简称电压接点)分开,并将电压接点放在里面.

双臂电桥就是根据上述原理构成的.如图 5-12-5 所示,待测电阻上有四个接点,即电压接点 P_1, P_2 和电流接点 C_1, C_2. P_1P_2 段就是被测电阻 R_x, P_3P_4 段为标准电阻 R_0(其值

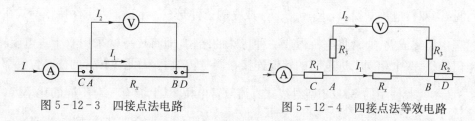

图 5-12-3　四接点法电路　　　　　　　图 5-12-4　四接点法等效电路

为已知并可调），r 是 C_2，C_3 之间的接触电阻和导线电阻．由上述分析可知，C_1，C_2 点的接触电阻在 R_x 之外，对 R_x 的测量无影响；P_1，P_2 点的接触电阻应分别视为与 R_1，R_2 串联，因 R_1 和 R_2 的阻值很大，故接触电阻可以忽略．标准电阻 R_0 处的情况也与此相同．

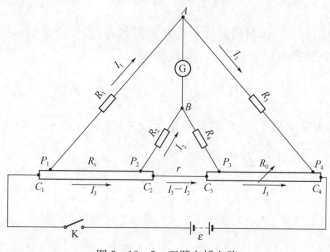

图 5-12-5　双臂电桥电路

　　下面推导双臂电桥的平衡条件．适当调节 R_1，R_2，R_3，R_4 和 R_0，使灵敏电流计中没有电流 I_G 通过，我们则认为电桥处于平衡状态．当电桥平衡时，$I_G = 0$；通过 R_1 和 R_3 的电流相等，以 I_1 表示；通过 R_2 和 R_4 的电流相等，以 I_2 表示；通过 R_x，R_0 的电流相等，以 I_3 表示．因为 A，B 两点的电势相等，故有

$$\begin{cases} I_1 R_1 = I_3 R_x + I_2 R_2 \\ I_1 R_3 = I_3 R_0 + I_2 R_4 \\ I_2 (R_2 + R_4) = (I_3 - I_2) r \end{cases} \tag{5-12-1}$$

解方程得

$$R_x = \frac{R_1}{R_3} R_0 + \frac{r R_4}{R_2 + R_4 + r} \left(\frac{R_1}{R_3} - \frac{R_2}{R_4} \right)$$

式中，如果 $R_1 = R_2$ 及 $R_3 = R_4$ $\left(\text{或} \dfrac{R_1}{R_3} = \dfrac{R_2}{R_4}\right)$，则右边第二项变为零，即

$$\frac{r R_4}{R_2 + R_4 + r} \left(\frac{R_1}{R_3} - \frac{R_2}{R_4} \right) = 0$$

故有

$$R_x = \frac{R_1}{R_3} R_0, \quad \text{或} \ R_x = \frac{R_2}{R_4} R_0 \tag{5-12-2}$$

可见,当双臂电桥平衡时,$R_x = \dfrac{R_1}{R_3}R_0$ 成立的条件是 $\dfrac{R_1}{R_3} = \dfrac{R_2}{R_4}$. 为了保持该等式在使用电桥过程中始终成立,通常将电桥做成一种特殊的结构,即将比率臂采用双十进电阻箱. 在这种电阻箱里,两个相同十进电阻的转臂连接在同一转轴上,因此在转臂的任一位置都保持 $\dfrac{R_1}{R_3} = \dfrac{R_2}{R_4}$. 本实验使用的 SB-82 型滑线式直流双臂电桥,其上面有三对不同的比率臂(即倍率 C),分别为 $\times 0.1$,$\times 1$ 和 $\times 10$ 三挡,可根据待测电阻的大小合理选择使用. 当双臂电桥平衡时,$R_x = CR_0$.

双臂电桥就是在单臂电桥的基础上增加了一组桥臂 R_2 和 R_4,并使 R_2 和 R_4 分别随原有桥臂 R_1 和 R_3 作相同的变化(增加或减少),当电桥平衡时可以消除附加电阻 r 对测量结果的影响.

一段导体的电阻与该导体材料的性质和几何形状有关. 实验证明,导体的电阻 R 与其长度 L 成正比,与其横截面积 S 成反比,即

$$R = \rho \frac{L}{S}$$

式中比例系数 ρ 称为导体的电阻率,国际单位为欧·米,记为 $\Omega \cdot \text{m}$. 圆柱形导体的电阻率可按

$$\rho = \frac{S}{L}R = \frac{\pi D^2}{4L}R \qquad\qquad (5-12-3)$$

计算.

【实验仪器】

SB-82 型滑线式直流双臂电桥,灵敏检流计,直流稳压电源,滑线变阻器,螺旋测微器,米尺,待测金属棒(铜棒或铝棒),开关.

【实验内容与步骤】

1. 按图 5-12-5 接好线路. 将待测圆柱形金属棒表面擦净,压在弹簧片 P_1,P_2 上面,紧夹在两个固定螺钉 C_1,C_2 之间.

2. 将检流计跨接在相同比率臂(倍率 C)的两个接线柱上,直流稳压电源输出电压调至小于 13 V,滑线变阻器 R 调至最大阻值位置. 经教师检查无误后方可接通电源进行测量.

3. 调节工作电流 I 分别为 1.0 A,2.0 A,3.0 A,改变 R_0 使电桥平衡,测得此时标准电阻 R_0 的值,则待测电阻 $R_x = CR_0$. 如果电桥不能调节至平衡状态,或 R_0 的滑动触头偏在某一端,则改变倍率 C,继续调节直至电桥平衡.

4. 用螺旋测微计测量金属棒 P_1,P_2 之间三个不同部位的直径 D,用米尺测量金属棒在两个电压接点 P_1 和 P_2 之间的长度 L,求出金属棒的电阻率.

5. 将测量值与标准值($\rho_{Cu} = 1.8 \times 10^{-8}\ \Omega \cdot \text{m}$,$\rho_{Al} = 2.8 \times 10^{-8}\ \Omega \cdot \text{m}$)比较,计算相对误差.

6. 计算金属棒电阻率的不确定度,并将其测量结果表示出来.

【实验注意事项及常见故障的排除】

　　1. 连接线路时,各接头必须干净并接牢,避免接触不良.

　　2. 如果在实验过程中发现有异味,应立即切断电源,检查线路是否有故障.

　　3. 由于工作电流 I 较大,要求通电时间尽可能短(或间断通电),以减轻电源的负担,避免金属棒和导线等发热.

【思考题】

　　1. 双臂电桥与单臂电桥有哪些异同?

　　2. 双臂电桥连线时,哪些部分应该用较粗而短的导线? 对哪些部分可以不作此要求?

§5.13 惠斯登电桥测电阻

电桥是利用比较法进行电磁测量的一种电路连接方式,它不仅可以测量许多电学量,如电阻、电容、电感等,而且配合不同的传感器,还可以测量很多非电学量,如温度、压力、位移等,因此,它在自动检测和自动控制领域具有广泛的应用.

电桥的种类很多,本实验使用惠斯登电桥测量中值电阻,并研究热敏电阻器的阻值与温度的关系特性.

【实验目的】

1. 掌握惠斯登电桥测量电阻的原理和方法.
2. 了解热敏电阻的特性.

【实验原理】

1. 惠斯登电桥

惠斯登电桥又叫单臂电桥,是一种利用比较法精确测量中值电阻的方法,也是电学中一种很基本的电路连接方式. 惠斯登电桥有板式电桥和箱式电桥两种. 箱式电桥便于携带,但是它的线路是在箱子的内部,并且集成度高,不便观察. 而板式电桥又叫学生型电桥,它能简单而又直观地反映电桥线路的特点,便于观察并且适合手工操作.

惠斯登电桥基本电路如图 5-13-1 所示,R_A,R_B,R_S,R_x 为四个电阻(其阻值分别为 R_A,R_B,R_S,R_x),联成四边形,每一边称为电桥的一个桥臂;对角 A 和 C 与直流电源相连,B 和 D 之间连接一个检流计,用来检验其间有无电流流过. 显然,当 B 和 D 的电势相等时,检流计中无电流流过,此时称为电桥平衡. 由欧姆定律可知,当电桥平衡时有

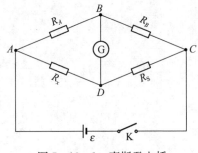

图 5-13-1 惠斯登电桥

$$\frac{R_A}{R_B} = \frac{R_x}{R_S}.$$

该式就是惠斯登电桥的平衡方程. 若已知 R_A,R_B,R_S,即可根据此方程求出待测电阻 R_x.

板式惠斯登电桥电路如图 5-13-2 所示,AC 之间是一根粗细均匀的金属丝,由于检流计接在 BD 之间,将这根金属丝分成了两段,而这两段金属丝的电阻比值就等于他们的长度比值,即 $\frac{R_1}{R_2} = \frac{L_1}{L_2}$. 当然这只是理想的情况,因为金属丝经过较长时间的使用以后,其各个部分的直径发生了变化,如果仍然认为 $\frac{R_1}{R_2} = \frac{L_1}{L_2}$,就会给实验结果带来一定的系统误差. 若采用复测法:先将 R_S 置于右侧,则 $R_x = \frac{R_1}{R_2}R_{S右}$,再将 R_S 置于左侧,则 $R_x = \frac{R_2}{R_1}R_{S左}$,然后将两式相乘,得到

$$R_x^2 = \frac{R_1}{R_2} \cdot \frac{R_2}{R_1} \cdot R_{S左} \cdot R_{S右}$$

所以 $\qquad\qquad\qquad R_x = \sqrt{R_{S左} \cdot R_{S右}}$ $\qquad\qquad$ (5-13-1)

这样就消除了由于比例系数测量不准确而造成的系统误差.

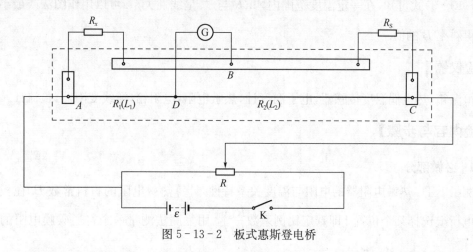

图 5-13-2　板式惠斯登电桥

2. 热敏电阻

热敏电阻通常是用半导体材料制成的,它的电阻随温度变化而急剧变化.热敏电阻分为负温度系数(NTC)热敏电阻和正温度系数(PTC)热敏电阻两种.NTC 热敏电阻的体积很小,其阻值随温度变化比金属电阻要灵敏得多,因此,它被广泛用于温度测量、温度控制以及电路中的温度补偿、时间延迟等.PTC 热敏电阻分为陶瓷 PTC 热敏电阻及有机材料 PTC 热敏电阻两类.PTC 热敏电阻是 20 世纪 80 年代初发展起来的一种新型材料电阻器,它的特点是存在一个"突变点温度",当这种材料的温度超过突变点温度时,其电阻可急剧增加 5～6 个数量级,(例如由 $10\,\Omega$ 急增到 $10^7\ \Omega$ 以上),因而具有极其广泛的应用价值.近年来,我国在 PTC 热敏电阻器件开发与应用方面有了很大发展,陶瓷 PTC 热敏电阻由于其工作功率较大及耐高温性好,已被应用于工业机械、冰箱等作电流过载保护,并可替代镍铬电热丝作恒温加热器和控温电路,用于自热式电蚊香加热器、新型自动控温烘干机、各种电加热器等一系列安全可靠的家用电器;而有机材料 PTC 热敏电阻具有动作时间短、体积小、电阻值低等特点,现已被用于国内电话程控交换机、便携式电脑、手提式无绳电话等高科技领域作过载保护,应用范围很广.

本实验用电子温度计和直流惠斯登电桥测定热敏电阻与温度的关系.要求掌握 NTC 热敏电阻和 PTC 热敏电阻的阻值与温度关系特性、并学会通过数据处理来求得经验公式的方法.

NTC 热敏电阻通常由 Mg,Mn,Ni,Cr,Co,Fe,Cu 等金属氧化物中的两三种均匀混合压制后,在 $600\sim1\,500\,℃$ 下烧结而成,由这类金属氧化物半导体制成的热敏电阻,具有很大的负温度系数.在一定的温度范围内,NTC 热敏电阻的阻值与温度关系满足经验公式:

$$R = R_0 \mathrm{e}^{B\frac{1}{T}}$$ $\qquad\qquad$ (5-13-2)

式中:R 为该热敏电阻在热力学温度 T 时的电阻值;B 是材料常数,它不仅与材料性质有

关,而且与温度有关,在一个不太大的温度范围内,B 是常数. 对上式两边取自然对数,得

$$\ln R = B\frac{1}{T} + \ln R_0 \qquad (5-13-3)$$

由(5-13-3)式可知,在一定温度范围内,$\ln R$ 与 $\frac{1}{T}$ 呈线性关系. 可以用作图法或最小二乘法求得斜率 B 的值.

【实验仪器】

恒温箱,热电偶温度传感器,电子温度计,热敏电阻,电阻箱,滑线变阻器,检流计.

【实验内容与步骤】

1. 必做部分

测量 NTC 热敏电阻器的电阻与温度关系特性,计算热敏电阻的材料常数 B. 在板式惠斯登电桥上选择某个位置 $\left(\text{即选定比例系数} \dfrac{R_1}{R_2}\right)$,用复测法测量一个普通碳膜电阻的电阻值,同时求出比例系数 $\dfrac{R_1}{R_2}$.

（1）把 NTC 热敏电阻和热电偶温度传感器一起绑在一根细金属棒上,放置于一个电灯泡的旁边,灯泡的亮度(温度)是可以调节的. 先从室温开始,用电子温度计测出热敏电阻的温度,用惠斯登电桥测出热敏电阻的电阻,并记录数据.

（2）调节灯泡的亮度(温度)以及热敏电阻与灯泡的位置来改变热敏电阻所处的环境温度,当温度达到平衡时,测量一组 T_i 和 R_i 的数值,要求温度的变化范围为室温到 80℃间,测量 10 组以上数据,数据的分布尽量均匀.

（3）用作图法求出该种材料的热敏电阻在室温下的材料常数 B.

2. 选做部分

测量 PTC 热敏电阻器的电阻与温度关系特性,求经验公式和突变点温度.

（1）陶瓷 PTC 热敏电阻特性测量

① 待测样品取用电蚊香加热用扁圆型陶瓷片,两面涂银,并用磷铜皮夹紧固定.

② 把待测样品放置在可调温度恒温炉中,采用铜-康铜热电偶测温,用直流电桥测量陶瓷 PTC 热敏电阻的阻值,当温度超过突变点(居里点)温度时,温度变化引起阻值变化过快,可采用数字万用表的电阻挡测量电阻.

③ 用对数坐标纸做陶瓷 PTC 热敏电阻的阻值 R 与热力学温度 T 的关系图,并求出该材料的突变点温度 T_r.

（2）有机材料 PTC 热敏电阻特性测量

① 待测样品取用电器及马达等过载保护用的有机材料 PTC 热敏电阻.

② 把待测样品放在可调温度恒温炉中,用铜-康铜热电偶测温,用直流电桥测电阻.

③ 用半对数坐标纸作有机材料 PTC 热敏电阻的阻值 R 与热力学温度 T 的关系图. 并求出该材料的突变点温度 T_r.

【实验注意事项及常见故障的排除】

1. 要用跃按法来检查电桥是否平衡,不可以使检流计始终处于接通状态.
2. 检流计使用干电池工作,使用完毕以后一定要关闭电源.长期不用,应将电池取出.
3. 注意布线一定要合理、整齐,便于检查.

【思考题】

1. 如何选择合适的比例臂?
2. 为什么检流计要用按钮开关而不是用一般的开关?

§5.14　电位差计测电动势

电位差计是精密测量中应用最广的仪器之一,不但可用来精确测量电动势、电压、电流和电阻等,还可用来校准精密电表和直流电桥等直读式仪表,在非电参量(如温度、压力、位移和速度等)的电测法中也占有重要地位.

【实验目的】

1. 掌握电位差计的工作原理和结构特点.
2. 学习用线式电位差计测量电动势.

【实验原理】

若将电压表并联到电池两端,就有电流 I 通过电池内部. 由于电池有内电阻 r,在电池内部不可避免地存在电位降落 Ir,因而电压表的指示值只是电池端电压 $V = E - Ir$ 的大小. 只有当 $I = 0$ 时,电池两端的电压才等于电动势.

采用补偿法,可以使电池内部没有电流通过,这时测定电池两端的电压即为电池电动势. 如图 5 - 14 - 1 所示,按通 K_1 后,有电流 I 通过电阻丝 AB,并在电阻丝上产生电压降 IR. 如果再接通 K_2,可能出现三种情况:

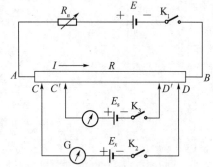

图 5 - 14 - 1　补偿法测电池电动势

1. 当 $E_x > V_{CD}$ 时,G 中有自右向左流动的电流(指针偏向右侧).

2. 当 $E_x < V_{CD}$ 时,G 中有自左向右流动的电流(指针偏向左侧).

3. 当 $E_x = V_{CD}$ 时,G 中无电流,指针不偏转. 将这种情形称为电位差计处于补偿状态,或者说待测电路得到了补偿.

在补偿状态时,$E_x = IR_{CD}$. 设每单位长度电阻丝的电阻为 r_0,CD 段电阻丝的长度为 L_x,于是

$$E_x = Ir_0L_x \tag{5-14-1}$$

保持可变电阻 R_n 及稳压电源 E 输出电压不变,即保持工作电流 I 不变,再用一个电动势为 E_s 的标准电池替换图中的 E_x,适当地将 C,D 的位置调至 C',D',同样可使检流计 G 的指针不偏转,达到补偿状态. 设这时 $C'D'$ 段电阻丝的长度为 L_s,则

$$E_s = IR_{C'D'} = Ir_0L_s \tag{5-14-2}$$

将(5 - 14 - 1)和(5 - 14 - 2)式相比得到

$$E_x = E_s \frac{L_x}{L_s} \tag{5-14-3}$$

(5 - 14 - 3)式表明,待测电池的电动势 E_x 可用标准电池的电动势 E_s 和在同一工作电流下

电位差计处于补偿状态时测得的 L_x 和 L_s 值来确定. 可见电位差计测量的结果仅仅依赖于准确度极高的标准电池、标准电阻（或均匀电阻丝）以及高灵敏度的检流计, 测量准确度可达到 0.01％或更高.

【实验仪器】

十一线电位差计, 学生型电位差计, 标准电池, 待测电池, 直流稳压电源, 检流计, 可变电阻等.

1. 十一线电位差计

十一线电位差计具有结构简单、直观、便于分析讨论等优点, 其结构如图 5-14-2 所示. 电阻丝 AB 长 5.5 m, 往复绕在有机玻璃板的 11 个接线柱上, 每相邻两个接线柱间电阻丝有效长度为 0.5 m. 插头 C 可连接在 $0,1,\cdots,10$ 中任一个位置. 电阻丝 BO 旁边附有带毫米刻度的米尺, 触头 D 在它上面可滑动. CD 间的电阻丝长度可在 $0\sim5.5$ m 间连续变化. R_n 为可变电阻箱, 用来调节工作电流. 转换开关 K_2 用来选择接通标准电池 E_s 或待测电池 E_x. 滑线变阻器 $R_滑$ 是用来保护标准电池和检流计的, 在电位差计未处于补偿状态时, 必须调到最大, 在电位差计处于补偿状态进行读数时, 应调到最小, 以提高测量的灵敏度.

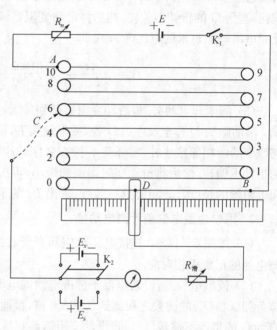

图 5-14-2 十一线电位差计测量线路

2. 学生型电位差计

箱式电位差计是利用补偿法测电位差原理做成的仪器, 有多种型号, 学生型电位差计是其中的一种, 其结构如图 5-14-3 所示.

（1）该电位差计可以测量 $0\sim1.6000$ V 及 $0\sim16.000$ mV 的电位差, 并可用来校准电流表、电压表等.

（2）工作电源用 $2.0\sim6.0$ V.

（3）测 $0\sim1.6000$ V 的电位差时, 工作电源接在"×1"档, 而测 $0\sim16.000$ mV 电位差时, 先将工作电源接在"×1"档, 调节工作电流标准化, 然后将工作电源接到"×0.01"档测定 E_x.

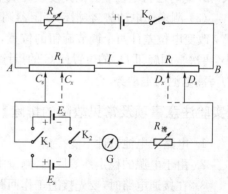

图 5-14-3 学生型电位差计测量线路

使用任何一种电位差计, 都必须先借助于标准电池来校准工作电流, 然后才能用来测量待测电动势或电位差.

【实验内容与步骤】

1. 用十一线电位差计测电池电动势

(1) 按图 5-14-2 连接电路时应断开所有的开关,特别注意工作电源与标准电池和待测电池的正、负极相对应.

(2) 校准电位差计. 调节 C,D 两活动接头,使 C,D 间电阻丝长度为 $L_s = 2.2000\,\mathrm{m}$,然后接通 K_1,将 K_2 合向 E_s,调节可变电阻箱 R_n,同时断续按下滑动触头 D 和检流计的电计按钮,直到 G 的指针不偏转. 然后将滑动变阻器调到最小,再次微调 R_n 使 G 的指针无偏转. 此时电阻丝上每米的电压降为 A. 即

$$A = \frac{E_s(t)}{L_s} = \frac{1.0186}{2.2000} = 0.46300(\mathrm{V/m})$$

(3) 测未知电动势. 将滑动变阻器调到最大,固定 R_n 即保持工作电流不变. 将 K_2 合向 E_x,滑动触头 D 移至尺左边 O 处,按下触头 D,同时移动接头 C,找出使检流计指针偏转方向改变的两相邻接线柱,将插头 C 接在数字较小的接线柱上. 然后向右移动触头 D,直到 G 的指针不偏转. 然后将滑动变阻器调到最小,再次微调触头 D 使 G 的指针无偏转,记下 CD 间电阻丝的长度 L_x. 重复这一步骤,求出 L_x 的平均值 $\bar{L}_x$,于是 $\bar{E}_x = A\bar{L}_x$ (V).

2. 用学生型电位差计测电动势

(1) 按图 5-14-3 连接电路时应断开所有的开关,特别注意工作电源、标准电池和待测电池的正负极相对应.

(2) 校准电位差计. 若室温下标准电池的电动势 $E_s = 1.0186$ V,则将电位差计两个调节旋钮 (C_s, D_s) 的读数之和调到 1.0186 格,接通开关 K_1, K_2 合向 E_s,调节可变电阻箱 R_n,直到 G 的指针不偏转. 然后将滑动变阻器调到最小,再次微调 R_n 使 G 的指针不偏转. 此时, $C_s D_s$ 之间电阻上的电位差与标准电池的电动势相等,即可求出单位刻度的电位差等于 1 伏/格. 此时已将电位差计的刻度校准成电压刻度.

(3) 测未知电动势. 将滑动变阻器调到最大,固定 R_n,即保持工作电流不变. 将 K_2 合向 E_x,改变电位差计两个调节旋钮的位置,直流 G 的指针不偏转. 然后将滑动变阻器调到最小,再次微调旋钮 D_x 的位置使 G 的指针不偏转. 此时两个调节按钮 (C_x, D_x) 的读数之和即为待测电池的电动势 E'_x.

【实验注意事项及常见故障的排除】

1. 电路中电池极性不能接错.

2. 由于电源的稳定性等原因,测量中要经常调节工作电流 I,即反复定标.

3. 在接通电路时,要先接通工作回路,再接通补偿回路;断电时,先断补偿回路. 使用检流计开关时,要用跃接法. (想一想,为什么?)

【思考题】

1. 为什么用电位差计可直接测电源的电动势? 能否用伏特表测电动势? 若可测,写出测量方法.

2. 用电位差计测电动势时,不管定标还是测量,检流计总朝一个方向偏转,试分析故障的原因有哪些.

3. 用电位差计测量电动势,为什么先要"定标"? 怎样定标?

附录:标准电池

标准电池是一种用来作电动势标准的原电池. 由于内电阻高,在充放电情况下会极化,不能用它来供电. 当温度恒定时,它的电动势稳定. 在不同温度(0~40℃)时标准电池的电动势 $E_s(t)$ 应按下述公式修正:

$$E_s(t) = E_s(20) - 39.94 \times 10^{-6}(t-20) - 0.929 \times 10^{-6}(t-20)^2 + 0.009\,0 \times 10^{-6}(t-20)^3$$

式中 $E_s(20)$ 是 20℃时标准电池的电动势,其值应根据所用标准电池的型号确定.

使用标准电池时要注意以下几点:

1. 必须在温度波动小的情况下保存,应远离热源,避免太阳光直射.

2. 正负极不能接错,通入或取自标准电池的电流不能大于 $10^{-5} \sim 10^{-6}$ A. 不允许将两电极短路连接或用电压表去测量它的电动势.

3. 标准电池内是装有化学物质溶液的玻璃容器,要防止振动和摔坏. 一般不倒置(容器内加了微孔塞片的标准电池可防止因倒置而损坏).

§5.15　霍尔效应实验

　　"磁场中的电子活动像侧风中的蚊子.导体中的磁风将电子推向导体一侧."1879年年仅24岁的艾德温·霍尔(Edwin Hall)在研究载流导体在磁场中所受力的性质时,发现了一种电磁效应,即如果在电流的垂直方向加上磁场,则在与电流和磁场都垂直的方向上将建立一个电场,这一效应称为霍尔效应.随着半导体物理学的迅猛发展,霍尔系数和电导率的测量已经成为研究半导体材料的主要方法之一.通过实验测量半导体材料的霍尔系数和电导率可以判断材料的导电类型、载流子浓度、载流子迁移率等主要参数.若能测得霍尔系数和电导率随温度变化的关系,还可以求出半导体材料的杂质电离能和材料的禁带宽度.

　　在霍尔效应诞生约100年后,德国物理学家克利青(Klaus von Klitzing)等研究发现了半导体在极低温度和强磁场中的量子霍尔效应,它不仅可作为一种新型电阻标准,还可以改进一些基本量的精确测定,是当代凝聚态物理学和磁学令人惊异的进展之一,克利青并因此发现而获得了1985年诺贝尔物理学奖.其后美籍华裔物理学家崔琦(D. C. Tsui)和施特默在更强磁场下研究量子霍尔效应时发现了分数量子霍尔效应,使人们对宏观量子现象的认识更深入了一步,他们为此获得了1998年诺贝尔物理学奖.

　　用霍尔效应制备的各种传感器已广泛应用于工业自动化技术、检测技术和信息处理等各个方面.

【实验目的】

　　1. 了解霍尔效应的基本原理,观察电磁效应现象.

　　2. 掌握用霍尔效应测量磁场的工作原理和方法.

　　3. 学会消除系统误差的一种实验测量方法.

【实验原理】

1. 霍尔效应

　　如图5-15-1所示,图中宽度为b、厚度为d的薄片称为霍尔元件,它一般由半导体材料制成.半导体分为两种类型:P型半导体和N型半导体.P型半导体内部的载流子是带正电的粒子,称为空穴.N型半导体内部的载流子是电子.本实验中用的是N型半导体.将此薄片放置在磁场中,如果在x方向通以电流I,z方向加上磁场$\boldsymbol{B}$,则磁场会对运动的载流子产生一个y方向上的洛仑兹力,使得载流子向半导体的一侧偏移.由公式$\boldsymbol{F}=q\boldsymbol{v}\times\boldsymbol{B}$可知载流子(即电子)所受洛仑兹力沿$y$方向水平向左.导体的左侧积累起负电荷,相应的右侧积累起正电荷,由此建立起霍尔电场E_h.这个电场同样对载流子(即电子)施加沿y方向水平向右的电场力$\boldsymbol{F}_e$.由于$\boldsymbol{F}_e$和$\boldsymbol{F}_b$方向正好相反,一段时间后,两者达到平衡.这时,导体两侧在y方向上的电势差V_h就是霍尔电压.

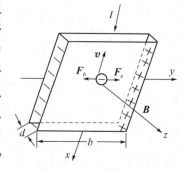

图5-15-1　霍尔效应原理

由 $F_e = F_b$ 可得

$$eE_h = evB \qquad (5-15-1)$$

通过半导体薄片的电流为

$$I = -nevbd \qquad (5-15-2)$$

式中 n 为电子浓度，b 为半导体薄片的宽度，d 为半导体薄片的厚度.

霍尔电压为

$$V_h = bE_h \qquad (5-15-3)$$

联立 $(5-15-1)$，$(5-15-2)$，$(5-15-3)$ 式可得

$$V_h = \frac{R_h IB}{d} = K_h IB \qquad (5-15-4)$$

式中，$R_h = -\dfrac{1}{ne}$，叫做霍尔系数；$K_h = -\dfrac{1}{ned}$，叫做霍尔元件灵敏度.

为了减小误差，一般要求 K_h 的值越大越好. 由于 e 一定，欲增大 K_h，只有降低 n 和 d. 但金属或半导体的电子浓度一般都很高，因此通常采用减少 d 的方法来增大 K_h 值. 目前用来制作霍尔元件的材料大多数是半导体.

在本实验中，B 取决于实验仪上马蹄形磁铁的线圈电流（又叫励磁电流）I_m，I 对应于实验仪上霍尔元件的工作电流 I_s.

在测量 V_h 的过程中不可避免地会产生各种误差，主要分为四类（即附加电压的四种）：

（1）两侧面电位不相等造成的电压 V_0，随 I_s 换向而改变正负，B 换向无影响.

（2）两侧面间的温度差引起的温差电动势 V_t，随 I_s 换向而改变，随 B 换向而改变.

（3）工作电流引线两焊接点的电阻不相等，发热程度不同造成的两端温度不同而产生附加电压 V_p，与 I_s 换向无关，随 B 换向而改变.

（4）由于各载流子的迁移速度不同在两侧面引起的 V_s，V_s 随 B 换向而改变，与 I_s 换向无关.

所以，在 B，I_s 一定时，实际测得的电压 V 是 V_h，V_0 等五种电压的代数和. 但由于 V_0，V_t 等附加电压无法直接测量，为了消除误差，采用换向法来进行处理：

$$(+B, +I_s) : V_1 = V_h + V_0 + V_t + V_p + V_s$$
$$(+B, -I_s) : V_2 = -V_h - V_0 - V_t + V_p + V_s$$
$$(-B, +I_s) : V_3 = -V_h + V_0 - V_t - V_p - V_s$$
$$(-B, -I_s) : V_4 = V_h - V_0 + V_t - V_p - V_s$$

综合上述四式可得

$$V_h = \frac{1}{4}(V_1 - V_2 - V_3 + V_4) - V_t \qquad (5-15-5)$$

由于 V_t 很小，可以忽略，则 $\quad V_h = \dfrac{1}{4}(V_1 - V_2 - V_3 + V_4) \qquad (5-15-6)$

2. 霍尔效应测量磁场

由(5-15-4)式可知,若 I,K_h 已知,则只要测出霍尔电压 V_h,即可算出磁场 $\boldsymbol{B}$ 的大小;并且若知载流子类型(N 型半导体多数载流子为电子,P 型半导体多数载流子为空穴),则由 V 的正负可判断磁场方向;反之,若已知磁场方向,则可判断载流子类型.

由于建立霍尔效应所需的时间很短,因此霍尔元件使用交流电或者直流电都可以.使用交流电时,得到的霍尔电压也是交变的.

3. 载流长直螺线管的磁感应强度

螺线管是由绕在圆柱面上的导线构成的,密绕的螺线管可以看成是一列有共同轴线的圆形线圈的并排组合,因此一个载流长直螺线管轴线上某点的磁感应强度,可以通过各圆形电流在该点所产生的磁感应强度进行积分得到.对于一有限长的螺线管,在距离两端等远的中心点,磁感应强度为最大,且等于

$$B_0 = \mu_0 N I_m$$

式中:μ_0 为真空的磁导率;N 为螺线管单位长度的线圈匝数;I_m 为线圈的励磁电流.

由图 5-15-2 所示的长直螺线管中磁感线分布可知,其内腔中部磁感线是平行于轴线的直线系,渐近两端口时,这些直线变为从两端口离散的曲线,说明内部的磁场是均匀的,仅在靠近两端口时才呈现明显的不均匀性.根据理论计算,长直螺线管一端的磁感应强度为内腔中部磁感应强度的 $\dfrac{1}{2}$.

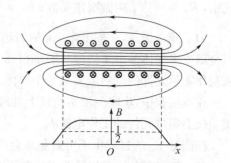

图 5-15-2 长直螺线管中磁感线分布

【实验仪器】

HL-Ⅱ型霍尔效应测试仪,霍尔效应实验仪,螺线管装置.

【实验内容与步骤】

1. 采用消除附加电压的方法测霍尔元件的 V_h-I_S 特性曲线

(1) 励磁电流 $I_m = 0.4$ A,工作电流 I_S 分别取 0,2,4,6,8,10 mA,用换向法求出各工作电流时的 V_h 值.

(2) 励磁电流 $I_m = 0.8$ A,工作电流 I_S 分别取 0,2,4,6,8,10 mA,用换向法求出各工作电流时的 V_h 值.

(3) 自拟表格记录数据.以 V_h 为纵轴,I_S 为横轴,画出 V_h-I_S 图,并求出斜率和磁场.

2. 采用消除附加电压的方法测电磁铁的励磁特性 B-I_m 曲线

取 $I_S = 8$ mA,$I_m = 0$,0.2,0.4,0.6,0.8 A,用换向法测出各励磁电流时的霍尔电压 V_h 值,求出对应的 $B = \dfrac{V_h}{I_S K_h}$.以 B 为纵轴,I_m 为横轴,画出 B-I_m 励磁特性曲线.

3. 研究马蹄形磁铁的磁场分布

保持工作电流和励磁电流不变,并忽略附加电压的影响,调节支架旋钮,使霍尔片从电磁铁中心处移到支架的左端. 取 $I_m = 0.6\,\text{A}$, $I_s = 8\,\text{mA}$, 从左向右水平移动霍尔元件,每隔 $0.5\,\text{cm}$ 记录 X_i 处的霍尔电压 V_h 值,求出对应的 $B = \dfrac{V_h}{I_s K_h}$. 以 B 为纵轴, X 为横轴,画出 $B\text{-}X$ 图线.

4. 测量螺线管轴线上磁感应强度的分布(选做)

取 $I_s = 5\,\text{mA}$, $I_m = 0.5\,\text{A}$, 并在测试过程中保持二者不变,调节水平旋钮使霍尔元件由螺线管的一端移到另一端,取 17 个点,用对称测量法测出相应的 V_1, V_2, V_2 和 V_4, 求出它们的代数平均值 V_h. 自拟表格记录数据,利用 $B = \dfrac{V_h}{I_s K_h}$ 求出磁感应强度 B. 绘制螺线管内磁场分布曲线,即 $B\text{-}X$ 曲线. 由 $B_0 = \mu_0 N I_m$ 计算螺线管中心点磁感应强度的理论值,并与实验值进行比较,求出相对误差.

【实验注意事项及常见故障的排除】

1. 注意事项

(1) 实验仪的三个开关切换及接线柱接线时,切忌过分用力.

(2) 为保护霍尔元件,其工作电流最好不要超过 $10\,\text{mA}$, 励磁电流最好不超过 $0.8\,\text{A}$.

(3) 测试仪的"I_m 输出"不能错接到实验仪的"I_s 输入(工作电流)"或"V_h 输出(霍尔电压)"开关上,以防烧坏霍尔元件.

(4) 开机或关机前,需将测试仪的"I_s 调节"和"I_m 调节"旋钮逆时针旋到底,使输出电流趋于零.

(5) 实验仪上电磁铁线圈以及霍尔元件的引出线与三个双刀双向开关之间的对应连接已由厂家接好,不要随意拆除.

2. 故障排除

(1) 若霍尔电压显示不稳定,请检查切换开关及接线柱是否接触良好.

(2) 若电流显示不稳定或调节时无变化,一般表明电位器已损坏,需更换电位器.

(3) 若无霍尔电压,又未查出其他问题,说明霍尔元件可能已损坏,需更换霍尔元件.

【思考与创新】

1. 为什么制备霍尔元件的材料通常是半导体而不是金属?

2. 想一想,能利用霍尔元件做什么?

附　录

一、法国物理学家第一次证明了声子具有霍尔效应

据 physicsweb. org 网 2005 年 10 月 11 日报道,法国物理学家第一次证明了声子具有霍尔效应,这一效应表现为:当热流流过处于磁场中的样品且流动方向与磁场方向垂直时,便会在样品另外两表面间产生温度差(研究发表在 Phys. Rev. Lett. 95 155901).当电流流过处于磁场中的导体时,便会发生经典的霍尔效应.如果电流与磁场成直角,洛仑兹力会使电子偏转,在与电流和磁场方向垂直的方向上会形成霍尔电压.人们一直误认为声子不会有霍尔效应,因为它们不带电.

二、汽车霍尔效应传感器

霍尔效应传感器(开关)在汽车应用中是十分特殊的,这主要是防止传感器安装位置与变速器周围空间冲突.霍尔效应传感器是固体传感器,它们主要应用在曲轴转角和凸轮轴位置上,用于开关点火和燃油喷射电路触发,它还应用在其他需要控制转动部件的位置和速度控制电脑电路中.

霍尔效应传感器(开关)由一个几乎完全闭合的包含永久磁铁和磁极部分的磁路组成,一个软磁铁叶片转子穿过磁铁和磁极间的气隙,在叶片转子上的窗口允许磁场不受影响地穿过并到达霍尔效应传感器,而没有窗口的部分则中断磁场,因此,叶片转子窗口的作用是开关磁场,使霍尔效应像开关一样地打开或关闭,这就是一些汽车厂商将霍尔效应传感器和其他类似电子设备称为霍尔开关的原因.该组件实际上是一个开关设备,而它的关键功能部件是霍尔效应传感器.

§5.16　薄透镜焦距的测定

光学元件种类繁多,其中透镜是最基本的元件.在选择不同的透镜或透镜组时,焦距是反映透镜特性的一个重要的基本参数,在研究光的传播、成像规律及光学仪器的设计和使用中具有重要的意义.不同焦距的透镜测量时对准确度的要求也不同,通过本实验可以了解测量焦距的常用方法、测量时所需的基本仪器以及可能达到的准确度.

【实验目的】

1. 学习薄透镜焦距的几种测量方法.
2. 掌握光学元件的共轴调节方法及光路分析.
3. 了解透镜成像的基本原理及透镜成像的像差.

【实验原理】

当透镜的厚度与其焦距相比可以忽略不计时,称这种透镜为薄透镜.薄透镜分为凸透镜和凹透镜两种.凸透镜具有会聚光线的作用,当平行于主光轴的光线通过凸透镜后,光线将会聚于主光轴上一点,会聚点 F 称为该凸透镜的焦点.凹透镜具有发散光束的作用,当平行于主光轴的光线通过凹透镜后,光线将散开,其发散光的反向延长线与主光轴的交点 F 称为该透镜的焦点.透镜光心 O 到 F 的距离称为焦距,用 f 表示,见图 5-16-1.

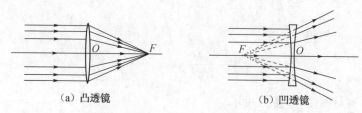

(a) 凸透镜　　　　　　　　(b) 凹透镜

图 5-16-1　光学透镜

当近轴光线(指通过透镜光心并与主光轴成很小夹角的光束)通过薄透镜时,其成像规律为

$$\frac{1}{u}+\frac{1}{v}=\frac{1}{f} \tag{5-16-1}$$

式中:u 为物距(实物时为正,虚物时为负);v 为像距(实像时为正,虚像时为负);f 为透镜焦距(凸透镜为正,凹透镜为负).为求焦距方便起见,可将上式改写为

$$f=\frac{uv}{u+v} \tag{5-16-2}$$

只要测得 u 和 v,则 f 可求.

1. 凸透镜焦距的测量

测量凸透镜焦距通常有以下四种方法:

（1）粗测法

当物距 u 趋向无穷远时,利用(5-16-1)式可得 $v \approx f$,即无穷远处的物体经凸透镜成像后,像平面与透镜的焦平面重合,由此法可以粗略估计焦距 f. 如利用太阳光粗略测量凸透镜焦距的方法.

(2) 自准法(平面镜法)

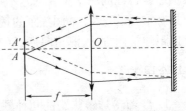

当物点 A 位于凸透镜的焦平面上时(图5-16-2),物光通过凸透镜后成为一束平行光. 如果用平面镜把这束平行光反射回去,则反射光经透镜会聚所成的、清晰的像点 A' 必定位于透镜的焦平面上,此称自准原理. 读出该透镜光心和物点(或像点)的位置,其差值即为该透镜的焦距 f.

图5-16-2　自准法测凸透镜焦距

(3) 物距像距法

物体发出的光线,经过凸透镜折射后在凸透镜的另一侧形成实像. 分别测出物距 u 和像距 v,再将其代入(5-16-2)式即可算出凸透镜的焦距 f.

(4) 共轭法

让物体与像屏之间的距离为 L,$L > 4f$ 且固定不变(见图5-16-3),将凸透镜放在物与屏之间,由靠近物的位置逐渐向屏方向移动,必然会在屏上出现两次清晰的实像. 第一次物距为 u_1 时得到放大的实像,第二次物距为 u_2 时得到缩小的实像,透镜两次成像位置间的距离为 A,由透镜成像公式得

$$\frac{1}{u_1 + A} + \frac{1}{v_1 - A} = \frac{1}{f} \tag{5-16-3}$$

利用 $v_1 = L - u_1$ 可解得

$$f = \frac{L^2 - A^2}{4L} \tag{5-16-4}$$

式中 L 已知,A 容易测得,故 f 为可求.

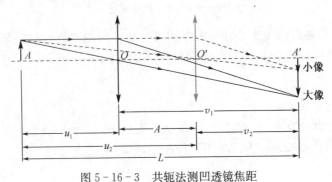

图5-16-3　共轭法测凹透镜焦距

用这种方法虽然较复杂,但可得到较高的测量精度. 实际上此法就是把对焦距的测量归结为对可以精确测定的 L 和 A 的测量,所以不存在测量 u 和 v 时,由于透镜光心位置与底座架上刻线不共面所带来的系统误差.

2. 凹透镜焦距的测量

(1) 虚物成像法

实物对于凹透镜来说成虚像,虚像不能在屏上显示出来,用视差法测虚像的像距也较困难,因此采用虚物成像法来测量凹透镜的焦距.如图 5-16-4 所示,我们先借助于一个凸透镜,从物点 A 发出的光线通过凸透镜成像于 B 点,这时把凹透镜放在凸透镜和 B 点之间且靠近 B 点,于是光线的原会聚点经凹透镜发散后将远移.此时就凹透镜而言,B 点的像是凹透镜的物(虚物),故 u 取负值,而 B' 点

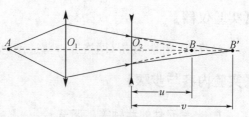

图 5-16-4　虚物成像法测凹透镜焦距

的像是虚物经凹透镜成的像(实像),故 v 取正值,把 $u=-O_2B$,$v=O_2B'$ 代入(5-16-2)式即算出凹透镜焦距 f.

（2）平面镜法（自准法）

如图 5-16-5 所示,从物点 A 发出的光线通过凸透镜成像于 D 点.如果在凸透镜和 D 点之间放入凹透镜,并调整凹透镜的位置使透射光线平行于主光轴(用平面镜辅助调节).此时由平面镜反射回去的光经过两个透镜在物点 A 的附近形成清晰的像,称为自准原理.读出该凹透镜光心 O_2 和像点 D 的位置,其位置差即为该凹透镜的焦距 f.

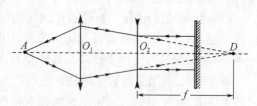

图 5-16-5　平面镜法测凹透镜焦距

3. 透镜成像的像差

以上叙述的都是近轴光线范围内的成像原理,是理想化的.在实际的一般光学系统中,由于光源的非单色性和未能满足近轴光线的要求,使得实际形成像与由单色近轴光线形成像之间出现差异,即像差.像差的类型很多,如:球差、彗差、像散、场曲、色差和畸变等,下面只介绍其中的几种.

（1）球差:球面像差简称为球差,是由透镜球面引起的.由于球面透镜的中心与边缘对光的会聚率不一样(见图 5-16-6),其具体表现为成像中间清晰边缘模糊,或边缘清晰中间模糊.

（2）色差:色差也称色散,包括位置色差与放大率色差两种情况,其实质上都是复色光(如阳光)通

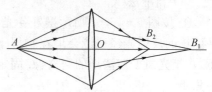

图 5-16-6　球面像差(球差)

过透镜后,因折射将不同波长的色光分解投影到焦平面上.就像牛顿用三棱镜分解阳光那样,使复色光按不同波长顺序排列成"光谱",只不过镜头的色差没有三棱镜那么明显而已.色差不仅影响色彩还原,还影响到成像的清晰度,无论是彩色摄影还是黑白摄影,色差都是清晰度的"杀手".在各种焦距的镜头中,长焦镜头易产生色差.被称为超低色散的镜片中因含有氟元素,即用萤石玻璃做成正负透镜组可有效消除色差.

（3）像散:有明显像散的镜头会使十字交叉的线条在成像中横、竖线条不能同时清晰,即横线条清晰时竖线条模糊,或竖线条清晰时横线条模糊.

因此,为了改善透镜成像的质量,减少各种像差,在光学仪器中很少使用单透镜,而采用多个透镜组成的透镜组.

【实验仪器】

光具座,光源,物屏(网格屏),薄透镜,平面镜,像屏等.

【实验内容与步骤】

1. 光学元件的共轴等高调节

薄透镜成像公式(5-16-1)仅在近轴光线条件下才能成立.对于一个透镜空间位置,光源应处于该透镜的主光轴上,一般只要在透镜前面加一光阑,挡住边缘光线,使入射光与主光轴的夹角很小就可以.对于由几个透镜组成的光路,除了上述条件外,还要求各元件主光轴重合,同时还应使主光轴与光具座的导轨平行,才能满足近轴光线的要求.习惯上把各光学元件的主光轴重合称为共轴等高.调节步骤是:

(1)粗调:把凸透镜、物(带有光阑的物屏)、像屏等元件安放在光具座上,并将它们全靠拢在一起,调节各元件的高低和前后位置,用眼睛判断,使各元件中心基本在平行于导轨的一条直线上,而且各元件平面又与导轨垂直.

(2)细调:利用透镜成像的共轭法进行细调.按图5-16-3光路摆好元件,使物与像屏之间距离$L > 4f$,移动凸透镜,使两次成像的位置重合(即观察两次成像的物屏直角交点重合),说明各元件已共轴等高;如不重合,可先移动透镜在屏上成缩小像,调节像屏使屏上十字线交点对准小像的网格直角交点,然后移动透镜在屏上成放大像,此时调节透镜的高低和前后位置,使放大像的网格直角交点与屏上的十字线交点重合;再次移动透镜在屏上成缩小像,同样使屏上十字线交点与之对准,再次移动透镜在屏上得放大的像,同样调节透镜使之重合.如此反复,直至两次成像时的交点位置重合,说明各元件已经共轴等高.在以后的实验中,这些元件的高低、上下和左右位置不能再动,否则破坏了共轴等高条件.

2. 凸透镜焦距的测量

(1)自准法

① 按图5-16-2所示摆好各光学元件,物屏靠近光源,在透镜附近放置平面镜,让平面镜的反射光经透镜会聚在物屏上.观察物屏上的光斑,然后缓慢地移动透镜和平面镜,直至光斑变成清晰的网格像.固定透镜,读出透镜与物(物屏)的位置,由此测得透镜的焦距.

② 在实际测量中,由于成像清晰程度很难通过肉眼准确判断,所以一般采用左右逼近法测焦距.即先从左向右移动透镜测出清晰成像位置,再从右向左移动透镜测出清晰成像位置,取两次成像时透镜位置的平均值作为一次测量数据.重复以上内容,自拟表格记录数据,求出焦距的平均值$\bar{f}$及其不确定度.

(2)共轭法

按图5-16-3安放好各元件,利用自准法测得的透镜焦距,确定L的数值并固定L不变.从左向右移动透镜,当像屏上先后两次出现清晰的像时,记下两次成像时透镜的位置,然后让透镜再从右向左移动,同样记下两次成像时透镜的位置,重复上述测量,由此算出$\bar{A}$.将$L,\bar{A}$代入(5-16-4)式算出$\bar{f}$值.

3. 虚物成像法测凹透镜焦距

在共轭法测凸透镜焦距的基础上,移动凸透镜成一缩小的实像于屏上,记下屏的位置读数 B. 将待测焦距的凹透镜按图 5-16-4 所示放在凸透镜与屏之间且紧靠屏,向外挪动像屏直至屏上出现网格像,再调节凹透镜的高低及前后位置,使像的网格直角交点与屏上十字线交点重合(共轴等高),记下凹透镜的位置 O_2,左右反复调节像屏得出像清晰的位置 B',重复 6 次,把 $u=-O_2B$,$\bar{v}=O_2B'$ 代入透镜成像公式算出 f.

【实验注意事项及常见故障的排除】

1. 光具座是一根刚性水平导轨,侧面装有标尺,各光学元件可安装在底座架上,底座架可在光具座上滑动,其位置可通过底座架的窗口中心刻线从标尺上读出.

2. 光学元件的质量对实验影响很大,又极易损坏,使用时应轻拿轻放,严禁用手触摸光学表面,更不准因粗心使元件掉地而破损,对于必须用手拿的某些光学元件,只能接触非光学表面或磨砂面,如拿透镜的边缘,三棱镜架上下底面或棱边等.

3. 按光路图布置光学元件时,光源与物屏之间的距离要近,使成现于像屏上的像清晰.

4. 当用共轭法测凸透镜焦距时,物与像屏的间距 L 不要取得太大. 否则将使一个像缩得很小,以致难以确定凸透镜在哪个位置上时成像最清晰.

【思考题】

1. 用共轭法测凸透镜焦距 f 时,为什么要取 $L>4f$? 如果 $L=4f$,$L<4f$,将会出现什么现象? 实际测量时,为何不取 $L\gg4f$?

2. 在用自准法和物距像距法测凸透镜焦距时,如何消除透镜光心位置与底座架上刻线不共面所引起的系统误差?

3. 在按图 5-16-4 测凹透镜焦距时,若 O_2B 的长度恰好等于该凹透镜的焦距时,将会出现什么现象? 由此可否想到另一种测凹透镜焦距的方法.

参考文献

[1] 李寿松等. 物理实验[M]. 南京:江苏教育出版社,1999:41～45

[2] 杨韧等. 大学物理实验[M]. 北京:北京理工大学出版社,2005:166～173

[3] 唐再锋. "薄透镜焦距的测定"实验装置的改进[J]. 内江师范学院学报,2001,16(4):65～67

[4] 李宏伟,韩春艳. 薄透镜焦距测定实验中像屏的改进[J]. 物理通报,2002,6:32

[5] 宋金璠. 对薄透镜焦距测定实验的进一步研究[J]. 物理实验,2003,23(2):35～36

[6] 甘秀英. 一种薄透镜焦距测定中共轴调节方法讨论[J]. 兵团教育学院学报,2003,13(2):31～32

§5.17 光的干涉实验

若将同一点光源发出的光分成两束,在空间各经不同路径后再汇合在一起,当光程差小于光源的相干长度时,一般都会产生干涉现象,干涉现象是光的波动说的有力证据之一."牛顿环"是一种分振幅法等厚干涉现象.1675 年,牛顿首先观察到这种干涉,但由于牛顿信奉光的微粒说而未能对其作出正确的解释.干涉现象在科学研究和工业技术上有着广泛的应用,如测量光波波长,精确测量微小长度、厚度和角度,检验试件表面的光洁度,研究机械零件内应力的分布以及在半导体技术中测量硅片上氧化层的厚度等.

【实验目的】

1. 观察光的等厚干涉现象,加深对干涉现象的认识.
2. 掌握读数显微镜的使用方法,并用牛顿环测量平凸透镜的曲率半径.
3. 学习用逐差法处理实验数据.

【实验原理】

在一块平滑的玻璃片 B 上,放一曲率半径很大的平凸透镜 A(图 5-17-1),在 A,B 之间形成一劈尖形空气薄层.当平行光束垂直地入射向平凸透镜时,可以观察到在透镜表面出现一组干涉条纹,这些干涉条纹是以接触点 O 为中心的同心圆环,称为牛顿环(图 5-17-2).牛顿环是由透镜下表面反射的光和平面玻璃上表面反射的光发生干涉而形成的,两束反射光的光程差(或相位差)取决于空气层的厚度,所以牛顿环是一种等厚干涉条纹.

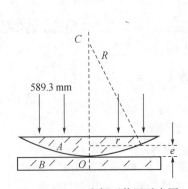

图 5-17-1 牛顿环装置示意图

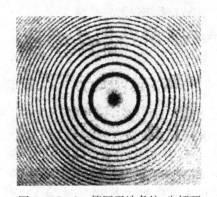

图 5-17-2 等厚干涉条纹-牛顿环

设透镜的曲率半径为 R,与接触点 O 相距为 r 处的空气膜厚度为 e,则

$$R^2 = (R-e)^2 + r^2 = R^2 - 2eR + e^2 + r^2$$

由于 $R \gg e$,上式中可略去 e^2 得到:

$$e = \frac{r^2}{2R} \tag{5-17-1}$$

两束相干光的光程差为

$$\Delta = 2e + \frac{\lambda}{2} \tag{5-17-2}$$

式中 $\frac{\lambda}{2}$ 是光从空气射向平面玻璃而反射时产生的附加光程差（半波损失），即光线从光疏介质射向光密介质而发生反射时有一相位 π 的突变．形成暗环的条件为

$$\Delta = (2m+1)\frac{\lambda}{2} \quad (m=0,1,2,3,\cdots) \tag{5-17-3}$$

式中 m 为干涉级数．在接触点 $e=0(m=0)$，由于有半波损失，两相干光光程差为 $\frac{\lambda}{2}$，所以形成一暗点．综合（5-17-1），（5-17-2）和（5-17-3）式可得第 m 级暗环的半径为

$$r_m = \sqrt{mR\lambda} \tag{5-17-4}$$

可见暗环半径 r_m 与环的级次 m 的平方根成正比，所以牛顿环越向外环越密．如果单色光源的波长 λ 已知，测出第 m 级暗环的半径 r_m，就可由上式求出平凸透镜的曲率半径 R，或已知 R 求出波长 λ．

实际上，平凸透镜的凸面与平面玻璃之间不可能是一个理想的点接触，观察到的牛顿环中心是一个不甚清晰的圆斑．其原因或是当透镜接触玻璃时，由于接触压力引起玻璃的弹性变形，使接触点为一圆面，干涉环中心为一暗斑；或是空气间隙层中有了尘埃，附加了光程差，干涉环中心为一亮（或暗）斑．因此无法确定环的几何中心和干涉级数，（5-17-4）式不宜直接采用．为此我们可以通过测量距中心较远的第 m 和第 n 两个暗环的半径 r_m 和 r_n，则

$$r_m^2 = mR\lambda, \quad r_n^2 = nR\lambda.$$

两式相减可得

$$r_m^2 - r_n^2 = (m-n)R\lambda$$

所以
$$R = \frac{r_m^2 - r_n^2}{(m-n)\lambda} \tag{5-17-5}$$

或
$$R = \frac{d_m^2 - d_n^2}{4(m-n)\lambda} \tag{5-17-6}$$

式中 d_m, d_n 分别为第 m 和第 n 级暗环的直径．

【实验仪器】

钠光灯（$\lambda = 589.3$ nm），牛顿环装置，读数显微镜等.

【实验内容与步骤】

实验装置如图 5-17-3 所示．钠光灯发出波长 $\lambda = 589.3$ nm 的光，由与水平方向成 $45°$ 角的透反镜（半反射半透射）反射后，垂直入射到平凸透镜上，干

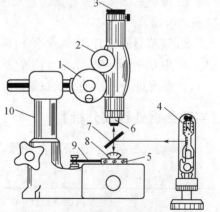

图 5-17-3　读数显微镜及光路
1. 测微鼓轮；2. 调焦手轮；3. 目镜；4. 钠光灯；
5. 平板玻璃；6. 物镜；7. 透反镜；8. 平凸透镜；
9. 载物台；10. 支架

涉条纹通过显微镜观察和测量.

1. 用显微镜观察牛顿环

利用显微镜观察物体必须同时满足两个条件:"对准"和"调焦"在被观察的物体上. 实验调整、操作应按下列次序进行:

(1) 照明

调整读数显微镜的位置,使光线射向显微镜的物镜下方45°透反镜,并使单色平行光垂直入射到牛顿环装置上. 调节透反镜的取向,应使显微镜视野中亮度最大.

(2) 调焦

首先调节目镜直至十字叉丝成像清晰. 等厚干涉条纹定域在空气间隙上表面附近,故在观察时,读数显微镜必须对准此面调焦. 在调焦过程中,旋转调焦手轮的方向时,必须先使显微镜筒接近平凸透镜,然后缓慢地自下而上进行调焦(自上而下调焦容易损坏物镜和被测标本,为操作规程所不允许的),直到能看到清晰的干涉图样,即看到放大了的牛顿环.

(3) 对准

略微移动牛顿环,对准环中心部位,使显微镜中的十字叉丝将牛顿环大致分成四等份. 如不够清晰可稍加调焦,直至条纹最清晰为止.

2. 测量牛顿环直径

转动显微镜测微鼓轮,使显微镜筒由环中心向一方移动,为了避免测微螺距间隙所引起的回程误差,要使显微镜内叉丝交点先超过第13条暗环,然后退回到第13条暗环,读数并记录;再转动测微鼓轮,使叉丝交点依次对准第12,11,…,4,3,2等暗环,记下每次显微镜的位置读数. 继续转动测微鼓轮,使镜筒经过暗环中心再读出另一方第2环至13环的读数. 在整个过程中显微镜只能自始至终朝同一方向移动,否则会造成回程差. 叉丝交点与每一环对准处,应是一方各环内切,另一方外切,或是对准暗环的中央,以消除条纹宽度造成的误差.

【实验注意事项及常见故障的排除】

1. 读数显微镜的测微鼓轮在每一次测量过程中只可沿同一方向转动,以免由于螺距间隙而产生误差.

2. 调节显微镜时,镜筒要自下而上缓缓调整,以免损伤物镜镜头或压坏45°玻璃片.

3. 取拿牛顿环时,切忌触摸光学平面,如有不洁要用专门的揩镜纸轻轻擦拭.

4. 钠光灯点燃后,直到测试结束再关闭,中途不应随意开关,否则会降低钠光灯使用寿命.

【实验数据处理及分析】

参考表 5-17-1 记录数据,根据 (5-17-6) 式用逐差法求出 R.

表 5-17-1

环序 m	显微镜读数(mm)		环的直径 d_m(mm) $x_m - x_m'$	$d_m^2 - d_n^2$(mm²)
	x_m'(左方)	x_m(右方)		
13				$d_{13}^2 - d_7^2 =$
12				$d_{12}^2 - d_6^2 =$

（续表）

环序 m	显微镜读数(mm)		环的直径 d_m(mm)	$d_m^2 - d_n^2$(mm²)
	x_m'(左方)	x_m(右方)	$x_m - x_m'$	
11				
10				
9				
8				$d_{11}^2 - d_5^2 =$
7				$d_{10}^2 - d_4^2 =$
6				$d_9^2 - d_3^2 =$
5				$d_8^2 - d_2^2 =$
4				
3				
2				

【思考题】

1. 利用透射光观测牛顿环与用反射光观测会有什么区别？

2. 测量暗环直径时，叉丝交点没有通过环心，因而测量的是弦而非直径，这对实验结果是否有影响？为什么？

3. 为什么由平凸透镜和平板玻璃形成的牛顿环离中心越远，条纹越密？

【实验拓展】

1. 设计实验步骤，测量未知单色光的波长（实验仪器和本实验所使用的仪器相同，只是多了待测光源）.

2. 如果在平凸透镜和平面玻璃之间充满其他介质，观察干涉条纹有变化吗？如何解释？

参考文献

[1] 崔益和,殷长荣. 物理实验[M]. 苏州:苏州大学出版社,2003

[2] 朱世国,李德炯,王和恩. 大学基础物理实验[M]. 成都:四川大学出版社,1991

附录：劈尖干涉

将两块光滑平板玻璃叠在一起，在一端插入一薄片或细丝，则在两玻璃板间形成一个空气劈尖．当用单色光垂直照射时，将产生干涉，光程差为

$$\Delta = 2d + \frac{\lambda}{2} \qquad (5-17-7)$$

式中：d 为劈尖厚度，λ 为入射光波长．当

$$\Delta = (2m+1)\frac{\lambda}{2}, m = 0,1,2,\cdots \qquad (5-17-8)$$

时，得到第 m 级暗条纹，则其相应的厚度为

$$d = m\frac{\lambda}{2}, m = 0,1,2,3\cdots \qquad (5-17-9)$$

由(5-17-9)式可知，$m=0$ 时，$d=0$，即在两玻璃板接触线处为零级暗条纹；如在薄片处呈现 n 级条纹，则薄片的厚度为

$$d_n = n\frac{\lambda}{2} \qquad (5-17-10)$$

据此也可测量细丝的直径．

从上述等厚干涉的讨论可知，如果空气劈尖的上下两个表面都是光学平面，等厚条纹将是一系列平行的、间距相等的明暗条纹．生产上常利用这一现象来检查工件的平整度．取一块光学平面的标准玻璃块（称为平晶），放在另一块待检验的玻璃片或金属磨光面上，观察干涉条纹是否是等间距的、平行的直线，就可以判断工件的平整度(图5-17-4)．因为相邻两条暗纹之间的空气层厚度相差 $\frac{\lambda}{2}$，所以从条纹的几何形状，就可以测得表面上凹凸缺陷或沟纹的情况．这种方法很精密，能检查出约 $\frac{\lambda}{4}$ 的凹凸缺陷，即精密度可达到 0.1 μm 左右．

图 5-17-4　劈尖干涉条纹

§5.18　偏振光的观测与研究

光的干涉和衍射实验证明了光的波动性质.本实验将进一步说明光是横波而不是纵波,即其 E 和 H 的振动方向是垂直于光的传播方向的.光的偏振性证明了光是横波,人们通过对光的偏振性质的研究,更深刻地认识了光的传播规律和光与物质的相互作用规律.目前偏振光的应用已遍及工农业、医学、国防等部门.利用偏振光的各种精密仪器,已为科研、工程设计、生产技术的检验等提供了极有价值的方法.

【实验目的】

1. 观察光的偏振现象,加深对偏振概念的理解.
2. 了解偏振光的产生和检验方法.
3. 观测布儒斯特角及测定玻璃折射率.
4. 学会区别自然光和圆偏振光、部分偏振光和椭圆偏振光.

【实验原理】

1. 偏振光的基本概念

按照光的电磁理论,光波就是电磁波,它的电矢量 E 和磁矢量 H 相互垂直.两者均垂直于光的传播方向.从视觉和感光材料的特性上看,引起视觉和化学反应的是光的电矢量,通常用电矢量 E 代表光的振动方向,并将电矢量 E 和光的传播方向所构成的平面称为光振动面.

在传播过程中,光的振动方向始终在某一确定方位的光称为平面偏振光或线偏振光,如图 5 - 18 - 1(a).光源发射的光是由大量原子或分子辐射构成的.由于热运动和辐射的随机性,大量原子或分子发射的光的振动面出现在各个方向的几率是相同的.一般来说,在 10^{-6} s 内各个方向电矢量的时间平均值相等,故出现如图 5 - 18 - 1(b)所示的所谓自然

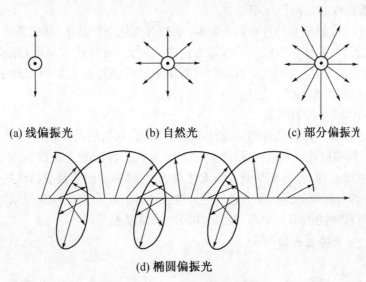

(a) 线偏振光　　　　(b) 自然光　　　　(c) 部分偏振光

(d) 椭圆偏振光

图 5 - 18 - 1　光波按偏振分类

光.有些光的振动面在某个特定方向出现的几率大于其他方向,即在较长时间内电矢量在某一方向较强,这就是如图 5-18-1(c)所示的部分偏振光.还有一些光,其振动面的取向和电矢量的大小随时间作有规则的变化,其电矢量末端在垂直于传播方向的平面上的移动轨迹呈椭圆(或圆形),这样的光称为椭圆偏振光(或圆偏振光),如图 5-18-1(d)所示.

2. 获得偏振光的常用方法

(1) 非金属镜面的反射

通常自然光在两种媒质的界面上反射和折射时,反射光和折射光都将成为部分偏振光.但当入射角增大到某一特定值 φ_0 时,镜面反射光成为完全偏振光,其振动面垂直于入射面,如图 5-18-2 所示,这时入射角 φ_0 称为布儒斯特角,也称为起偏角.

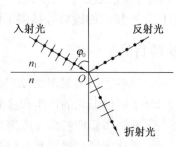

图 5-18-2　布儒斯特定律示意图

图中"·"、"—"均表示电矢量,反射光是振动面与入射面垂直的完全偏振光,折射光是部分偏振光.由布儒斯特律得:

$$\tan\varphi_0 = \frac{n}{n_1}$$

其中 n、n_1 分别为两种介质的折射率.

如果自然光从空气入射到玻璃表面而反射时,对于各种不同材料的玻璃,已知其折射率 n 的变化范围在 1.50~1.77 之间,则可得布儒斯特角 φ_0 约在 56°~60°之间.此方法可用来测定物质的折射率.

(2) 多层玻璃片的折射

当自然光以布儒斯特角 φ_0 入射到由多层平行玻璃片重叠在一起构成的玻璃片堆上时,由于在各个界面上的反射光都是振动面垂直入射面的线偏振光,故经过多次反射后,透出来的透射光也就接近于振动方向平行于入射面的线偏振光.

(3) 利用偏振片的二向色性起偏

将非偏振光变成偏振光的过程称为起偏.某些有机化合物晶体(如硫酸碘奎宁或硫酸奎宁碱)具有二向色性,它往往吸收某一振动方向的入射光,而与此方向垂直振动的光则能透过,从而可获得线偏振光.利用这类材料制成的偏振片可获得较大截面积的偏振光束,但由于吸收不完全,所得的偏振光只能达到一定的偏振度.

(4) 利用晶体的双折射起偏

自然光通过各向异性的晶体时将发生双折射现象,双折射产生的寻常光(o 光)和非寻常光(e 光)均为线偏振光.o 光光矢量的振动方向垂直于自己的主截面;e 光光矢量的振动方向在自己的主截面内.方解石是典型的天然双折射晶体,常用它制成特殊的棱镜以产生线偏振光.利用方解石制成的沃拉斯顿棱镜能产生振动面互相垂直的两束线偏振光;用方解石胶合成的尼科耳棱镜能给出一个有固定振动面的线偏振光.

3. 偏振片、波片及其作用

(1) 偏振片

偏振片是利用某些有机化合物晶体的二向色性,将其渗入透明塑料薄膜中,经定向拉制而成.它能吸收某一方向振动的光,而透过与此垂直方向振动的光,由于在应用时起的作用不同,用来产生偏振光的偏振片叫做起偏器;用来检验偏振光的偏振片,叫做检偏器.

按照马吕斯定律,强度为 I_0 的线偏振光通过检偏器后,透射光的强度为:

$$I = I_0 \cos^2\theta$$

式中:θ 为入射偏振光的偏振方向与检偏器偏振方向之间的夹角,显然当以光线传播方向为轴转动检偏器时,透射光强度 I 将发生周期性变化.当 $\theta=0°$ 时,透射光强最大;当 $\theta=90°$ 时,透射光强为极小值(消光状态),当 $0°<\theta<90°$ 时,透射光强介于最大和最小值之间,如图 5-18-3 所示,自然光通过起偏器与检偏器的变化.

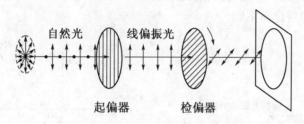

图 5-18-3 光的起偏和检偏

根据透射光强度变化的情况,可以区别线偏振光、自然光和部分偏振光.

(2) 波片

波片是用单轴晶体切成的表面平行于光轴的薄片.当线偏振光垂直射到厚度为 L、表面平行于自身光轴的单轴晶片时,会产生双折射现象,寻常光(o 光)和非寻常光(e 光)沿同一方向前进,但传播的速度不同.这两种偏振光通过晶片后,它们的相位差为:

$$\Delta\varphi = \frac{2\pi}{\lambda}(n_o - n_e)L$$

式中:λ 为入射偏振光在真空中的波长;n_o 和 n_e 分别为晶片对 o 光和 e 光的折射率;L 为晶片的厚度.

我们知道,两个互相垂直的、频率相同且有固定相位差的简谐振动,可用下列方程表示:

$$\begin{cases} x = A_e \cos\omega t \\ y = A_o \cos(\omega t + \varphi) \end{cases}$$

从两式中消去 t,经三角运算后得到合振动的方程式为

$$\frac{x^2}{A_e^2} + \frac{y^2}{A_o^2} - \frac{2xy}{A_e A_o}\cos\varphi = \sin^2\varphi$$

由此式可知,

① 当 $\varphi=k\pi(k=0,1,2,\cdots)$ 时,$y=\pm\dfrac{A_o}{A_e}x$,为线偏振光.

② 当 $\varphi=(2k+1)\dfrac{\pi}{2}(k=0,1,2,\cdots)$ 时,$\dfrac{x^2}{A^2}+\dfrac{y^2}{A_0^2}=1$,为正椭圆偏振光.在 $A_o=A_e$ 时,为圆偏振光.

③ 当 φ 为其他值时,为椭圆偏振光.

在某一波长的线偏振光垂直入射到晶片的情况下,能使 o 光和 e 光产生相位差 $\Delta\varphi = (2k+1)\pi$(相当于光程差为 $\frac{\lambda}{2}$ 的奇数倍)的晶片,称为对应于该单色光的二分之一波片(1/2 波片)或 $\frac{\lambda}{2}$ 波片;与此相似,能使 o 光和 e 光产生相位差 $\Delta\varphi = \left(2k+\frac{1}{2}\right)\pi$(相当于光程差为 $\frac{\lambda}{4}$ 的奇数倍)的晶片,称为四分之一波片(1/4 波片)或 $\frac{\lambda}{4}$ 波片. 本实验中所用波片是对 632.8 nm (He-Ne 激光)而言的.

如图 5-18-4 所示,当振幅为 A 的线偏振光垂直入射到 1/4 波片上,振动方向与波片光轴成 θ 角时,由于 o 光和 e 光的振幅分别为 $A\sin\theta$ 和 $A\cos\theta$,所以通过 1/4 波片合成的偏振状态也随角度 θ 的变化而不同.

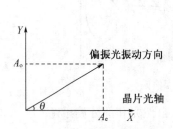
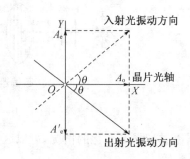

图 5-18-4　线偏振光经过 1/4 波片示意图　　　图 5-18-5　线偏振光经过 1/2 波片示意图

① 当 $\theta = 0°$ 时,获得振动方向平行于光轴的线偏振光(e 光).

② 当 $\theta = \pi/2$ 时,获得振动方向垂直于光轴的线偏振光(o 光).

③ 当 $\theta = \pi/4$ 时,$A_e = A_o$. 获得圆偏振光.

④ 当 θ 为其他值时,经过 1/4 波片后为椭圆偏振光.

所以,可以用 1/4 波片获得椭圆偏振光和圆偏振光.

当线偏振光经过 1/2 波片后,A_e 与 A_o 的位相差为 π,如图 5-18-5 两列光波合成后仍然为线偏振光,但振动方向较原方向转动了 2θ 角度.

【实验仪器】

光具座,He-Ne 激光器,偏振片(起偏器、检偏器),1/4 波片,1/2 波片,硅光电池,偏振光实验仪,观测布儒斯特角装置.

【实验内容与步骤】

1. 起偏与检偏鉴别自然光与偏振光,验证马吕斯定律

图 5-18-6　实验仪器实物图

(1) 在光源至光屏的光路上插入起偏器 P_1,旋转 P_1,观察光屏上光斑强度的变化情况.

(2) 在起偏器 P_1 后面再插入检偏器 P_2. 固定 P_1 的方位,将 P_2 转动 360°,观察光屏上光斑强度的变化情况. 有几个消光方位?

（3）以硅光电池代替光屏接收 P_2 出射的光束，旋转 P_2，记录相应的光电流值，共转 $90°$，在坐标纸上作出 $I\sim\cos^2\theta$ 关系曲线.

2. 观测布儒斯特角及测定玻璃折射率

（1）在起偏器 P_1 后，放入测布儒斯特角的装置，然后调节起偏角度，使透射出来的偏振光的偏振方向水平（保证偏振方向在入射面内）.

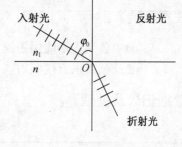

（2）旋转载物玻璃平板，使反射的光束与入射光束重合（即观察起偏器上的入射光点和反射光点重合），记下此时载物玻璃平板的初始角度 φ_1.

（3）一面转动载物玻璃平板，一面手拿光屏，接收反射光. 反复调节直到反射光消失为止，记下载物玻璃平板的角度 φ_2，重复测量三次.

图 5-18-7　布儒斯特定律示意图（入射光为线偏振光）

（4）根据表 5-18-2 所示，求出 $\varphi_0=\varphi_2-\varphi_1$ 和平均值 $\overline{\varphi_0}$，最后根据 $\tan\overline{\varphi_0}=\dfrac{n}{n_1}$（$n_1=1$ 为空气的折射率）得出玻璃的折射率 n.

3. 观察椭圆偏振光和圆偏振光

（1）先使起偏器 P_1 和检偏器 P_2 的偏振方向垂直（即检偏器 P_2 后的光屏上处于消光状态），在起偏器 P_1 和检偏器 P_2 之间插入 1/4 波片，转动波片使 P_2 后的光屏上仍处于消光状态（此时 $\theta=0°$）.

（2）从 $\theta=0°$ 的位置开始，使检偏器 P_2 转动，这时可以从屏上光强的变化看到经过 1/4 波片后的光为线偏振光.

（3）取 $\theta=90°$，使检偏器 P_2 转动，这时也可以从屏上光强的变化看到经过 1/4 波片后的光为线偏振光. 其振动面与 $\theta=0°$ 时的振动面垂直.

（4）取 θ 为除 $0°$ 和 $90°$ 外的其他值，观察转动 P_2 时屏上光强的变化，其结果与椭圆偏振光对应. 特别是当 $\theta=45°$ 时，P_2 转动时屏上光强几乎不变，这便是圆偏振光对应的状态.

4. 考察平面偏振光通过 1/2 波片时的现象

（1）按图 5-18-8 在光具座上依次放置各元件，使起偏器 P_1 的振动面为垂直，检偏器 P_2 的振动面为水平（此时应观察到消光现象）.

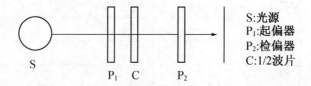

图 5-18-8　线偏振光通过 1/2 波片光路图

（2）在 P_1、P_2 之间插入 1/2 波片（C），将 C 转动 $360°$，能看到几次消光？解释这一现象.

（3）将 C 转任意角度，这时消光现象被破坏，把 P_2 转动 $360°$，观察到什么现象？由此说明通过 1/2 波片后，光变成怎样的偏振状态？

（4）仍使 P_1、P_2 处于正交，插入 C，使消光，再将 C 转 $15°$，破坏其消光. 转动 P_2 至消光位置,并记录 P_2 所转动的角度.

(5) 继续将 C 转 15°(即总转动角为 30°),记录 A 达到消光所转总角度,依次使 C 总转角分别为 45°、60°、75°、90°,记录 P_2 消光时所转总角度.

从上面实验结果得出什么规律? 怎么解释这一规律.

【注意事项】

1. 实验中各元件不能用手摸,实验完毕后按规定位置放好.

2. 不要让激光束直接照射或反射到眼睛内.

【数据记录及处理】

表 5-18-1 马吕斯定律验证实验

P_1 与 P_2 偏振化方向夹角 θ	光功率的读数 I(mW)	实验 $I/I_0=\cos^2\theta$	理论 $I/I_0=\cos^2\theta$
0°			1.00
30°			0.75
45°			0.50
60°			0.25
90°			0.00

表 5-18-2 玻璃折射率的测定与计算

次数	载物玻璃平板的角位置		布儒斯特角		玻璃折射率
	光垂直入射时 φ_1	反射光消光时 φ_2	$\varphi_0=\varphi_2-\varphi_1$	$\overline{\varphi_0}$	$n=\tan\overline{\varphi_0}$
1					
2					
3					

表 5-18-3 平面偏振光通过 1/2 波片时变化规律

1/2 波片转动角度	检偏器转动角度
15°	
30°	
45°	
60°	
75°	
90°	

【思考题】

1. 偏振光的获得方法有哪几种?

2. 什么是马吕斯定律? 本实验如何验证此定律?

3. 玻璃平板在布儒斯特角的位置上时，反射光束是什么偏振光？ 它的振动是在平行于入射面内还是在垂直于入射面内？

4. 如何通过一个偏振片来判别自然光和线偏振光？

5. 如何区别自然光和圆偏振光？

6. 如何区别部分偏振光和椭圆偏振光？

第6章 综合性与设计性实验

§6.1 热学制冷循环实验

长期以来,热学实验始终是物理实验中的一个薄弱环节,学生对许多热学知识,往往仅局限于书本.本实验通过应用热学知识广泛而又实际的电冰箱,将一些热学基本知识,如热力学定律,等温、等压、绝热、循环等过程,以及焦耳-汤姆孙实验等,作了综合性应用,使学生在加深对热学基本知识理解的同时,得到一次理论与实际,学与用相结合的锻炼.

【实验目的】

1. 培养学生理论联系实际,学与用相结合的实际工作能力.
2. 学习电冰箱的制冷原理,加深对热学基本知识的理解.
3. 测定电冰箱压缩机的功率、制冷量和制冷系数.

【实验原理】

1. 制冷的理论基础

热力学第二定律的克劳修斯说法是:热量不可能自动地从低温物体传到高温物体.只有通过某种逆向热力学循环,外界对系统作一定的功,才能使热量从低温物体(冷端 T_2)传到高温物体(热端 T_1),如图 6-1-1 所示.即

$$Q_2 = Q_1 - W$$

电冰箱是对循环系统冷端的利用,称制冷机.

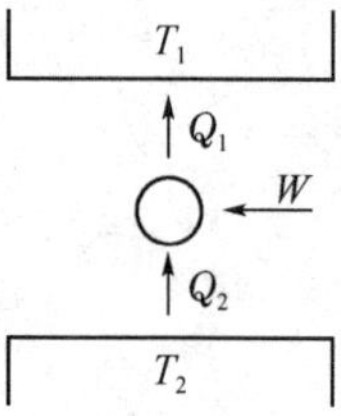

图 6-1-1
制冷机原理图

2. 制冷的方式

制冷可利用熔解热、升华热、蒸发热等方式(详细了解请阅读 §7.7 制冷技术与应用).电冰箱是用氟里昂或其他替代物作制冷剂,当液体氟里昂在蒸发器里大量蒸发(实际是沸腾,在制冷技术中习惯称为蒸发)时,带走所需的热量,从而达到制冷的目的.因此,电冰箱是一种利用蒸发热方式制冷的机器.

3. 制冷剂

制冷剂是制冷装置中的载热体,又称它为"工质".制冷剂的种类很多,这里仅简单介绍氟里昂的一些主要特性.氟里昂是饱和碳氢化合物的氟、氯、溴衍生物的统称.本实验中过去

使用的氟里昂12的分子式为CCl_2F_2，国际统一符号为R12. R12无色、无味、无臭、无毒、对金属材料无腐蚀性. 当容积浓度达到10％左右时，对人没有任何不适的感觉；但当容积浓度达到80％时，人有窒息的危险. R12不燃烧、不爆炸，但其蒸汽遇到800℃以上的明火时，会分解产生对人体有害的毒气，并会破坏臭氧层. R12的几个重要参数为：沸点(1atm)－29.8℃，凝固点(1atm)－155℃，临界温度112℃，临界压力4.06 MPa. 本实验中目前使用绿色环保型制冷剂R134a，请自己查阅资料了解其主要特性及参数.

4. 真实气体的等温线

制冷剂在循环过程中的状态变化，遵循真实气体的状态变化规律，其p-V图如图6-1-2所示. 由图可见，真实气体的等温线并非都是等轴双曲线. 如在lm部分，与理想气体的等温线相似，在m点气体开始液化，在m到n点的液化过程中，体积虽在减小，但压力保持不变，是等压过程，其压力称饱和蒸气压，到n点气体完全液化. 等温线的mn部分为饱和蒸气与饱和液体共存的范围，但在no部分，曲线几乎与压力轴平行，这反映了液体的不易压缩性，随着温度的升高，气液共存状态的范围从mn线段缩小为$m'n'$线段，而饱和蒸气压增高. 温度继续升高，等温线的平直部分缩成一点，在p-V图上出现一个

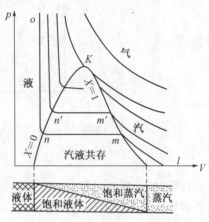

图6-1-2 真实气体等温线

拐点K，称临界点. 通过临界点的等温线称临界等温线. 在临界等温线以上，压力无论怎样加大，气体不可能再液化.

在p-V图上，不同等温线开始液化和液化终了的各点可以连成曲线mKn. 曲线nK的左边完全是液体状态，nK线称湿饱和液体线，以干度$X=0$表示. 曲线mK的右边完全是气体状态，mK线称干饱和蒸气线，以干度$X=1$表示(干度X表示气液共存区里饱和蒸气所占的比例. 例如干度$X=0.3$时，表示饱和蒸气占30％，饱和液体占70％).

5. 电冰箱的制冷循环

电冰箱的制冷循环如图6-1-3和图6-1-4所示. 图6-1-3为液体蒸发式制冷循环原理示意图，该循环系统主要由四大部件组成：压缩机、冷凝器、毛细管（节流阀）和蒸发器. 图6-1-4为制冷循环过程及p-V图.

从图6-1-4可见，电冰箱的制冷循环主要有四个过程：压缩机从蒸发器中吸入低温低压的制冷剂蒸气，压缩成高温高压的蒸气排放到冷凝器中；冷凝器（散热器）使高温高压蒸气放热冷凝

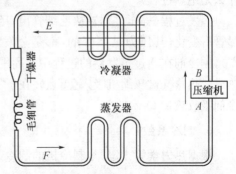

图6-1-3 液体蒸发式制冷循环系统

为中温高压液体；毛细管使中温高压液体节流膨胀为中(低)温低压气液混合体，并不断供向蒸发器；蒸发器使制冷剂液体吸热蒸发成低温低压蒸气，再被压缩机吸入，从而达到制冷循环的目的. 结合热力学知识点，四个过程的具体情况如下：

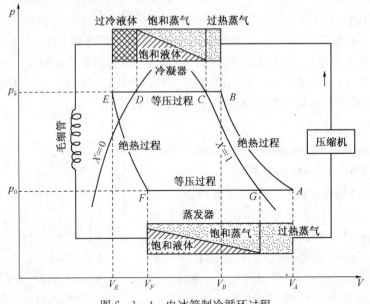

图 6-1-4 电冰箱制冷循环过程

压缩过程(绝热过程):在压缩过程中,由于压缩机活塞的运动速度很快,可近似地看作与外界没有热量交换的绝热压缩. 在 p-V 图中为 $A \rightarrow B$ 的一条绝热线. 绝热线下的面积,即为压缩机对系统所做的功 W.

冷凝过程(等压过程):从压缩机排出的制冷剂刚进入冷凝器时是过热蒸气(B 点),它被空气冷却成干饱和蒸气(C 点),并进一步冷却成湿饱和液体(D 点),再进一步冷却成过冷液体(E 点)(一般情况下,进入毛细管之前的制冷剂是过冷液体). 这是等压过程,冷凝压力为 p_k. 在 p-V 图中为 $B \rightarrow C \rightarrow D \rightarrow E$ 的一条水平线. 在此过程中制冷剂放出热量 Q_1.

节流过程(绝热过程):制冷剂通过毛细管狭窄的通路时,由于摩擦和紊流,在流动方向产生压力下降,此即焦耳-汤姆孙节流过程. 在 p-V 图中为 $E \rightarrow F$ 的一条绝热线(想一想:为什么是绝热过程).

蒸发过程(等压过程):从毛细管出口经过蒸发器进入压缩机吸入口为止的制冷剂,状态尽管有变化,其压力是不变的,都是蒸发压力 p_0. 进入蒸发器的制冷剂是气液混合体(F 点),制冷剂在通过蒸发器的过程中从周围吸收热量,蒸发成干饱和蒸气(G 点),再进一步吸热成过热蒸气被压缩机吸入(A 点). 在 p-V 图中为 $F \rightarrow G \rightarrow A$ 的一条水平线. 在此过程中制冷剂吸收热量 Q_2.

6. 制冷系数 ε

根据热力学第二定律,制冷机的制冷系数为

$$\varepsilon = \frac{Q_2}{W}$$

该式表明,压缩机对系统所做的功 W 越小,自低温热源吸收的热量 Q_2 越多,则制冷系数 ε 越大,越经济. 制冷系数是反映制冷机制冷特性的一个重要参数,它可以大于 1,也可以小于 1. 若把制冷机看作逆向卡诺循环机,则制冷系数

$$\varepsilon = \frac{T_2}{T_1 - T_2}$$

由此可见,T_2 与 T_1 越接近,如冰箱冷冻室的温度与室温越接近,ε 越大,说明消耗同样的功率,可以获得较好的制冷效果.因此,当冰箱里没有需要深度冷冻的物品时,不必将冷冻室的温度调得很低,一般保持在 $-5℃$ 左右即可,这样可以省电.

【实验仪器】

LWL-99C 型热学制冷循环实验仪(LZL-05 创新型制冷循环综合实验仪).

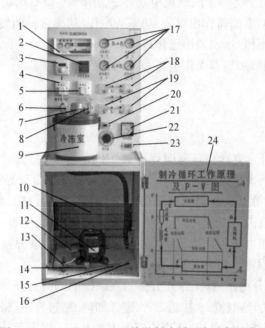

图 6-1-5　LWL-99C 型热学制冷循环实验仪示意图

1. 稳压延时保护器;2. 数显温度指示仪;3. 搅拌调速开关;4. 搅拌电源;5. 加热电源($0\sim220$ V);6. Pt100 热电偶探头;7. 搅拌电机;8. 加热棒;9. 保温桶(内装蒸发器);10. 冷凝器;11. 压缩机;12. 加液阀;13. 截止阀;14. 视液镜;15. 干燥过滤器;16. 毛细管;17. 压力表(四块);18. 电压表;19. 电流表;20. 加热电源总开关;21. 功率因数表;22. 调压变压器;23. 压缩机电源开关;24. 制冷循环工作原理图及 $p\text{-}V$ 图

99C 型实验仪如图 6-1-5 所示(05 创新型实验仪面板上增设了一个风扇电机电源开关 K_{FD},底部安装了带有风扇电机的翅片盘管式冷凝器,内部设有启动保护电路,加热电源总开关 K_{J1} 置于调压器下方).各主要部件的功能如下:

1. 冷冻室:其组成是在保温桶中盛 2/3 深度的含水酒精作冷冻物;内置铜盘管蒸发器;加热器用来平衡制冷剂蒸发时的吸热量,并用马达带动搅拌器使冷冻室内温度均匀.Pt100 热电偶用于探测冷冻室内含水酒精的温度,以判定是否达到了热平衡.

2. 冷凝器:即散热器.99C 型实验仪中丝管式冷凝器安装在实验仪的背面(05 创新型实验仪中带有风扇电机的翅片盘管式冷凝器安装在实验仪的底部).

3. 干燥过滤器和毛细管:干燥过滤器内装有吸湿剂,用于滤除制冷剂中可能存在的微量水分和杂质,防止在毛细管中产生冰堵塞或脏堵塞.家用冰箱使用的毛细管是内径小于 1 mm 的铜管,用于制冷剂节流膨胀,产生焦耳-汤姆孙效应.

4. 压缩机:压缩机压缩制冷剂蒸气使其压力由低变高. 小型全封闭压缩机的内部包括压缩机和电动机两部分,由电动机拖动压缩机做功. 电动机因种种损耗,输向压缩机的功率小于输入电动机的电功率 $P_电$,其效率 $\eta_电 \approx 0.8$,本实验中按功率因数表指示的值来计算;压缩机也因种种损耗,用于压缩气体的功率小于电动机输向压缩机的功率,其效率 $\eta_压 \approx 0.65$. 因此,压缩机对制冷剂做功的功率 P(简称压缩机功率)

$$P = \eta P_电 = \eta_电 \, \eta_压 \, P_电 \approx 0.52 P_电 \approx 0.65 I_D U_D \cos\varphi$$

5. 接线柱 $I, U,$ * 和调压变压器:接线柱共两组,I_J, U_J * 组用于接测量加热功率的功率计;$I_D, U_D,$ * 组用于接测量压缩机电功率的功率计. 如不用功率计测量,也可用交流电流表或交流电压表,但事前需作出电流-功率或电压-功率定标曲线,实验时根据测得的电流值或电压值,查得功率值. 本实验中已作进一步简化.

调压变压器用于调节加热器工作电压 U_J,以改变加热功率.

【实验内容与步骤】

1. 实验步骤

(1) 接通电源,打开全自动稳压延时保护器 1 的电源开关,此时它处于延时保护状态. 轻轻按一下快启按钮,即刻有电压输出(不延时),数显温度仪自动显示冷冻室温度.

(2) 按进压缩机电源开关的启动按钮(在 05 创新型实验仪中,必须先打开风扇电机电源开关 K_{FD},再打开压缩机电源开关 K_{YD}),压缩机开始工作. 电压表(U_D)、电流表(I_D)、功率因数表($\cos\varphi$)及四块压力表各自指示相应的值. 再打开搅拌电源及调速开关,始终搅拌但速度不宜过快. 冷冻室温度即可在几秒钟内下降 $0.1℃$.

(3) 待制冷循环充分稳定后(工作几分钟),在制冷的同时打开加热电源开关,调节调压变压器输出电压 U_J 使加热电流 I_J 接近 $2\,A$,进行加热. 稍过片刻,根据冷冻室温度变化,有目的地增大或减小调压器输出电压,使冷冻室温度在 $2\,min$ 以上保持不变,即可视冷冻室在此温度 t_0 时达到热平衡,自拟表格记录此时 $t_0, U_D, I_D, \cos\varphi, U_J, I_J$ 的值.

(4) 记录完上述数据,立即关闭加热电源开关,继续制冷,待冷冻室温度下降 $3 \sim 5℃$ 再加热. 通过调节 U_J 的值使冷冻室温度达到新的热平衡点,记下此时的 $t_0, U_D, I_D, \cos\varphi, U_J, I_J$ 的值. 依次测出五个热平衡点,记录相应的数据(提示:随着冷冻室温度逐渐降低,压缩机的制冷量会逐渐减小).

(5) 模拟制冷循环系统堵塞现象. 旋开截止阀盖帽,将阀芯旋到底,尽管压缩机正常工作,但制冷剂不能在制冷系统中循环流动. 此时,四块压力表、电流表(I_D)、功率因数表及数显温度仪的指示值均有变化,分析其原因. 将截止阀阀芯旋出,堵塞现象立刻消除.

2. 实验内容

(1) 对照制冷循环工作原理图和 $p\text{-}V$ 图(参见仪器下部面板背面),理解并掌握制冷循环工作原理及各部件的主要功能和热力学基本知识.

(2) 观察制冷循环系统堵塞现象. 操作方法参见实验步骤(5).

(3) 测量压缩机功率:$P \approx 0.65 I_D U_D \cos\varphi$,作出 $P\text{-}t_0$ 的关系曲线.

(4) 测量制冷量:$Q = P_J = I_J U_J$,作出 $Q\text{-}t_0$ 的关系曲线.

（5）求制冷系数：$\varepsilon = \dfrac{Q}{P}$，作出 $\varepsilon\text{-}t_0$ 的关系曲线.

（6）分析系统误差. 应考虑下列因素：冷冻室吸收的热量、冷冻室前后管道吸收的热量、搅拌器对含水酒精所做的功等，另外压缩机的压缩效率 $\eta_{\text{压}}$ 取 0.65 未必十分准确，测量时系统没有完全稳定以及环境温度的变化等因素也须考虑.

【实验注意事项及常见故障的排除】

1. 必须使用带有接地线的三芯插座，保持接地良好. 长时间不用请切断电源.

2. 搬运时请勿倾斜超过 45°，避免剧烈颠震.

3. 压缩机停止运行后不能立即启动，再次启动要相隔 5 min. 或先关闭稳压延时保护器电源开关，再打开让它自动延时.

4. 启动压缩机时，加热电源开关应处于关闭状态，防止电流过大损坏稳压延时保护器. 加热电流不宜超过 2 A，以防调压变压器过载而烧坏.

5. 准备实验时应在保温桶中盛 2/3 深度，浓度为 50% 的含水酒精. 未盛液体前切勿加热，以免烧坏加热器.

6. 当制冷效果不好时，循环系统内压力偏低，压缩机工作电流 I_D 偏小，应适量加注制冷剂. 将贮液瓶和加液阀上的封口纳子旋下，用加液管一端与贮液瓶作紧连接，另一端与加液阀作松连接，打开贮液瓶阀门，利用制冷剂的压力排走加液管中的空气后，再将加液管与加液阀作紧连接，注入适量的制冷剂（150 g 左右），关闭贮液瓶阀门，取下加液管，旋上封口纳子即可. 最好先将制冷剂注入定量加液仪中，再由定量加液仪注入实验仪中.

【思考与创新】

1. 为什么将压缩过程和节流过程看作绝热过程？

2. 为什么冰箱在搬运时不宜倾斜超过 45°？

3. 为什么冰箱压缩机停机后不能立即启动？

4. 想一想：通过本实验受到什么启发？能否设计某种装置用于学习、生活或工作中？

【实验拓展】

对不同性质的制冷剂和不同数量的充注量，不同种类、不同数量的冷冻物，特别是在不同环境温度下，实验结果都不同，学生可以进行试验研究.

参考文献

［1］单大可. 电冰箱和小型制冷机［M］. 北京：轻工出版社，1987

［2］陆廷济. 大学物理实验［M］. 上海：同济大学出版社，1996

［3］白朗，于建勇. 大学物理实验［M］. 徐州：中国矿业大学出版社，1999

§6.2　光栅常数测定

【实验目的】

1. 了解光栅的重要性能及其应用.
2. 熟悉"缝"及"孔"的夫琅和费衍射图形.
3. 掌握分光计的调节与使用,并测定光栅常数或光波波长.

【实验原理】

本实验使用的是平面全息光栅,它相当于一组数目极多、排列紧密均匀的平行狭缝.据夫琅和费的衍射理论可知,当一束平行光垂直照射到光栅平面上时,每条狭缝对光波都会发生衍射,所有狭缝的衍射光又彼此发生干涉.如衍射角 φ 符合下列条件:

$$d\sin\varphi = k\lambda \quad (k = 0, \pm 1, \pm 2\cdots) \tag{6-2-1}$$

在该衍射角 φ 方向上的光将会加强,其他方向上将抵消.(6-2-1)式为光栅方程,式中 k 为衍射光谱的级数,λ 是光波波长,φ 为衍射角,d 为相邻两狭缝中相应点之间的距离. $d = a + b$ 称为光栅常数,a 为透明狭缝宽度,b 为不透明部分的宽度(如图 6-2-1 所示).如果用会聚透镜把这些衍射后的平行光会聚起来,则在透镜的后焦面上将出现一系列彼此平行的谱线.在 $\varphi = 0$ 的方向上可观察到中央极强,称为零级"谱线".其他级数的谱线对称地分布在零级谱线的两侧(如图 6-2-2 所示).如光源中包含有几种不同波长的光,对不同波长的光同一级谱线将有不同的衍射角 φ. 因此透镜的后焦面将出现依波长次序、谱线级数排列的各种颜色的谱线,称为光谱.

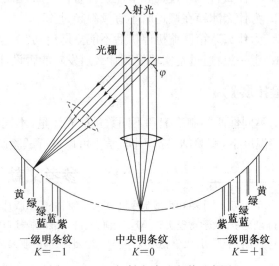

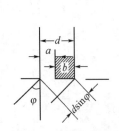

图 6-2-1　光栅常数示意图　　　　图 6-2-2　衍射光路及光谱示意图

【实验仪器】

分光计,光栅,汞灯,光学平行平板.

【实验内容与步骤】

1. 分光计的调节

如图 6-2-3 所示,调节分光计总的要求是使平行光管发出平行光,望远镜接收平行光(即望远镜聚焦于无穷远),平行光管和望远镜的光轴与分光计的中心转轴垂直.

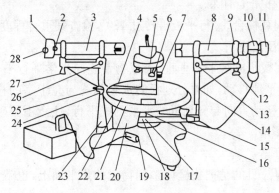

图 6-2-3　分光计结构

1. 狭缝装置;2. 狭缝装置锁紧螺钉;3. 平行光管部件;4. 制动架(二);5. 载物台;6. 载物台调平螺钉(3 只);7. 载物台锁紧螺钉;8. 望远镜部件;9. 目镜锁紧螺钉;10. 阿贝式自准直目镜;11. 目镜视度调节手轮;12. 望远镜光轴高低调节螺钉;13. 望远镜光轴水平调节螺钉;14. 支臂;15. 望远镜微调螺钉;16. 转座与度盘止动螺钉;17. 望远镜止动螺钉;18. 制动架(一);19. 底座;20. 转座;21. 度盘;22. 游标盘;23. 立柱;24. 游标盘微调螺钉;25. 游标盘止动螺钉;26. 平行光管光轴水平调节螺钉;27. 平行光管光轴高低调节螺钉;28. 狭缝宽度调节手轮

调节前应先进行粗调,即用眼睛估测,把载物平台、望远镜和平行光管尽量调成水平,然后再对各部分进行细调.

（1）调节望远镜

① 目镜的调焦.目镜调焦的目的是使眼睛通过目镜能很清楚地看到目镜中分划板上的刻线.

先把目镜调焦手轮(11)旋出,然后一边旋进,一边从目镜中观察,直到分划板刻线成像清晰,再慢慢地旋出手轮,至目镜中的像清晰度将被破坏而未破坏时为止.

② 望远镜的调焦.望远镜调焦的目的是将目镜分划板上的十字线调整到物镜的焦平面上,也就是望远镜对无穷远调焦.其方法如下:

（a）接上灯源.把从变压器出来的 6.3 V 电源插头插到底座的插座上,把目镜照明器上的插头插到转座的插座上.

（b）把望远镜光轴位置的调节螺钉(12,13)调到适中的位置.

在载物台的中央放上光学平行平板,其反射面对着望远镜物镜,且与望远镜光轴大致垂直.通过调节载物台的调平螺钉(6)和转动载物台,使望远镜观察到的反射像和望远镜在一直线上.

（c）从目镜中观察,此时可以看到一亮斑,前后移动目镜,对望远镜进行调焦,使亮十字线成清晰像,然后利用载物台上的调平螺钉和载物台微调机构,把这个亮十字线调节到与分划板上方的十字线重合,往复移动目镜,使亮十字与十字线无视差地重合.

③ 调节望远镜的光轴垂直于旋转主轴

（a）调节望远镜光轴上下位置调节螺钉(12)，使反射回来的亮十字精确地成像在十字线上.

（b）把游标盘连同载物台平行板旋转180°时观察到的亮十字可能与十字线有一个垂直方向的位移，亮十字可能偏高或偏低.

（c）调节载物台调平螺钉，使位移减少一半，然后调节望远镜光轴上下位置调节螺钉(12)，使垂直方向的位移完全消除.

（d）把游标盘连同载物台、平行平板再转过180°，检查其重合程度.重复步骤(c)使偏差得到完全校正.此步应反复进行.

（e）将分划板十字线调成水平和垂直.当载物台连同光学平行平板相对于望远镜旋转时，观察亮十字是否水平地移动，如果分划板的水平刻线与亮十字的移动方向不平行，就要转动目镜，使亮十字的移动方向与分划板的水平刻线平行，注意不要破坏望远镜的调焦，然后将目镜锁紧螺钉旋紧.

（2）调节平行光管

① 平行光管的调焦.目的是把狭缝调整到物镜的焦平面上，也就是平行光管对无穷远调焦.

（a）去掉目镜照明器上的光源，打开狭缝，用漫射光照明狭缝.

（b）在平行光管物镜前放一张白纸，检查在纸上形成的光斑，调节光源的位置，使得在整个物镜孔径上照明均匀.

（c）除去白纸.把平行光管光轴左右位置调节螺钉(26)调到适中的位置，将望远镜管正对平行光管，从望远镜目镜中观察，调节望远镜微调机构和平行光管上下位置调节螺钉(27)，使狭缝位于视场中心.

（d）前后移动狭缝机构，使狭缝清晰地成像在望远镜分划板平面上.

② 调整平行光管的光轴垂直于旋转主轴.调整平行光管光轴上下位置调节螺钉(27)，升高或降低狭缝像的位置，使得狭缝对目镜视场的中心对称.

③ 将平行光管狭缝调成垂直.旋转狭缝机构，使狭缝与目镜分划板的垂直刻线平行，注意不要破坏平行光管的调焦.然后将狭缝装置锁紧螺钉旋紧.

2. 分光计刻度盘的读数

刻度圆盘分为360°，最小刻度为半度(30′)，小于半度则利用游标读数.游标上刻有30小格，与圆盘上29小格等长，故圆盘上1小格与游标上1小格之差为1′.角度游标读数的方法与游标卡尺的读数方法相似，例如图6-2-4所示的位置应读为116°12′.望远镜、载物台及刻度圆盘的旋转轴线应与分光计中心轴线相重合，平行光管和望远镜的光轴线须在分光计中心轴线上相交，平行光管的狭缝和望远镜中的上下十字中心线应被它们的光轴线平分.但在制造上总存在一定的误差.为了消除刻度盘与分光计中心轴线之间的偏心差，在刻度圆盘同一直径的两端各设有一个游标.测量时，两个游标都应读数，然后算出每个游标两次读数的差，再取平均值，这个平均值可作为望远镜转过的角度，并且消除了偏心误差.

图6-2-4表示了分光计存在偏心误差的情形，图中的外圆表示刻度盘，其几何中心为 O；内圆表示载物台，其转动中心为 O'.两个游标与载物台固连，并在其直径两端，它们与刻度盘圆弧相接触.通过 O' 的虚线表示两个游标零线的连线，假定载物台实际转过的角度为

θ, 而刻度盘上的读数为 $\varphi_1, \varphi'_1, \varphi_2, \varphi'_2$, 计算得到的转角为 $\theta_1 = \varphi_2 - \varphi_1$, $\theta_2 = \varphi'_2 - \varphi'_1$. 根据几何定理, $\alpha_1 = \dfrac{1}{2}\theta_1, \alpha_2 = \dfrac{1}{2}\theta_2$, 而 $\theta = \alpha_1 + \alpha_2$, 故载物台实际转过的角度为:

$$\theta = \frac{1}{2}(\theta_1 + \theta_2) = \frac{1}{2}\left[(\varphi_2 - \varphi_1) + (\varphi'_2 - \varphi'_1)\right]$$

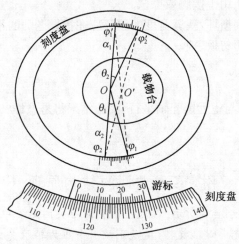

图 6-2-4　分光计偏心误差示意图

由此可见, 两个游标读数的平均值即为载物台实际转过的角度, 因而使用两个游标的读数装置, 可消除偏心误差. 实际上是望远镜和刻度盘一起转动, 载物台不转动, 结论是相同的.

3. 调节光栅

(1) 按图 6-2-5 所示将光栅安置在载物台上 (严禁用手触摸光栅刻痕或全息光栅的药膜面), 用自准法调节光栅面与望远镜轴线垂直 (此时望远镜已调好, 不能动!), 可调节光栅支架或载物台两个螺丝 a 及 b, 使得从光栅面反射到望远镜中的叉丝像成在与叉丝位置对称处即可, 调好后固定载物台, 因为调节分光计时已调节好平行光管轴与分光计主轴垂直, 并与望远镜同轴, 因此上述调节能保证平行光管轴垂直于光栅面.

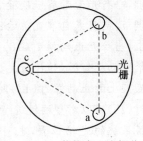

图 6-2-5　载物台上光栅位置

(2) 转动望远镜观察衍射光谱分布, 注意观察中央明纹两侧光谱线分布有无高低变化 (是否在同一水平上). 两侧光谱线若不在同一水平上则说明狭缝与光栅刻痕不平行, 可调载物台上螺丝 c, 直到两侧光谱线处于同一水平为止.

4. 观测谱线

(1) 观察光栅对绿光和其他衍射光的谱线 (包括左右对称的不同衍射级). 为保证测量的准确性, 零级谱线必须与镜中叉丝对准.

(2) 测出 $k = \pm 1$ 的绿光 ($\lambda = 546.1$ nm) 衍射角 φ_1 和 φ_2, 重复测量衍射角 φ_1 和 φ_2 两遍.

(3) 求平均值 φ, 代入光栅方程求出 d.

(4) 根据已测出的光栅常数 d, 再观察其他衍射光, 测量光波波长 (选做).

【实验数据处理及分析】

按实验要求自拟表格记录并处理数据.

【实验注意事项及常见故障的排除】

1. 光学仪器表面禁止用手接触或擦拭.
2. 狭缝装置容易受到损坏,狭缝宽度的调节应在指导老师的帮助下进行.
3. 仪器的任何部件切勿扳、拽.

【思考题】

如果光栅平面法线未与望远镜光轴平行,实验结果将是怎样? 如果发生此情况,有何办法解决?

附录:分光计的结构原理

分光计的结构如图 6-2-3 所示.在底座(19)的中央固定一中心轴,度盘(21)和游标盘(22)套在中心轴上,可以绕中心轴旋转,度盘下端有一推力轴承支撑,使旋转轻便灵活.度盘上刻有 720 等分的刻线,每一格的格值为 30 分,对径方向设有两个游标读数装置,测量时,读出两个读数值,然后取平均值,这样可以消除偏心引起的误差.立柱(23)固定在底座上,平行光管(3)安装在立柱上,平行光管的光轴位置可以通过立柱上的调节螺钉(26,27)来进行微调,平行光管带有一狭缝装置(1),可沿光轴移动和转动,狭缝的宽度在 0.02~2 mm 内可以调节.阿贝式自准直望远镜(8)安装在支臂(14)上,支臂与转座(20)固定在一起,并套在度盘上,当松开止动螺钉(16)时,转座与度盘可以相对转动,当旋紧止动螺钉时,转座与度盘一起旋转.旋紧制动架(一)(18)与底座上的止动螺钉(17)时,借助制动架(一)末端上的调节螺钉(15)可以对望远镜进行微调(旋转),同平行光管一样,望远镜系统的光轴位置,也可以通过调节螺钉(12,13)进行微调.望远镜系统的目镜(10)可以沿光轴移动和转动,目镜的视度可以调节.

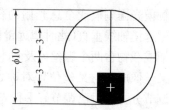

图 6-2-6 分划板视场参数

分划板视场的参数如图 6-2-6 所示.

阿贝式自准直望远镜如图 6-2-7(a) 所示.

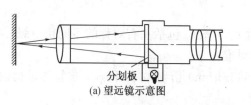

(a) 望远镜示意图

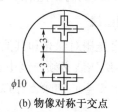

(b) 物像对称于交点

图 6-2-7 阿贝式自准直望远镜

光源发出的光线经直角棱镜照明分划板,分划板是在镀铝的基片上刻一十字线而制成,当被照明后,由目镜看出是一亮十字线. 它发出的光线经物镜和平面镜后,成像在分划板平面上. 如果平面镜垂直于光轴,且分划板在物镜的焦面上,则亮十字线本身和它的像将对称于物镜光轴与分划板的交点. 图 6-2-7(b)是物像对称于交点的情况.

　　载物台(5)套在游标盘上,可以绕中心轴旋转,旋紧载物台锁紧螺钉(7)和制动架(二)(4)与游标盘的止动螺钉(25)时,借助立柱上的调节螺钉(24),可以对载物台进行微调(旋转). 放松载物台锁紧螺钉时,载物台可根据需要升降,调到所需要的位置后,再把螺钉旋紧. 载物台有三个调平螺钉(6),用来调节载物台面与中心轴线的垂直.

　　外接 6.3 V 电源插头,接在底座上的插座上,通过导线通到转座的插座上,望远镜系统的照明器插头接在转座的插座上,这样可避免望远镜系统旋转时的电线拖动.

§6.3 全息照相

全息照相(holography)的原理是英籍匈牙利物理学家丹尼斯·盖伯(Dennis Gabor)在1948年为了提高电子显微镜的分辨率而提出的,但一直没有引起科学界的重视. 直到1960年激光(即 Laser,是 Light Amplification by Stimulated Emission of Radiation 的缩写,是"受激辐射式光放大器"的意思)问世后,才使得全息摄影技术的研究和应用有了迅速的发展. 激光器是一种高强度、单色性和相干性十分理想的光源.

作为一种全新的信息记录和显示方法,全息照相与传统照相技术完全不同. 传统照相技术是以几何光学为基础,用光学透镜将物体成像于底片上. 因此,所记录的只是物体光波的光强分布(即振幅),所记录的图像只能是二维平面图像. 而全息照相则是以波动光学为基础,无需光学透镜,使物体光波直接照射到全息干版上,利用光波的干涉原理把物体光波与参考光波的全部信息(包括物光的振幅和位相)以干涉条纹的形式记录到全息干版中(即形成全息图). 因而全息图上看不到物体的像,只能看见物光波与参考光波的复杂干涉条纹. 为了再现物体的像,需用与参考光波相似的相关光波来照射全息图,利用全息图上干涉条纹的衍射作用,再现出与被摄物体光波相同的光波,这时透过全息图就能看到被摄物体的三维立体像. 由于全息照相有记录和再现两步过程,故又称全息照相技术为"两步成像技术".

全息显微、全息计量、全息检测、全息模压、全息显示及全息元件等技术的开发,使得全息照相技术在医学、计量、信息、防伪、存储和军事等领域中得到了广泛的应用.

【实验目的】

1. 了解全息照相的基本原理及主要特点.
2. 学习全息照相的拍摄方法.
3. 掌握静态光学全息拍摄的操作要领、全息干版的冲洗过程、注意事项及其感光原理.

【实验原理】

1. 全息照相的记录——光的干涉

拍摄全息照相的经典光路如图 6-3-1 所示,激光束通过电快门后经分束镜被分成两束光,一束光 O 经过全反镜 1 和扩束镜 1 后,均匀地投射在被摄物体上,再由物体反射到全息干版上,这束光称为物光. 另一束光 R 经过全反镜 2 和扩束镜 2 后均匀投射在全息干版上,这束光称为参考光. 在全息干版上参考光和物光将相干叠加形成复杂的干涉条纹(干涉条纹间距约为 10^{-7} m),图 6-3-2 所示就是一张全息图. 可见全息图不是别的,就是一张记录了复杂干涉条纹的花样图. 全息图通过波动光

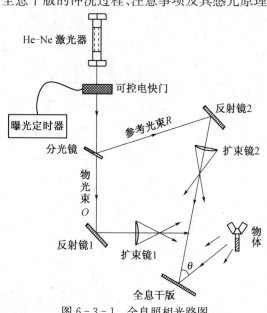

图 6-3-1 全息照相光路图

学的干涉理论巧妙地记录了被摄物体的全部信息（物光波的振幅和相位的分布状况），比如：干涉图样的明暗对比程度反映物光波与参考光波的振幅变化，疏密变化及形状反映物光波与参考光波之间的位相变化. 当参考光的光强分布均匀、相位恒定时，全息干版上各处干涉条纹所记载的实际上就是物光的全部信息. 由于全息照相过程中被摄物体表面各点的漫反射光直接投射到全息干版上，被摄物体与全息干版之间便有了

图 6-3-2　全息图

点-面对应的关系，即每个物点所发射的光束直接落在干版的整个平面上. 反过来说，全息干版中每一个点都包含了物体的全部光信息.

2. 全息照相的再现——光的衍射

由于全息干版上所记录的不是被摄物体的直接形象，而是含有被摄物体全部信息的复杂干涉条纹. 所以为了再现被摄物体的三维立体像，必须采用特定的手段. 全息再现如图 6-3-3 所示，使用再现激光束（参考光）照射全息图上. 这时则用眼睛可以观察到一幅非常逼真的被摄物体三维立体像. 全息再现过程是光的衍射过程，由于布满干涉条纹的全息图相当于一块反差不同、间距不等和透光率不均匀的复杂"光栅". 再现光波被全息图衍射后，由±1级衍射光波形成虚像和实像. 由于虚像非常逼真于被摄物体，故称为全息

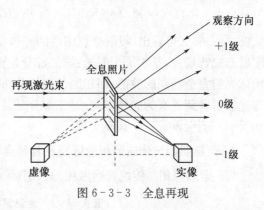

图 6-3-3　全息再现

照相再现时的真像；而其共轭像虽然是实像，但因为有相位变化，故称为全息照相再现时的赝像.

3. 全息照相原理的数学分析

激光是单色性极好、高相干性和高强度的平面光波. 因此，激光可以用平面波的经典形式来表示

$$A(x,y) = A_0(x,y) \cdot e^{i\varphi_A(x,y)} \tag{6-3-1}$$

$A_0(x,y)$ 为激光波的振幅，$\varphi_A(x,y)$ 为激光波的位相，这两个物理量是光波中重要的信息.

(1) 全息记录

根据(6-3-1)式，可写出物光 O 与参考光 R 在全息干版（x-y 平面）上的光场分布

$$O(x,y) = O_0(x,y)e^{-i\varphi_O(x,y)}$$
$$R(x,y) = R_0(x,y)e^{-i\varphi_R(x,y)} \tag{6-3-2}$$

则两列光波在全息干版平面上相干叠加，产生干涉条纹，其光场分布可写为

$$U(x,y) = O(x,y) + R(x,y) \tag{6-3-3}$$

由于全息干版只能记录光波的强度信息，因此干版上的光强分布为

$$I(x,y) = |U(x,y)|^2 = U(x,y)U^*(x,y)$$
$$= |O(x,y)|^2 + |R(x,y)|^2 + O(x,y)R^*(x,y) + O^*(x,y)R(x,y)$$
$$= O_0^2 + R_0^2 + O_0 R_0 e^{-i(\varphi_O - \varphi_R)} + R_0 O_0 e^{i(\varphi_O - \varphi_R)} \tag{6-3-4}$$

等式(6-3-4)中,前两项分别为物光与参考光单独作用于全息干版上的光强;后两项为物光和参考光的相干项,它取决于物光与参考光的实振幅和相位差.从这里可以看出,全息干版上所记录的就是物光与参考光的全部信息.

(2) 全息再现

若全息图的振幅透射率为 $\omega(x,y)$,则透过全息图衍射叠加后的光波振幅分布为

$$\Phi(x,y) = \omega(x,y)R(x,y) \tag{6-3-5}$$

全息干版有一定的振幅投射率,且与曝光强度 $I(x,y)$ 成正比,即 $\omega(x,y) = \beta I(x,y)$. 于是

$$\Phi(x,y) = \beta I(x,y)R(x,y)$$
$$= \beta(O_0^2 + R_0^2)R_0 e^{-i\varphi_R} + \beta R_0^2 O_0 e^{-i\varphi_O} + \beta R_0^2 O_0 e^{i(2\varphi_R - \varphi_O)} \tag{6-3-6}$$

从(6-3-6)式可看出,投射全息图后的光包括三部分,第一部分是强衰减再现光,透过全息图后形成背景光,是零级衍射光;第二部分是正比于物光 O 的 1 级衍射光波,它具有与被摄物体光波完全相同的波前,即相同的振幅分布和相位分布.所以它就是物光波的再现波,逆着光波可看到逼真的立体虚像.第三部分是共轭于物光波的 -1 级衍射光波,出现在与虚像相反的一侧会聚成一个共轭实像.

4. 全息照相与传统照相的区别及其特点

(1) 全息照相与传统普通照相的区别(见表 6-3-1)

表 6-3-1　全息照相与普通照相的区别

	全　息　照　相	普　通　照　相
①	全息照相过程分记录、再现两步,它是以干涉衍射等波动光学的规律为基础的.	普通照相过程是以几何光学的规律为基础的.
②	全息图所记录的是物体各点的全部光信息,包括振幅和位相.	普通照相底片记录的仅是物体各点的光强(即振幅).
③	全息照相过程中物体与底片之间是点面对应的关系,即每个物点所发射的光束直接落在记录介质整个平面上.反过来说,全息图中每一个局部都包含了物体各点的光信息.	普通照相过程中物像之间是点点对应的关系,即一个物点对应像平面中的一个像点.
④	全息图能完全再现原物的波前,因而能观察到一幅非常逼真的立体图像.	普通照相得到的只能是二维的平面图像.
⑤	全息照相是干涉记录,要求参考光束与各个物点的物光束彼此都是相干的.	普通照相只是像的强度记录,并不要求光源的相干性,用普通光源就可以了.

(2) 全息照相的特点

① 全息干版可以再现出逼真的被摄物体像,其质感、层次、反差与被摄物一致,并且是

三维立体像.

②　全息干版上任一小部分的干涉条纹都是由被摄物体上所有物点漫射来的光与参考光相干而成的. 所以, 全息干版的每一部分都能再现出被摄物的整体图像.

③　一张全息干版可以进行多次重复曝光, 只要拍摄时改变参考光的入射角度, 便可使多个物体的全息图记录在同一张全息干版上. 再现时, 只要使用与拍摄时相同的参考光照射在全息干版上, 就可以分别再现.

④　全息干版中被摄物的亮度可以由再现光的强弱来调节, 被摄物的大小可由再现光的频率来调节.

⑤　全息干版没有正片和负片之分, 复制非常容易, 只要将全息干版与未感光的全息干版相对压紧晒印曝光, 冲洗后得到相同的全息图, 再现出来的像仍和原来全息干版的像完全一样.

【实验仪器】

全息实验平台, He-Ne 激光器($\lambda = 632.8\,\text{nm}$)及电源, 可控电快门及曝光定时器, 分束镜, 扩束镜, 全反镜, 凸透镜, 放物架, 白屏, 被摄物体, 干版架, 全息干版, 冲洗设备.

【实验内容与步骤】

1. 全息照相光路调整

按图 6-3-1 所示光路安排各光学元件, 并作如下调整: ① 使各光学元件基本等高; ② 在底片架上夹一块白屏, 使参考光均匀照在白屏上, 入射光均匀照亮被摄物体, 且其漫反射光能照射到白屏上, 调节两束光夹角 θ 约为 $40°$; ③ 使物光和参考光的光程大致相等, 光程差不得大于 $2\,\text{cm}$; 物光与参考光的光强比为 $1:4\sim1:10$, 两光束有足够大的重叠区; ④ 所有光学元件必须通过磁锁与平台保持稳定.

2. 全息图的记录

取下白屏, 关掉电快门(挡住激光束), 根据实验室提供的参考曝光时间, 设定好曝光定时器, 在底片夹上装夹全息干版, 注意使底片的药膜面对着物光和参考光, 稍等片刻, 待系统稳定后, 按下曝光按钮进行曝光. 曝光结束后, 取下底片待处理(注意: 切勿擅自重复曝光全息干版).

3. 照相底片的冲洗

在照相暗室中, 按暗室操作技术规定进行显影、停显、定影、水洗及冷风干燥等处理后, 即制成了全息图.

4. 全息图的再现观察

用分束镜调节出再现照明光, 使它沿原参考光入射方向照明全息图, 透过底片并朝着放置原物位置方向进行观察, 可看到一个清晰、立体的原物虚像, 体会全息照相的体视性.

【实验注意事项及常见故障的排除】

1. 为保证全息照片的质量, 各光学元件应保持清洁. 若光学元件表面被污染或有灰尘, 应按实验室规定方法处理, 切忌用手、手帕或纸片等擦拭.

2. 绝对不能用眼睛直视未经扩束的激光束, 以免造成视网膜永久损伤.

3. 激光器及其电源的调整不属于本实验训练内容,实验时不得调节,出现故障应及时与指导教师联系.

【思考与创新】

1. 全息照相的物理原理基础是什么? 记录和再现分别利用了光波的什么特性?

2. 全息照片(已拍好的干版)相当于什么光学元件? 为什么?

3. 全息图通过光的干涉巧妙地记录被摄物体的全部信息(振幅、波长、相位),试问全息图是以什么形式记录下振幅信息和相位信息的?

4. 试解释全息照相的"部分再现全景"特性. 即:用全息图的一部分(碎片或全息图局部)可以看到整个被摄物体的全部信息. 但此特性有什么缺点?

5. 拍摄一张高质量的全息图应注意哪些问题?

6. 根据制作全息图的注意事项和每个光学元件的特点,自行设计一套可行的全息照相光路图.

参考文献

[1] 李平等. 大学物理实验[M]. 北京:高等教育出版社,2004:152～155

[2] 秦颖,李琦. 全息照相实验的技巧[J]. 大学物理实验,2004,17(1):40～43

[3] 刘成林. 全息照相实验[J]. 河北理工学院学报,2003,25(4):162～164

[4] 陈彦等. 大学物理实验(近代物理分册)[M]. 北京:电子工业出版社,2004:118～141

[5] 张瑛. 全息照相实验的新思路[J]. 大学物理,2001,20(12):30～31

附录:冲洗液配方

表 6-3-2　冲洗液配方

D-19 显影液配方		F-5 定影液配方		漂白液配方	
米吐尔	2 g	硫代硫酸钠(大苏打)	240 g	钾矾	20 g
无水亚硫酸钠	90 g	无水亚硫酸钠	15 g	硫酸钠	25 g
对苯二酚	8 g	冰醋酸(90%)	13.5 mL	溴化钾	20 g
无水碳酸钠	48 g	硼酸(晶体状)	7.5 g	硫酸铜	40 g
溴化钾	5 g	钾矾(硫酸钾铝)	15 g	浓硫酸	5 mL
加水至 1 000 mL		加水至 1 000 mL		加水至 1 000 mL	

§6.4 光纤传感器实验

人类进入 21 世纪,信息传递的方式也在悄然改变.从两根电线传输一路电话到一根光纤传输几十、几百路电话,从海底电缆到欧亚光缆,光纤传递光信息的优点是显而易见的.光在光纤中不断地被全反射传输,免受大气的干扰、散射,衰减大大减少,从而实现上百千米的远距离传输而不需要中间放大器.光纤在信息传输中的应用已为人们所熟知,但将光纤用作传感器却了解不多,该实验将介绍反射式光纤位移传感器,增强对光纤传感器的了解.

光纤传感器是一种新型传感器,随着其技术的日益发展,应用越来越广泛.光纤传感器的机理是外界物理量的变化导致光纤参数的相应改变,例如应力或温度变化时,会引起光纤长度和折射率的变化,从而形成光纤应变或温度传感器.

光纤传感器具有许多优点:重量轻、灵敏度较高;几何形状具有多方面的适应性,可以制成任意形状的光纤传感器;耐高温、耐化学腐蚀、耐水性好,还能高速率和大容量传输测得的信息,便于测试自动化和远距离传输;光纤传感器可以用于高压、电气、噪音、高温、腐蚀或其他的恶劣环境,并可实现非破坏和非接触测量,而且具有与光纤遥感技术的内在相容性.目前,正在研制中的光纤传感器有磁、声、压力、温度、加速度、陀螺、位移、液面、转矩、光声、电流和压变等类型的光纤传感器.

【实验目的】

1. 了解光纤、光纤传感器的基本概念.
2. 了解反射式光纤位移传感器的基本原理.
3. 测量并绘出输出电压与位移特性曲线.
4. 了解利用反射式光纤位移传感器测量转盘转速和振动频率的工作原理.

【实验原理】

1. 光纤的基本知识

（1）光纤的基本结构

光纤(Optic Fiber)是光导纤维的简称,一般由纤芯、包层、涂敷层与护套构成,是一种多层介质结构的对称性柱体光学纤维.

光纤的一般结构如图 6-4-1 所示.纤芯和包层为光纤结构的主体,对光波的传播起着决定性作用,其中纤芯是光密媒质,包层是光疏媒质.涂敷层与护套则主要用于隔离杂散光,提高光纤强度,保护光纤.在特殊应用场合不加涂敷层与护套,为裸体光纤,简称裸纤.

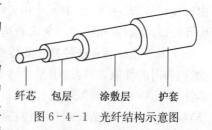

纤芯　包层　　涂敷层　　护套

图 6-4-1　光纤结构示意图

根据纤芯与包层的光学折射率沿光纤径向分布不同,光纤又可分为阶跃折射率光纤和渐变折射率光纤两类.

（2）光在阶跃光纤中的传播

　　当光从光密媒质射向光疏媒质,入射角大于临界角时,光线会产生全反射.全反射是光纤的工作基础.

　　若光线以某一角度进入光纤端面时,入射光线与光纤轴心线之间的夹角 θ 称为光纤端面入射角;光线进入光纤后又折射到纤芯和包层之间的界面上,形成包层界面入射角 φ,如图 6-4-2 所示.若光线垂直光纤端面射入,并与光纤轴心线重合,该光线将沿轴心线向前传播.若光线不垂直光纤端面射入,由于 $n_1 > n_2$,所以在包层和纤芯之间的界面处有一个产生光全反射的临界入射角 φ_c,与其相对应的,在光纤端面有一个端面临界入射角 θ_c.由光的反射和折射定律可知,φ_c,θ_c 满足下式:

$$n_0 \sin\theta_c = n_1 \sin\left(\frac{\pi}{2} - \varphi_c\right), \qquad n_1 \sin\varphi_c = n_2 \sin\frac{\pi}{2} = n_2$$

　　如果某一斜射光线,它在端面的入射角 $\theta \leqslant \theta_c$,如图 6-4-2 中的实光线所示,进入光纤后,折射到纤芯与包层界面的入射角 $\varphi \geqslant \varphi_c$,满足全反射条件,则该光线将在纤芯和包层的界面上不断地产生全反射而向前传播,入射光就从光纤的一端传到另一端.对于端面入射角 $\theta > \theta_c$ 的入射光,因在纤芯与包层界面上的入射角 $\varphi \leqslant \varphi_c$,就有部分光折射入包层,如图 6-4-2 中虚光线.这部分光在光纤中传输,不断折射损耗,基本都折射进包层,被包层所吸收.

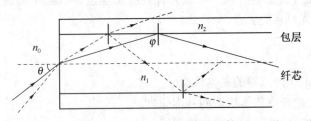

图 6-4-2　光在阶跃光纤中传输

　　所以,只要在光纤端面的入射角在 $\theta \leqslant \theta_c$ 范围内的光线,都可以在光纤中被无数次地全反射,并在纤芯内向前传播,最后从光纤的另一端传出,这就是光纤的传光原理.

　　光纤的临界入射角 θ_c 的大小是由光纤本身性质决定.

$$\mathrm{NA} = \sin\theta_c = \sqrt{n_1^2 - n_2^2} \tag{6-4-1}$$

由(6-4-1)式可知,θ_c 的大小由光纤本身的折射率 n_1,n_2 所决定.式中 NA 称为光纤的数值孔径,常用数值孔径这一量来表达光纤能接收光信号的难易程度.

　　正由于光纤具有这种良好的传光性能,以及光纤本身是不带电的绝缘体,具有抗电磁干扰、抗辐射的性能,特别适用于可燃、易爆等恶劣环境下使用;另外由于纤细、质轻、柔软、可塑性强,适于小孔、缝隙等场合使用.因此,应用光纤作为传光的媒质,含有"感知"和"传输"外界被测信号两种功能的光纤传感技术,一问世就受到极大的重视.

2. 光纤传感器概述

　　利用光纤技术和有关光学原理,将感受的被测量转换成可用输出信号的器件或装置称为光纤传感器.光纤传感器基本上由光源、光学敏感元件、光导纤维、光检测器和信号处理系统等部分组成.

　　光纤传感器的分类方法很多,以光纤在系统中的作用,可分为功能型光纤传感器(传感型)和非功能型光纤传感器(传光型).功能型光纤传感器是以光纤本身作为敏感元件,光纤本身的某些光学特性(如光的强度、相位、偏振和频率等)被外界物理量所调制来实现测量.非功能型光纤传感器是利用其他敏感元件感受被测量,光纤仅作为传播光线的介质.

光纤传感器的基本工作原理是将光源的光经光纤送入调制区,在调制区内,外界被测参数与进入调制区的光相互作用,使光的光学性质如光的强度、波长(颜色)、频率、相位或偏振态发生变化,成为被调制的信号光,再经光纤送入光探测器,经解调而获得被测参数.

3. 光纤位移传感器的工作原理

位移是既容易测量又易于获得高精度检测的基本物理量之一,压强、振动、加速度等物理量都可转换成位移进行检测,所以位移传感器是基本传感器,下面介绍一种强度型反射式光纤微小位移传感器的原理.

图 6-4-3 是反射式光纤位移传感器的光路结构示意图.两光纤臂组成 Y 形传感探头.其中一臂为发射光纤,将光传至反射目标,另一臂为接收光纤,接收由目标反射回的反射光,并传给接收的光敏元件.光敏元件接收到的光强取决于反射目标与光纤探头间的间距 d、反射面的反射率及光纤探头的结构.在一定的条件下,光敏元件接收光强仅与距离 d 有关,所以通过检测反射光强来测定位移.其基本响应曲线如图 6-4-4 所示,曲线有一峰值,峰值的前沿很陡,近似呈线性,后沿变化比较缓慢与 $\frac{1}{d^2}$ 近似成正比.应用几何光学的理论对曲线很容易理解.

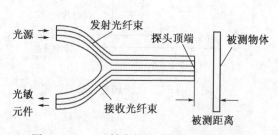

图 6-4-3　反射式位移光纤传感器原理图

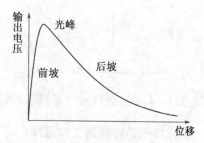

图 6-4-4　位移-输出电压特性曲线

如图 6-4-5 (a)所示,设光纤芯径为 r,发射光纤的射出光束在光顶角为 θ ($\theta = 2\arcsin NA$)的某一光锥内,θ 大小是由光纤的数值孔径 NA 决定的.设输入、输出光纤间距为 a,则根据镜像法,接收光纤所接收到的反射光,相当于来自镜后 d 处虚发射光纤所发出的光.因而确定调制响应,等效于计算虚发射光纤与接收光纤之间的耦合.

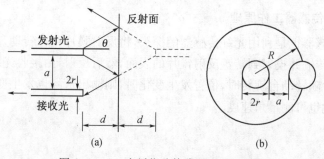

(a)　　　　　　　　(b)

图 6-4-5　光纤位移传感器原理示意图

反射光斑的面积为 πR^2，其中：$R = r + 2d\tan\theta$．设光纤间距为 a，由此可知当 $R < a + r$ 即 $d < \dfrac{a}{2\tan\theta}$ 时，没有反射光耦合进接收光纤．当 $(a+r) < R < (a+3r)$，即在 $\dfrac{a}{2\tan\theta} < d < \dfrac{a+2r}{2\tan\theta}$ 时，接收光纤与从虚光纤发出的光锥底端相交，耦合进接收光纤的光通量由虚光纤发出的光锥底面的大小及该光锥底面与接收光纤截面相重叠部分的面积（图 6-4-5(b)中的阴影部分）所决定．随着 d 的增加，光锥底面增大变化率小于重叠面积增大变化率，说明接收光通量增加，所接收到的反射光强随 d 的增大而增强，经信号处理系统处理后的输出电压也在增大．当两者变化率相等时，接收到的反射光强达到一个峰值，输出电压达到最大值．当 d 再增加时，光锥底面增大变化率大于重叠面积增大变化率，此时所接收光通量减小，即接收到的反射光强随 d 的增大而减小，输出电压也在减小．当 $R > (a+3r)$ 时，随着 R 的扩大，反射光斑的面积也在扩大，接收到的反射光强占反射光斑的比例随 $\dfrac{1}{R^2}$ 减小．因此，反射光强 P 随光纤与反射目标间距 d 的曲线如图 6-4-4 所示；这就是反射式强度调制传感原理的特性曲线．根据其特性，应用曲线的前沿范围，可以设计灵敏度高、线性好的传感器；应用曲线的后沿范围，可以设计动态范围较大的传感器．

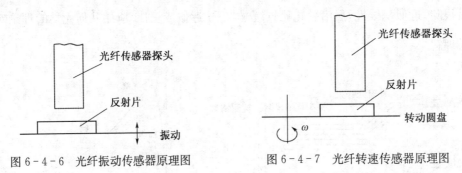

图 6-4-6　光纤振动传感器原理图　　　　图 6-4-7　光纤转速传感器原理图

4. 光纤振动传感器工作原理

光纤振动传感器是利用光纤传感器的探头，将反射膜片粘在振动片上，当光源发出的光由发射光纤传输并投射到振动片上反射镜片的表面，然后反射，由接收光纤接收并传回光敏元件；当反射膜片随振动而位置发生变化时，则输出信号也发生变化，若振动是周期性变化，则输出信号也是周期性变化．根据位移-输出电压特性曲线，适当选取光纤探头的发射片的起始位置，就可正确测量出振动频率．

5. 光纤转速传感器工作原理

光纤转速传感器也是利用光纤传感器的探头，将反射膜片粘在转动盘片上，当光源发出的光由发射光纤传输并投射到转盘反射镜片的表面，然后反射，由接收光纤接收并传回光敏元件；当反射膜片随转动台旋转时，位置发生变化时，则输出信号也发生变化，其变化周期就是转动周期，由此也可测量角速度．

【实验仪器】

光纤传感器实验仪．

【实验内容与步骤】

1. 位移-输出电压特性曲线的测量

(1) 安装位移传感器. 将光纤探头插入至推不动为止并固定,同时将显示测量转换开关置于电压测量挡,连接信号线,检查其显示是否正常.

(2) 粗测. 测量出输出电压的初始值、最大值和尾值,并读出其对应的千分尺的刻度值. (注:输出电压的初始值不一定为零;千分尺的刻度值也不一定为零.)

(3) 准确测量. 根据粗测值确定合适的步长,前后坡各测 10 个点左右,记录下输出电压值及其对应的千分尺的刻度值,并填入自行设计的表格中.

(4) 根据测量数据,选择合适的坐标,在坐标纸中画出位移-输出电压特性曲线.

2. 振动频率测量

(1) 将光纤探头插入振动测量架,并对准振动架反射面中心,调节探头到反射面的距离.

(2) 将显示测量转换开关置于频率测量挡,连接信号线,检查其显示是否正常.

(3) 调节振动源的输出频率并测量,比较测量值和设定值.

3. 转速测量

(1) 将光纤探头插入转速测量架,调节探头到和转盘表面的距离.

(2) 将显示测量转换开关置于频率测量挡,连接信号线,检查其显示是否正常.

(3) 调节转动源的输出,使角频率在 $20 \sim 60$ Hz 之间变化,观察测量值及转盘的转动频率.

【实验注意事项及常见故障的排除】

1. 测量时各旋钮不能拧得太紧.
2. 注意螺旋测微器的使用方法.
3. 在位移传感器实验中,粗测时应先调节输出增益,使输出电压的最大值在 10 V 左右.
4. 频率测量时,振动幅度不宜过大,频率在 20 Hz 左右为宜.

【思考题】

1. 在位移测量实验中,有哪些因素会影响输出特性曲线的形状、线性范围等?
2. 在位移测量实验中,影响测量稳定性有哪些因素? 如何克服环境光的影响?
3. 设计一实验测量物体表面光洁度,给出工作原理及其步骤.

附　录

一、传感器

传感器是将感受的物理量、化学量等信息,按一定规律转换成便于测量和传输的信号的装置.由于电信号易于传输和处理,所以大多数的传感器是将物理量等信息转换成电信号输出的.例如传声器(话筒)就是一种传感器,它感受声音的强弱,并转换成相应的电信号.又如电感式位移传感器能感受位移量的变化,并把它转换成相应的电信号.

传感器感受一种量并把它转换成另一种量,这种转换也可以看成是能量的转换,因此在某些领域如生物医学工程等中,也称为换能器.传感器主要用于测量和控制系统,它的性能好坏直接影响系统的性能.在自动测量过程或控制系统中,首先由传感器感受被测量,而后把它转换成电信号,供显示仪表指示或用以控制执行机构.如果传感器不能灵敏地感受被测量,或者不能把感受到的被测量精确地转换成电信号,其他仪表和装置的精确度再高也无意义.电子计算机应用于测量系统和控制系统时,也必须由传感器提供准确可靠的信息,如果传感器的水平与电子计算机的水平不相适应,电子计算机便不能充分发挥应有的作用和效益.因此,传感器是测量、控制系统中的一种关键装置.

传感器的种类很多,分类的方法也不同,常用的分类法有两种.一种是按照传感器的用途区分,如位移传感器、力传感器、速度传感器、振动传感器、压力传感器、温度传感器、湿度传感器和密度传感器等.另一种分类法是按传感器的工作原理区分如电阻式传感器、电感式传感器、电容式传感器、电涡流式传感器、磁电式传感器、压电式传感器、光电式传感器、磁弹性式传感器、振频式传感器和电化学式传感器等.有时也常把原理和用途结合起来命名,如电感式位移传感器和电容式压力传感器等.

在传统的传感器中,以把被测量转换为电路参数变化,和利用磁电效应的传感器为多,如电阻式传感器、电感式传感器、电容式传感器和磁电式传感器等.后来直接利用各种物理效应、化学反应的传感器逐渐增加,如压电式传感器、霍尔传感器、磁弹性传感器和电化学传感器等.

随着半导体技术的发展,又出现了新型的半导体传感器,如采用扩散硅半导体的压阻式传感器,和利用电荷耦合器件的光电式传感器.随着科学技术的发展,一方面需要在不同环境下测量不同的物理量、化学量和生物量的各类传感器;另一方面新材料、新元件和新工艺的不断出现,也为研制新型传感器提供了新的基础,因此新型的传感器不断地出现.

未来传感器发展将主要表现在利用半导体材料和大规模集成电路工艺,将测量电路和敏感元件结合成一体,以提高传感器的灵敏度、精确度和可靠性,实现小型化、智能化.

二、光纤通信

1966 年,英籍华裔学者高锟(C. K. Kao)提出了利用光纤进行信息传输的可能性和技术途径,从而揭开了现代光通信——光纤通信的序幕.光纤通信是指以光纤为传输介质,以光为载波来传递信息,实现通信的一种通信方式.自 20 世纪 70 年代后期研究起步以来,光纤通信仅经历十余年时间即实现了由实验室研究向市场的转换,并取得迅速发展,已逐步取代有线电通信,成为公认的最具发展前途的通信手段.

与电通信相比,光纤通信具有以下优点:带宽宽,传输的信息量大;传输损耗小,无中继距离长且误码率小;光纤质量轻、体积小;抗干扰性能好,光泄漏小,保密性能好;节约金属材料,有利于资源合理使用.

光纤可以传输数字信号,也可以传输模拟信号.光纤在通信网、广播电视网与计算机网,以及在其他数据传输系统中,都得到了广泛应用.光纤宽带干线传送网和接入网发展迅速,是当前研究开发应用的主要目标.

光纤通信的各种应用可概括如下:

(1) 通信网;

(2) 构成因特网的计算机局域网和广域网;

(3) 有线电视网的干线和分配网;

(4) 综合业务光纤接入网.

光纤通信系统基本由发射、接收和作为广义信道的基本光纤传输系统所组成.如图6-4-8所示.

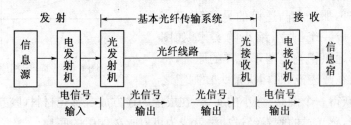

图6-4-8 单向传输的光纤通信系统的基本组成

目前,光纤通信技术不断地创新和发展:光纤从多模发展到单模;工作波长从850 nm发展到1 310 nm和1 550 nm;传输码率从几十 Mb/s发展到几十 Gb/s;超大容量的密集波分复用(DWDM,Dense Wavelength Division Multiplexing)光纤通信系统和超长距离的光孤子(Soliton)通信系统正走入市场.

§6.5　摄影技术(一)

【实验目的】

1. 了解拍摄、冲洗和放大的基本原理.
2. 初步掌握拍摄、冲洗和放大的基本技术.

【实验原理】

1. 照相原理

普通照相涉及两方面的知识：几何光学和基础化学. 由几何光学可知,如果把一个物体放在凸透镜的 $2f$ 以外,那么在凸透镜的另一侧,于 f 和 $2f$ 之间就会成一个倒立、缩小的实像,如图 $6-5-1$ 所示. 普通照相就是基于这样的原理,将被拍摄的物体放在凸透镜(照相机镜头)的 $2f$ 之

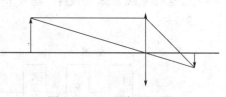

图 $6-5-1$　照相原理图

外,这样就可以获得一个倒立、缩小的实像,在成像的地方放置感光材料(胶卷),用景物的光对胶卷进行感光,感光过的胶卷经过冲洗就成为可以永久保留的底片.

感光材料具有感光性,对光很敏感. 感光材料的主要成分是卤化银(通常是 $AgBr$ 和 AgI 的混合物),当有光照到上面时,卤化银会发生分解反应,析出银原子.

$$2AgBr \xrightarrow{\text{光}} 2Ag\downarrow + Br_2$$

这些银原子都结合在卤化银晶体中某些杂质的周围形成了一个核心,即所谓显影中心,也就产生了"潜影". 将有潜影的底片放入还原剂(显影液)中,则还原出金属银,呈现黑色. 没有被光照的卤化银没反应,是不稳定的,将其溶解掉以后就变成透明的(或称之为"白色"),这样就形成了黑白分明的图片(底片). 另外,感光强的地方形成的银粒子层厚,颜色就深;反之,感光弱的地方颜色就浅. 这样,感光材料就通过黑白和深浅把景物发出的光的有无和强弱真实地记录下来.

通常底片都是负片,底片上的颜色与实际景物的颜色正好互补(景物是白色,则底片上是黑色;景物是红色,则底片上是绿色). 若要得到与正常景物颜色一致的图片,则必须再进行一次负片过程,即冲印照片过程. 冲印照片的过程与拍摄过程的原理相同,只不过是将景物(即底片)放在凸透镜的 f 和 $2f$ 之间,这样就可以在 $2f$ 以外获得一个放大的、倒立的实像,在成像的地方放置感光材料(即相纸),对相纸进行感光,感光过的相纸经过冲洗就可以获得与正常景物颜色一致的、尺寸较大的图片了.

2. 照相机的主要部件

(1) 镜头

① 照相机镜头的作用相当于一个凸透镜,但绝不是一片凸透镜！它是由多片透镜组成的一个透镜组代替了一个凸透镜,用多片透镜主要是为了消除成像时产生的色差、慧差、球

差、场曲、像散、畸变等偏差.镜头通常有"3 片 3 组"、"6 片 4 组"、"10 片 8 组"等,有的变焦镜头有多达 20 片左右的透镜.显然,透镜片数越多,镜头质量越高,成像效果越好.

②照相机的镜头是由透镜组成,应该是无色的.但实际上,照相机的镜头通常有淡淡的颜色,这就是"加膜"的结果."加膜"是为了增加透光性,使景物发出的光线能更多地进入照相机.判断镜头"加膜"的好坏,一个简单的方法是面对镜头,在镜头中看到人的脸部影像越淡,说明"加膜"质量越好,反之越差.

③镜头的"口径"通常采用最大进光孔直径与焦距的比值表示,如:一只焦距为 50 mm 的镜头,它的最大进光孔直径是 25 mm,那么 25∶50＝1∶2,即表示该镜头的口径.显然,"口径"越大,镜头成像效果越好,大口径的镜头又叫"快速镜头".

④镜头通常按焦距来分类:焦距在 50 mm 左右的镜头称为标准镜头;焦距小于 50 mm 的镜头称为广角镜头;焦距大于 50 mm 的镜头称为长焦镜头或远摄镜头.镜头焦距与视角的关系如图 6-5-2 所示.不同焦距的镜头在同一地点拍摄同一景物的效果不同,如图 6-5-3 所示.

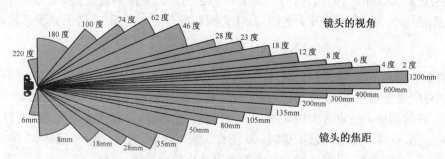

图 6-5-2　镜头焦距与视角的关系

镜头的特点:

广角镜头:视角大、景深大、边缘失真;

标准镜头:与人眼视角相同,景物不失真;

远摄镜头:视角小、景深小、空间压缩效应;

变焦镜头:焦距可变、视场较暗、成像效果比同质量定焦镜头稍差.

图 6-5-3　不同焦距镜头的效果

⑤ 景深,是指照片上的焦距范围或照片上可以认为清晰的区域里最近点到最远点的距离.例如,一只镜头对准一棵树调焦清晰,那么树的前面和后面各有一定的区域也在调焦范围内,这一区域的清晰度仍可以让人们接受,这一区域的纵深长度就是景深.在某些情况下,拍摄前确定景深的大小是十分必要的.景深由三个因素决定:

(a) 镜头的孔径:光圈越小,景深越大.F16 产生的景深比 F2 的大得多.

(b) 物距:照相机到被摄物体的距离越大,景深越大.

(c) 焦距:镜头的焦距越长,景深越小.所以在拍摄特写时,通常选用长焦镜头以缩小景深来突出主体.

(2) 光圈

① 照相机镜头后面有个可改变孔径大小的光阑称为光圈,改变其孔径可以控制进入相机的光通量,所以光圈的主要作用是改变光强.当环境光线较强时,缩小光圈;当环境光线较暗时,增大光圈.光圈开得越大,就能对胶片更快地曝光,所以大口径镜头又被称为"更快"的镜头.镜头孔径的大小用光圈系数 F 表示,用镜头焦距除以光孔直径就得到光圈系数 F.例如:镜头焦距为 50 mm,光孔直径是 25 mm,那么对应的光圈系数就是 F2.显然 F 数值越大,镜头孔径越小.照相中说"开大光圈"是往光圈系数小的方向调.通常的光圈系数是:

$$1.4 \quad 2 \quad 2.8 \quad 4 \quad 5.6 \quad 8 \quad 11 \quad 16 \quad 22 \quad 32$$

光圈系数相差一倍,光孔直径相差 1 倍,通光面积相差 4 倍,所以光强相差 4 倍,光圈系数相邻的对应光强相差 1 倍.例如:F1.4 是 F2 对应的光强的 2 倍,F1.4 是 F2.8 对应的光强的 4 倍.有的相机上还设有半挡光圈.另外,照相机上还存在"最佳光圈",通常是从最大光圈数起第三挡.在晴天进行外景拍摄时,60 左右的快门速度,通常在中午选择 22 的光圈,上下午选择 11,16 的光圈,早晚选择 5.6,8 的光圈是比较合适的.

② 光圈的另一作用是控制景深.照相机镜头上有个简易的景深刻度线,通过它可以直观地看到,光圈越小,景深越大.

(3) 快门

快门是位于胶片和镜头之间的挡光装置,它可以防止进入镜头的光线直接照射到胶片.摄影者通过快门装置选择胶片的曝光时间.常见的快门装置有叶片快门和帘幕快门两种.叶片快门位于镜头后面,是由几片相互重叠的金属"叶片"组成,呈圆形开启和闭合.帘幕快门位于照相机机身里,是镜头后面并紧靠胶片前面的一道帘幕.快门开启时,帘幕以水平或垂直的方向运动,在一定时间里迅速地顺次对胶片的各部分进行曝光.帘幕快门常用于可更换镜头的照相机,而且帘幕快门具有更高的速度,但它比叶片快门的响声稍大且容易产生振动.在使用闪光灯时,帘幕快门不如叶片快门灵活.

快门的开启时间称为快门速度.拍摄时通常要根据光线条件来调整快门速度:光线暗淡时,需要长或"慢"的快门速度,让快门开启足够长的时间,使较多的光线照射胶片;光线明亮时,快门速度应短或"快",让较少的光线照射胶片.

快门速度通常用快门系数来表示:

$$1 \quad 2 \quad 4 \quad 8 \quad 15 \quad 30 \quad 60 \quad 125 \quad 250 \quad 500 \quad 1000 \quad 2000 \quad B \quad T$$

以上数字的倒数表示该快门对应的快门开启时间,如:60 对应的快门开启时间是 1/60 秒,依此类推.显然,数字越大,对应开启时间越短,称作快门越"快".从以上的数字不难看出,相邻的快门速度是成倍的,如:快门 30 对应的开启时间是快门 60 的 2 倍,又是快门 15 的 1/2,这一规律的用途在下面会讲到.

"B"代表 bulb(灯泡).选择"B"挡时,只要快门按钮按下,快门就始终保持开启.当快门按钮释放时,快门才关闭.

"T"代表 time(时间).选择"T"挡时,在第一次按下快门按钮时,快门开启并一直保持开启.在第二次按下快门时,快门才关闭.需要很长时间的曝光时,要选择"T"挡.

另外,有的相机专门提供了比 1 s 还慢的快门速度,通常用红色的数字直接表示,如:1, 2,3,…,分别表示 1 s、2 s、3 s、…….

有的机械式相机具有快门联动特点,必须遵循"快门优先"原则.即当快门扳手上弦后,便不允许调节快门速度,否则会使联动装置遭到损坏,所以要设定快门速度必须在快门上弦之前.一个简单的解决办法是摄影者要养成这样的习惯:在拍摄完一次后,不要急于给快门上弦,在下一次拍摄调整工作都完成后再拉动快门扳手,即把上弦作为按动快门前的最后一个动作.这种习惯不但可以避免联动装置遭损坏,还能延长快门弦的使用寿命.

3. 胶片的曝光

要想获得一张好的照片,关键是要获得一张好的底片,而正确的曝光又是获得好底片的关键.影响曝光的因素有:胶片、光圈和快门.

(1) 感光底片的选择

底片有以玻璃为基片的硬片和以薄膜材料为基片的软片两类.在手持式相机中使用的软片常做成卷状,故称胶卷.最常见的胶卷有 135 和 120 两种型号,他们拍摄底片的尺寸分别为 24 mm×36 mm 和 60 mm×60 mm(或 40 mm×60 mm).

① 负片与翻转片.欲拍出与被摄物相同的色调作为幻灯片使用,应选择翻转片(正片),底片上获得图像的颜色与被摄物相同.负片上得到的是被摄物的负像:物体是白色,则底片上是黑色;物体是红色,则底片上是绿色,即底片上呈现的是被摄物色彩的补色.

② 感光度.它是底片感光速度快慢的标志,感光度数值越大则感光速度越快.中国的感光度用 GB(国标)表示,一般规定每隔三感光度则速度变化一倍(如:GB24°比 GB21°感光速度快一倍).21°(DIN)是常用的中等感光速度胶片.

表 6-5-1　不同制式感光度对照表

中国制 GB	12	15	18	21	24	27	30
美国制 ASA	12	25	50	100	200	400	800
德国制 DIN	12	15	18	21	24	27	30
国际制 ISO	12/12°	25/15°	50/18°	100/21°	200/24°	400/27°	800/30°

③ 感色性.黑白片有色盲片、分色片和全色片之分.只能感受紫光与蓝光的称为色盲片,它具有反差强烈的特点,适合拍摄文件图表;分色片则除红光以外对所有可见光都能感光;对所有颜色都能感光的称为全色片,它是使用最普遍的一种胶片.彩色胶片按感光类型分为日光型、灯光型和通用型.

④ 分辨率.由于银盐的颗粒有一定大小,所以底片所能显示物体的精细程度是有限的.分辨率往往以一毫米宽度内能够分辨出若干条平行线来表示.例如:常用的摄影胶卷的分辨

率约为 50，显然不能用它拍摄每毫米 100 条以上的光栅．用于拍摄光谱的底片分辨率就比较高，但最高的是全息底片，达到每毫米 3 000 条．

（2）曝光组合

一组光圈和快门数值称为一个曝光组合．光圈可以控制入射光的强度，而快门可以控制曝光时间，两者共同决定了胶片的曝光量：

$$曝光量＝光强×时间$$

根据上面的知识：相邻的光圈系数对应的光强成倍，相邻的快门系数对应的曝光时间成倍，容易得到结论：不同的曝光组合，可以获得相同的曝光量，即本生-罗斯柯倒易律．也就是说：光圈和快门之间存在倒易律关系．例如：[F 16,30]，[F 11,60]，[F 8,125]，[F 5.6,250]，[F 4,500]这 5 个曝光组合对应的曝光量是相同的．这一关系在实际拍摄中具有重要的意义．图 6－5－4 中三个不同的曝光组合具有相同的曝光量，图像的反差也基本相同．

图 6－5－4　不同曝光组合可以获得相同的曝光量

拍摄实例一：体育摄影往往需要用高速快门．因为被摄物体是运动的，在一定的曝光时间内，物体的影像在胶片上要产生一定的位移，如果人眼能分辨出这一位移量，则物体的影像是模糊的，这张照片是失败的．要想使位移量变小，只有缩短曝光时间，使用快门挡达到 500，1 000，2 000 甚至更高．但是拍摄时的光线条件并没有改变，如果只提高快门速度而不改变光圈，那么曝光量不足，照片仍然是失败的．所以，在提高快门速度的同时，必须增大相同倍数的光圈，才能保证曝光量不变，保证成像的清晰度．这样，提高快门速度保证了高速运动的被摄物被定格在相片上，增大光圈又保证了曝光量不变，从而得到清晰的图像，如图 6－5－5 所示．

图 6－5－5　拍摄实例一

图 6－5－6　拍摄实例二

拍摄实例二：要拍摄一个高速运动的物体，表现一种"风驰电掣"的效果，一般要采用"跟随拍摄"法．这种方法的要点是：采用低速快门和相机在运动中拍摄．拍摄方法是：选择低速快门

(30,15,8,甚至更慢),选择较小光圈(保证曝光量不变),拿稳相机(保证不抖动),对被摄物调焦(保证主体清楚),镜头始终跟随被摄物体运动,在运动中按下快门,这样就可以获得预期的效果.原因是:首先,镜头跟随被摄物体运动,在相对静止的情况下拍摄,那么被摄物体是清楚的.其次,背景是静止的,但以相机为参照物的话,背景则是运动的,在较长的曝光时间内,背景影像在胶片上的横向位移足够大,看起来像"风"一样.另外,在人为地延长曝光时间的同时缩小光圈,又保证了曝光量不变,保证了整个画面的反差是合适的,如图 6-5-6 所示.

(3) 调焦

调焦不是调节焦距.调焦时,镜头到机身之间的距离有几到几十毫米的变化,它的作用是使被摄物体正好成像在感光胶片上,从而使胶片上得到一个清晰的像.调焦方式有:

① 目测法:调焦环上一般都有两排数字,它表示物距(被摄物体到相机的距离).

0.4　0.5　0.6　0.8　1　1.2　1.5　2　3　5　∞　(m)米

2.5　3　4　5　8　15　∞　(ft)英尺

用这种方式调焦时,只需目测一下物距,然后把调焦环上的对应数字对准标记线即可.

② 手动调焦(MF):它是通过照相机上的光学装置指示是否完成调焦.不同相机对应不同的调焦方式,常见的有:取景器式、单镜头反光式、光学测距式、双镜头反光式、机背取景式等,但常见的手持式相机中,最常见的只有单镜头反光式和光学测距式两种.

(a) 单镜头反光式(SLR):简称单反式相机.它的调焦方式通常又叫做裂像式调焦.如图 6-5-7 所示,摄影者旋转镜头直至裂像重合即可.单反式相机的特点有:

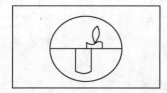 

图 6-5-7　裂像式调焦

(Ⅰ) 通常采用帘幕快门,镜头可换.

(Ⅱ) 因为取景光线从镜头进入,所以拍摄结果无视差.但盖上镜头盖则无法取景.

(Ⅲ) 按下快门时,反光镜翻起,震动较大,而且没有光线进入取景器,摄影者看不到被摄物体.

(Ⅳ) 整个视场较暗,特别是在较暗的环境中.有时取景器中会出现某半圆变黑的现象,这时只要将相机对准较亮的地方再回来对准被摄物体即可解决.

(b) 光学测距式:也叫旁轴取景式.取景器是在镜头右上角的一个独立的小窗.取景与拍摄分别是两个独立的光路.它的调焦方式通常又叫做重影式调焦.如图 6-5-8 所示,旋转镜头直至双像重合即可.光学测距式相机的特点有:

图 6-5-8　重影式调焦

（Ⅰ）取景与拍摄分别是两个独立的光路，所以拍摄结果会有视差，特别是拍摄近景时.

（Ⅱ）视场较亮，始终可以看到被摄物体.

（Ⅲ）通常采用叶片快门，震动小，镜头一般不可换.

③ 自动调焦（AF）：现在很多相机具有自动对焦功能，当手指半按快门按钮时，照相机内的电脑会自动对焦，并发出"嘀嘀"的提示音. 常见的有一点、三点、五点、七点、甚至九点对焦.

4. 彩色摄影

能进行黑白拍摄的相机都可以进行彩色拍摄，但必须用彩色胶卷. 黑白底片上只有一层感光材料，只能显示黑、白、灰三种颜色，彩色底片上至少涂了红、蓝、绿三层感光材料，由上到下分别是：保护层、感蓝层、感绿层、感红层、片基、防光晕层. 彩色底片几乎可以记录所有的颜色. 任何颜色都可以由红、蓝、绿三种颜色组合而成，它们被称为色彩的三基色，或三原色. 两种不同颜色若能组合成白色则称为互补色，如：蓝与黄、绿与品红、红与青等.

减色法成色是指用三原色补色的滤色片从白光中按不同比例吸收（减去）其对应的原色，从而获得色彩的一种方法. 滤色片只允许通过与其颜色相同的光，倘若黄、品红、青三滤色片如图 6-5-9 放置，则从纸张背面射来的白光，读者看到的却是图 6-5-9 中所标明的颜色：非重叠部分只通过滤色片颜色的光，重叠部分则得到白光减去与滤色片对应的补色而余下的色彩，如：

图 6-5-9　减色法成色

$$黄+品红=白-蓝-绿=红$$
$$品红+青=白-绿-红=蓝$$
$$黄+青=白-蓝-红=绿$$
$$黄+品红+青=白-蓝-绿-红=黑$$

只要控制滤色片减色的多寡，就可以得到各种色彩.

彩色底片的成色过程：被摄物体不同颜色的光分别在感蓝、感绿、感红三个感光层中感光，经过彩显及漂定等化学处理后，各感色层被感光部分将呈现它们各自色彩的补色，而未感光部分则被溶解漂白，于是形成了与被摄物体色彩对应的彩色底片.

彩色照片的成色过程是彩色底片成色的逆过程. 白光透过呈现被摄物体补色的透明底片（该底片犹如被摄物体色彩补色的滤色片）时，彩色相纸将受到被摄物体的补色所感光而呈现出被摄物体的原来色彩. 为了使彩色还原更好，光路中使用了黄、品红、青三个滤色片，以减色法调节颜色而得到满意的色彩.

【实验仪器】

机械式照相机（海鸥 135 单反式 DF-300 G，28～70 mm 镜头），135 黑白全色胶卷.

【实验内容与步骤】

1. 熟悉照相机各部件的功能和使用.

2. 自选外景，实地拍摄（黑白摄影时，应尽量使构图简单并选用单一背景，以免造成画面杂乱）.

附录:胶卷的冲洗

实验仪器:135 不锈钢显影罐、剪刀、温度计、D－76 显影液、酸性定影液、清水、起瓶器、烧杯、晒衣架等.

冲洗过程如图 6－5－10 所示:

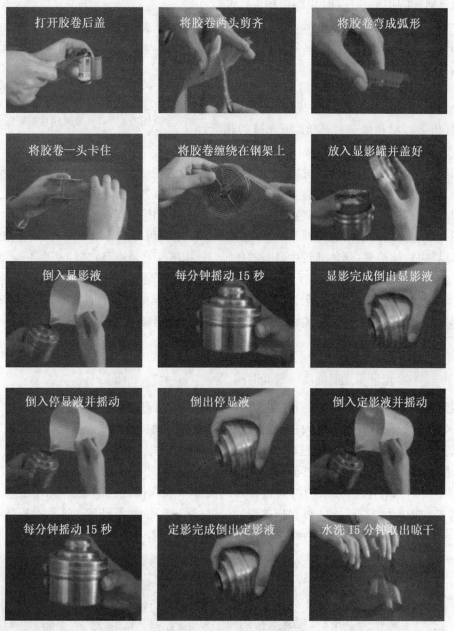

图 6－5－10　胶卷的冲洗过程

§6.6 摄影技术(二)

【实验原理】

通过前面的拍摄和冲洗,我们得到了尺寸较小(24 mm×36 mm)的负片——底片. 要想得到尺寸较大的照片(正片),必须经过放大照片的过程. 如图6-6-1所示,将底片放在凸透镜(放大机镜头)的 f 和 $2f$ 之间,在透镜的另一侧 $2f$ 以外就可以获得一个放大、倒立的实像了. 在成像的地方放置感光材料(相纸),对相纸进行感光,感光过的相纸经过冲洗,就可以获得照片(正像).

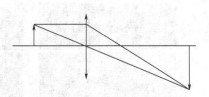

图6-6-1 放大照片原理图

相纸也是一种常见的感光材料. 常见的有两类:彩色相纸和黑白相纸. 主要的区别是:彩色相纸至少涂了三层(红、蓝、绿)感光材料,可对任何颜色的光感光;黑白相纸只有一层感光材料,只能显示黑、白、灰三种颜色. 黑白相纸又有两类:印相纸(不放大)和放大纸(用于放大数倍图片),主要的区别是感光性不一样. 放大纸按反差又可分为 1,2,3,4 号相纸,4 号相纸反差最大,即黑白对比最强,灰色调较少,比较"硬". 1 号相纸反差最小,较"软".

黑白相纸对红色光不感光,所以红光对黑白相纸来说是"安全光". 对全息底片来说,绿光是"安全光". 彩色相纸的"安全光"是暗钠光. 不同的感光材料一般具有不同的"安全光".

影响放大照片效果的两个关键因素:曝光合适、调焦准确.

1. 曝光合适

$$曝光量＝光照强度×曝光时间$$

光照强度由放大机上的光圈控制,改变光圈可以明显地看到光强的变化.

控制曝光时间只要控制放大机上的白炽灯打开的时间即可.

选择合适的曝光量可以通过做"曝光试条"来确定. "曝光试条"的做法是:把光圈固定(通常选择"中等亮度"),然后对同一张相纸的不同地方用不同的时间曝光,如:2秒,4秒,6秒,8秒,……,然后冲洗得到样片,通过样片的实际效果选择合适的曝光量. 如图6-6-2所示,2秒对应的曝光不足,14秒对应的曝光过度,通过实际效果可发现 8秒对应的曝光合适. 正式放大照片时,应使用中等亮度和8秒对应的曝光量.

图6-6-2 曝光试条

2. 调焦准确

调焦的目的是改变成像的位置,使像正好成在相纸上,在相纸上获得清晰的图像.在放大机上,通过调焦,可以非常直观地判断成像是否清晰,不再细述.

【实验仪器】

放大机(海鸥 SF-2000 型,50 mm,F1:1.8)、3 号黑白放大纸、D-72 显影液、酸性定影液、清水、吹风机、温度计、竹镊、裁纸刀等.

【实验内容与步骤】

1. 放底片.取下放大机上的底片夹,正确夹好底片:光面(反光较强)朝上,药膜面朝下.

2. 选择放大倍数.松开放大机立柱上的固紧螺钉,即可上下移动放大机机头,可以改变成像的放大倍数.

3. 调焦.选择最大光圈,旋转调焦旋钮,直至放大尺板上出现的图像最清晰.

4. 选择光强.把光圈调到中等亮度.

5. 装相纸.在放大尺板上安放相纸,并使药膜面(有光泽、粘手)朝上(注意它与底片相反!).安放相纸时只能使用安全光,注意保证相纸的安全!

6. 曝光.用秒表计时,控制合适的曝光时间.

7. 显影.将相纸放入显影液(药膜面朝上),适时晃动,随着反应的进行,相纸表面将由浅至深逐渐显现图像,当图像显现至最清晰时,及时取出停显,否则将显影过度,导致整个图像变黑.判断显影时间以图像的实际效果为准.

8. 水洗.水洗起停显的作用,水洗要迅速.

9. 定影.将相纸放入定影液定影至规定的时间(约 10 min).

10. 水洗.冲去所有残液,要充分冲洗干净.

11. 烘干.用吹风机烘干.

12. 裁剪.用切纸刀切去不需要的部分.裁剪时注意安全!

【思考题】

1. 在某拍摄条件下,曝光量相当于光圈 8、快门 60.现将快门变成 250,在保证曝光量相等的前提下,光圈应变成多少? 若将快门变成 30,则光圈又将变成多少? 两种情况下,景深变大还是变小了?

2. 放大照片时,若将底片放倒,即将底片药膜面朝下,是否能成像? 若能,成像有什么不同?

参考文献

Henry Horenstein(美).黑白摄影教程[M].北京:中国摄影出版社,1991

附　录

一、药水配方

表 6-6-1　药水配方

D-76 显影液配方		D-72 显影液配方		酸性定影液配方	
米吐尔	2 g	米吐尔	3.1 g	硫代硫酸钠	240 g
无水亚硫酸钠	100 g	无水亚硫酸钠	45 g	（大苏打）	
对苯二酚	5 g	对苯二酚	12 g	无水亚硫酸钠	30 g
硼砂	2 g	无水碳酸钠	67.5 g	冰醋酸(28%)	48 mL
加水至	1 000 mL	溴化钾	2 g	加水至	1 000 mL
		加水至	1 000 mL		

二、照相机结构图（海鸥 DF-300G）

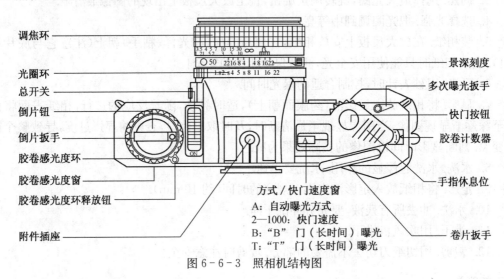

方式 / 快门速度窗
A：自动曝光方式
2—1000：快门速度
B："B" 门（长时间）曝光
T："T" 门（长时间）曝光

图 6-6-3　照相机结构图

三、放大机结构图

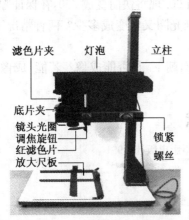

图 6-6-4　海鸥 SF-2000 型

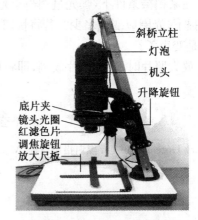

图 6-6-5　浦江 61-1 型

四、照相简史

路易斯·达盖尔（Louis Dacuerre,1787～1851）生于法国北部的康布雷城.青年时代他是个艺术家.在他 30 多岁时,他设计了"西洋镜",这是用特殊的灯光效果展示的全景图画.1827 年时他遇见了尼埃普斯,那时尼埃普斯也在努力发明一架照相机并已经取得了一点成功.两年后他们成了合作伙伴.1833 年尼埃普斯去世,达盖尔独自继续努力,到 1837 年时,他成功地发明出一种可以实用的照相系统,这被称为达盖尔照相术.1839 年 8 月 19 日,阿拉哥在法国科学院和美术学院的会议上将达盖尔的照相过程向公众公布.这一日被定作现代照相术的诞生日.达盖尔于 1851 年在距巴黎不远的乡村住宅中去世.

§6.7　核磁共振

核磁共振(Nuclear Magneic Resonance,简称 NMR)是指具有磁矩的原子核在静磁场中受到相应频率的电磁辐射的激发时,在它们的磁能级之间发生的共振跃迁现象.1945 年 12 月,美国哈佛大学的珀塞尔(E. M. Purcell)等人首先观察到石蜡样品中质子(即氢核)的核磁共振吸收信号,1946 年 1 月,美国斯坦福大学布洛赫(F. Bloch)领导的研究小组在水样品中也观察到质子的核磁共振信号,两人因这项重大发现而获得 1952 年的诺贝尔物理学奖.

核磁共振于 1953 年发展到应用阶段,此后,核磁共振的方法和技术向着两个方向发展,一是连续法(又称稳态法或扫描法);二是脉冲波法(又称暂态法),由此形成了核磁共振波谱学,核磁共振波谱学的发展促进了物理学本学科的发展,也促进了物理化学、分子生物学、医药学等其他边缘学科的发展,在许多领域得到了广泛的应用,尤其是应用在医学临床诊断上的核磁共振成像技术(MRI)是自 X 射线发现以来医学诊断技术的重大进展.通过本实验,能使学生了解核磁共振的基本原理和实验方法.

【实验目的】

1. 了解核磁共振的基本原理和实验方法.
2. 用核磁共振方法测量恒定磁场的磁感应强度.
3. 测出氟核的有关核结构参数.

【实验原理】

1. 原子核的自旋和磁矩

早在 1924 年,泡利(W. Paull)在研究原子光谱的超精细结构时就提出了原子核有自旋角动量和磁矩,但由于受光学仪器分辨率的限制,一直到珀塞尔和布洛赫发现核磁共振现象后才从实验上比较精确地测出了原子核的磁矩.事实上,原子核是由质子和中子组成的,质子和中子都有角动量和磁矩,如果组成原子核的所有核子的磁矩的矢量和不为零,就称该矢量和为原子核的磁矩,称核子角动量的矢量和为原子核的角动量.

由理论和实验可以证明,原子核的磁矩 $\boldsymbol{\mu}$ 和角动量 $\boldsymbol{j}$ 有如下关系:

$$\boldsymbol{\mu} = g\left(\frac{q}{2m_p c}\right)\boldsymbol{j} \tag{6-7-1}$$

式中 g 称为朗德因子(Lande Factor),对于不同的原子核它有不同的值,它反映了核内部自旋和磁矩的实验关系.(6-7-1)式表明:$\boldsymbol{\mu}$ 和 $\boldsymbol{j}$ 同方向,其量值之比称为原子核的旋磁比,即

$$\gamma = \frac{\mu}{j} \tag{6-7-2}$$

根据量子理论,$j = \hbar I$,其中 $\hbar = h/(2\pi)$,I 为自旋量子数,其取值为整数或半整数(视原子核类型而定,本实验中的氢核和氟核的 I 均取 1/2).若用核磁子 $\mu_N = e\hbar/(2m_p c)$ 作为磁矩的单位,则

$$\mu = g\mu_N I, \quad g = \frac{\gamma\hbar}{\mu_N} \tag{6-7-3}$$

2. 核磁共振的经典力学解释

具有磁矩的原子核相当于一个以磁矩方向为轴的磁陀螺,当它放入恒定磁场 $\boldsymbol{B}_0$ 中时会受到磁场对它的力矩的作用

$$\boldsymbol{L} = \boldsymbol{\mu} \times \boldsymbol{B}_0 ,\text{ 或 } L = \mu B_0 \sin\theta$$

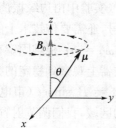
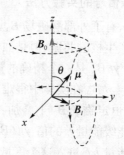

图 6-7-1　原子核的拉莫尔进动　　图 6-7-2　有共振磁场时原子核的拉莫尔进动

由于磁力矩 $\boldsymbol{L}$ 与角动量 $\boldsymbol{j}$ 垂直,因此它只改变角动量的方向,不改变角动量的大小,$\boldsymbol{j}$ 将围绕 $\boldsymbol{B}_0$ 做拉莫尔(Larmor)进动,如图 6-7-1 所示.根据角动量定理可求得进动的角频率为

$$\omega_0 = \gamma B_0$$

$\boldsymbol{\mu}$ 与外磁场 $\boldsymbol{B}_0$ 的相互作用能量为 $E = -\boldsymbol{\mu} \cdot \boldsymbol{B}_0 = -\mu B_0 \cos\theta$,若在垂直于 $\boldsymbol{B}_0$ 的方向再加一个弱旋转磁场 $\boldsymbol{B}_l$(实验中是由振荡电路产生的射频电磁场的磁场部分,称其为共振磁场),当 $\boldsymbol{B}_l$ 的角频率与上述拉莫尔角频率相等,即 $\omega = \omega_0$ 时,磁矩 $\boldsymbol{\mu}$ 与 $\boldsymbol{B}_l$ 相对静止,则会使磁矩 $\boldsymbol{\mu}$ 再绕 $\boldsymbol{B}_l$ 进动,结果使 θ 角增大,即能量 E 增加,说明原子核从该旋转磁场中吸收了能量,即产生了共振.显然共振的条件是

$$\omega = \omega_0 = \gamma B_0$$

或用频率 f 表示,则为

$$2\pi f = \gamma B_0 \tag{6-7-4}$$

3. 核磁共振的量子力学解释

根据量子力学,原子核的角动量在某一方向的投影是量子化的,$j_z = m\hbar$,式中 m 为磁量子数,$m = I, I-1, I-2, \cdots, -I$,共 $(2I+1)$ 个取值,而核磁矩在 z 方向的投影则为

$$\mu_z = \gamma m\hbar = g\mu_N m$$

能量公式应为

$$E = -\mu B_0 \cos\theta = -\mu_z B_0 = -\gamma\hbar B_0 m \tag{6-7-5}$$

可见,核磁矩与磁场的作用造成能级的分裂,而相邻能级间的差 ΔE 相等,

$$\Delta E = \gamma\hbar B_0 \tag{6-7-6}$$

按照量子论的观点,一个横向(相对于 $\boldsymbol{B}_0$)的其角频率为 ω 的交变磁场作用到原子核系

统,就相当于原子核受到一种能量为 $\omega\hbar$ 的光量子的作用,当满足关系 $\omega\hbar = \Delta E = \gamma\hbar B_0$ 时,便可引起这种磁场分裂能级之间的跃迁,即产生感应吸收和感应辐射,这就是所谓的核磁共振. 共振的条件是

$$\omega = \gamma B_0$$

或可写成频率 f 的形式 $2\pi f = \gamma B_0$,同 $(6-7-4)$ 式.

4. 观察共振信号的实验方法

从原理上说,有了外部静磁场 B_0 和合适的共振磁场 B_l(实验中由边缘振荡器产生的射频电磁场)就可产生核磁共振,但是如何才能观察到共振信号,还需要作技术上的处理. 因为两能级的能量差 $\gamma\hbar B_0$ 是一个精确的量,而共振磁场的能量 $\omega\hbar = hf$ 很难固定在这一值上. 实际上等式 $\omega\hbar = \gamma\hbar B_0$ 在实验中很难成立. 为了能够在示波器上观察到稳定的共振信号,一个好的办法是在恒定磁场 B_0 上叠加一个较弱的交变磁场 $B' = B_m \sin\omega' t$(市电频率),称为调制磁场,使两能级能量差的值 $\gamma\hbar(B_0 + B')$ 有一个变化的区域,我们调节射频电磁场的频率,使射频场的能量 hf 进入这个区域,这样在某一瞬间等式 $hf = \gamma\hbar(B_0 + B')$ 总能成立,这时就能在示波器上观察到共振信号(如图 $6-7-3$). 这时的信号可能是不等间隔的,总磁感应强度难以确定,如果继续调整频率 f,使得共振信号等间隔排列,即共振点在调制磁场过零处,那么调制磁场不参与共振,从而可确定恒定磁场的磁感应强度 B_0.

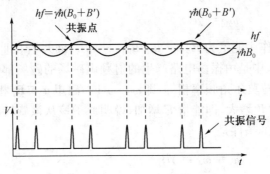

图 $6-7-3$ 共振信号

5. 关于弛豫过程

核磁共振吸收信号的强弱还与核自旋系统的弛豫过程有关,其所经历的时间叫弛豫时间. 弛豫时间反映了系统由非平衡态趋向平衡态速度的快慢. 在核磁共振中有两种弛豫过程,一种叫自旋-晶格弛豫,是共振核自旋系统与晶格中其他核交换能量,所需要的时间用 T_1 表示;另一种叫自旋-自旋弛豫,是共振核与邻近核交换能量,所需的时间用 T_2 表示. T_2 是影响粒子处于某个高能级上的寿命参数,T_2 的减小将使共振吸收谱线宽度增加. 另外射频场 B_l 越大,粒子受激跃迁的概率也越大,使粒子处于某一能级的寿命减少,这也会使共振吸收谱线变宽,外加磁场的不均匀,使磁场中不同位置处的粒子的进动频率不同,这也会使谱线变宽.

本实验中的调制场频率为 $50\ Hz$、幅度 $10^{-5} \sim 10^{-3}\ T$,对固体样品聚四氟乙烯来说,这是一个变化很缓慢的磁场,而对于核磁矩弛豫时间较长的液态水样品来说这个扫描速度还是稍快了些,因而会出现尾波现象,磁场越均匀,尾波越大(如图 $6-7-4$). 实用的核磁共振

往往采用 30 Hz 以下的扫描频率,或在样品中掺入少许顺磁离子(如三氯化铁),即具有电子磁矩的离子,以缩短弛豫时间,这在一定条件下可使共振信号变大,因为电子磁矩产生较强的局部磁场而影响核磁的弛豫过程,使弛豫时间大为变短.

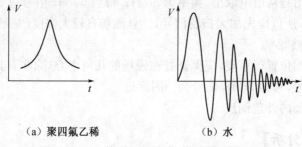

（a）聚四氟乙稀　　　　　　　（b）水

图 6 - 7 - 4　核磁矩的弛豫时间引起共振尾波

6. 关于探测器

样品成柱状,产生高频磁场的线圈绕在外面,线圈的轴垂直与 B_0,这个线圈是振荡回路的一部分,它既作发射线圈,也作接收线圈.一般地,我们希望振荡器工作稳定,不受外界影响,但在这里我们希望振荡器对外界的变化敏感,可探知样品的状态变化,电路中的振荡器不是工作在稳幅振荡状态,而是工作在刚刚起振的边缘状态,因此又叫边缘振荡器,它的特点是电路参数的任何变化都会引起振荡幅度的明显变化,当发生共振时,样品吸收磁场能量,导致线圈的品质因数 Q 值下降,引起振荡幅度的变化,这个变化就是共振信号,经放大后就可送到示波器观察.

【实验仪器】

HZ - 813 型核磁共振仪,多功能频率计,示波器,样品.

【实验内容与步骤】

1. 实验内容

(1) 观察水样品氢核的共振信号,测出其共振频率,计算恒定磁场的磁感应强度 B_0.

(2) 观察聚四氟乙烯样品氟核的共振信号,测出其共振频率,计算氟原子核的 γ_F, g_F, μ_F.

2. 实验步骤

(1) 本实验的静磁场场强均在 0.40～0.48 T,所以水的氢核共振频率在 17 MHz～21 MHz. 接好线路后,打开各系统仪器(核磁共振实验仪、频率计、示波器)电源开关,把样品插入均匀磁场中间.

(2) 调节"调制磁场"旋钮,让电流表的示数在 200 mA 左右.

(3) 调节"边振"旋钮和"频率"旋钮,让频率计显示正确示数.

(4) 调节示波器的旋钮,使示波器的各个参数处于正确的数值上.

(5) 调节"频率"旋钮,使示波器出现共振信号,调节"边振"旋钮,使之达到幅度最大和稳定.再调节"频率"旋钮,使共振信号等间距.记录此数,此读数就是共振频率.

（6）将水件换成聚四氟乙烯件，重复以上操作步骤，测出氟的共振频率.

【实验注意事项及常见故障的排除】

1. 由于扫场的信号从市电取出，频率为 50 Hz. 每当 50 Hz 信号过零时，样品所处的磁场就是恒定磁场 B_0. 所以应先加大扫场信号，让总磁场有较大幅度的变化范围，以利于找到磁共振信号，然后调整频率.

2. 样品在磁场的位置很重要，应保证处在磁场的几何中心，除非有其他要求.

3. 调节时要缓慢，否则 NMR 信号会一闪而过.

4. 请勿打开样品的外包铜皮.

【实验数据处理及分析】

实验中，已知的常量有 $\gamma_H = 2.675\,22 \times 10^2$ MHz/T，$\mu_N = 5.050\,787 \times 10^{-27}$ J/T 及 $h = 6.626\,08 \times 10^{-34}$ J·s，求磁场 B_0，γ_F，g_F，μ_F.

【思考题】

1. 内扫时，核磁共振信号达到什么形式？外扫时，核磁共振信号达到什么形式？

2. 在医院的核磁共振成像宣传资料中，常常把拥有强磁场（1～1.5 T）作为一个宣传的亮点. 那么，磁场的强弱对探测质量有什么影响吗？为什么？

参考文献

[1] 王金山. 核磁共振谱仪[M]. 北京：机械工业出版社，1982

[2] 杨福家. 原子物理学[M]. 上海：复旦大学出版社，1993

§6.8 液晶电光效应实验

早在 20 世纪 70 年代,液晶已作为物质存在的第四态开始写入各国学生的教科书中,至今已成为由物理学家、化学家、生物学家、工程技术人员和医药工作者共同关心与研究的对象,并在物理、化学、电子、生命科学等诸多领域得到了广泛的应用.如:光导液晶光阀、光调制器、液晶显示器件、各种传感器、微量毒气监测、夜视仿生等,尤其液晶显示器件早已广为人知,独占了电子表、手机、笔记本电脑等领域.液晶显示器件、光导液晶光阀、光调制器、光路转换开关等均是利用液晶电光效应的原理制成的.因此,掌握液晶电光效应从实用角度或物理实验教学角度都是很有意义的.

【实验目的】

1. 测定液晶样品的电光曲线.
2. 根据电光曲线,求出样品的阈值电压 U_{th}、饱和电压 U_s、对比度 D_r 和陡度 β 等电光效应的主要参数.
3. 了解最简单的液晶显示器件(TN-LCD)的显示原理.
4. 自配数字存储示波器可测定液晶样品的电光响应曲线,求得液晶样品的响应时间.

【实验原理】

1. 液晶

液晶态是一种介于液体和晶体之间的中间态,既有液体的流动性、粘度和形变等机械性质,又有晶体的热、光、电和磁等物理性质.液晶与液体、晶体之间的区别是:液体是各向同性的,分子取向无序;液晶分子有取向序,但无位置序;晶体则既有取向序又有位置序.

就形成液晶方式而言,液晶可分为热致液晶和溶致液晶.热致液晶又可分为近晶相、向列相和胆甾相,其中向列相液晶是液晶显示器件的主要材料.

2. 液晶电光效应

液晶分子是在形状、介电常数、折射率及电导率上具有各向异性特性的物质,如果对这样的物质施加电场(电流),随着液晶分子取向结构发生变化,它的光学特性也随之变化,这就是通常说的液晶的电光效应.

液晶的电光效应种类繁多,主要有动态散射型(DS)、扭曲向列相型(TN)、超扭曲向列相型(STN)、有源矩阵液晶显示(TFT)、电控双折射(ECB)等.其中应用较广的有:TFT型——主要用于液晶电视、笔记本电脑等高档产品;STN 型——主要用于手机屏幕等中档产品;TN 型——主要用于电子表、计算器、仪器仪表、家用电器等中低档产品,是目前应用最普遍的液晶显示器件.

TN 型液晶显示器件显示原理较简单,是 STN,TFT 等显示方式的基础.本仪器所使用的液晶样品即为 TN 型.

3. TN 型液晶盒结构

TN 型液晶盒结构如图 6-8-1 所示.

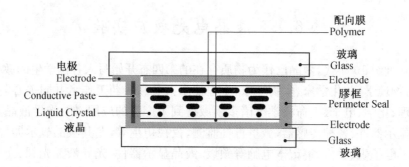

图 6-8-1　TN 型液晶盒结构图

　　在涂覆透明电极的两玻璃基板之间,夹有正介电各向异性的向列相液晶薄层,四周用密封材料(一般为环氧树脂)密封.玻璃基板内侧覆盖着一层定向层,通常是一薄层高分子有机物,经定向摩擦处理,可使棒状液晶分子平行于玻璃表面,沿定向处理的方向排列.上下玻璃表面的定向方向是相互垂直的,这样,盒内液晶分子的取向逐渐扭曲,从上玻璃片到下玻璃片扭曲了 90°,所以称为扭曲向列型.

4. 扭曲向列型电光效应

　　无外电场作用时,由于可见光波长远小于向列相液晶的扭曲螺距,当线偏振光垂直入射时,若偏振方向与液晶盒上表面分子取向相同,则线偏振光将随液晶分子轴方向逐渐旋转 90°,平行于液晶盒下表面分子轴方向射出(见图 6-8-2(a)中不通电部分,其中液晶盒上下表面各附一片偏振片,其偏振方向与液晶盒表面分子取向相同,因此光可通过偏振片射出);

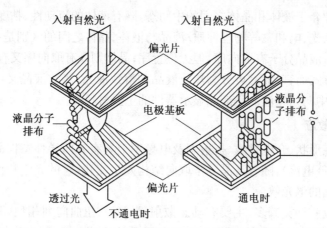

（a）TN 型器件分子排布与透过光示意图

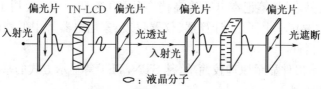

(b)TN 型电光效应的原理示意图

图 6-8-2　TN 型液晶显示器件显示原理示意图

若入射线偏振光偏振方向垂直于上表面分子轴方向,出射时,线偏振光方向亦垂直于下表面液晶分子轴;当以其他线偏振光方向入射时,则根据平行分量和垂直分量的相位差,以椭圆、圆或直线等某种偏振光形式射出.

对液晶盒施加电压,当达到某一数值时,液晶分子长轴开始沿电场方向倾斜,电压继续增加到另一数值时,除附着在液晶盒上下表面的液晶分子外,所有液晶分子长轴都按电场方向进行重排列(见图 6-8-2(a)中通电部分),TN 型液晶盒 90°旋光性完全消失.

若将液晶盒放在两片平行偏振片之间,其偏振方向与上表面液晶分子取向相同. 不加电压时,入射光通过起偏器形成的线偏振光.经过液晶盒后偏振方向随液晶分子轴旋转 90°,不能通过检偏器;施加电压后,透过检偏器的光强与施加在液晶盒上电压大小的关系见图6-8-3;其中纵坐标为透光强度,横坐标为外加电压. 最大透光强度的 10% 所对应的外加电压值称为阈值电压(U_{th}),标志了液晶电光效应有可观察反应的开始(或称起辉),阈值电压小,是电光效应好的一个重要指标. 最大透光强度的 90% 对应的外加电压值称为饱和电压(U_s),标志了获得最大对比度所需的外加电压数值,U_s 小则易获得良好的显示

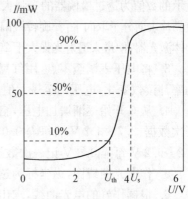

图 6-8-3 液晶电光曲线示意图

效果,且降低显示功耗,对显示寿命有利. 对比度 $D_r = \dfrac{I_{max}}{I_{min}}$,其中 I_{max} 为最大观察(接收)亮度(照度),I_{min} 为最小亮度. 陡度 $\beta = \dfrac{U_s}{U_{th}}$ 即饱和电压与阈值电压之比.

5. TN-LCD 结构及显示原理

液晶盒上下玻璃片的外侧均贴有偏光片,其中上表面所附偏振片的偏振方向总是与上表面分子取向相同. 自然光入射后,经过偏振片形成与上表面分子取向相同的线偏振光,入射液晶盒后,偏振方向随液晶分子长轴旋转 90°,以平行于下表面分子取向的线偏振光射出液晶盒. 若下表面所附偏振片偏振方向与下表面分子取向垂直(即与上表面平行),则为黑底白字的常黑型,不通电时,光不能透过显示器(为黑态),通电时,90°旋光性消失,光可通过显示器(为白态);若偏振片与下表面分子取向相同,则为白底黑字的常白型,如图 6-8-2(b)所示. TN-LCD 可用于显示数字、简单字符及图案等,有选择地在各段电极上施加电压,就可以显示出不同的图案.

【实验仪器】

如图 6-8-4 所示,液晶电光效应实验仪主要由控制主机、导轨、滑块、半导体激光器、起偏器、液晶样品、检偏器及光电探测器组成.

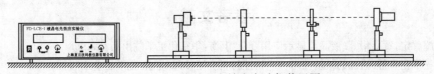

图 6-8-4 液晶电光效应实验仪装置图

【实验内容与步骤】

1. 光学导轨上依次为:半导体激光器－起偏器－液晶盒－检偏器(带光电探测器). 打开半导体激光器,调节各元件高度,使激光依次穿过起偏器、液晶盒、检偏器,打在光电探测器的通光孔上.

2. 接通主机电源,将光功率计调零,用话筒线连接光功率计和光电转换盒,此时光功率计显示的数值为透过检偏器的光强大小. 旋转起偏器至 $120°$(出厂时已校准过),使其偏振方向与液晶片表面分子取向平行. 旋转检偏器,观察光功率计数值变化,若最大值小于 $200 \mu W$,可旋转半导体激光器,使最大透射光强大于 $200 \mu W$. 旋转检偏器使透射光强达到最小.

3. 将电压表调至零点,用红黑导线连接主机和液晶盒,从 0 开始逐渐增大电压,观察光功率计读数变化,电压调至最大值后归零.

4. 从 0 开始逐渐增加电压,自拟表格记录电压及透射光强值. $0 \sim 2.7$ V 每隔 0.3 V 记一次数据;$2.7 \sim 3.2$ V 后每隔 0.05 V 记一次数据;$3.2 \sim 6.2$ V 每隔 0.1 V 记一次数据;$6.2 \sim 9.2$ V 每隔 0.3 V 记一次数据. 在关键点附近宜多测几组数据.

5. 作电光曲线图,纵坐标为透射光强值,横坐标为外加电压值.

6. 根据作好的电光曲线,求出样品的阈值电压 U_{th}、饱和电压 U_s、对比度 D_r 及陡度 β.

【实验注意事项及常见故障的排除】

1. 液晶样品受温度等环境因素的影响较大,如 TN 型液晶的阈值电压在 $20℃ \pm 20℃$ 范围内漂移达到 $15\% \sim 35\%$,因此每次实验结果有一定出入为正常情况. 也可比较不同温度下液晶样品的电光曲线图.

2. 保持液晶盒表面清洁,不能划伤,避免受阳光直射.

3. 切勿直视激光器.

【思考题】

1. 如何实现常黑型、常亮型液晶显示?

2. 根据实验原理图,若在白底黑字的基础上,实现黑底白字的反相显示,应改变哪个器件? 如何改变?

【实验拓展】

1. 演示黑底白字的常黑型 TN-LCD. 拔掉液晶盒上的插头,光功率计显示为最小,即黑态;将电压调至 $6 \sim 7$ V,连通液晶盒,光功率计显示最大数值,即白态. 注:可自配数字或字符型液晶片演示,有选择地在各段电极上施加电压,就可以显示出不同的图案.

2. 自配数字存储示波器,可测试液晶样品的电光响应曲线,求得样品的响应时间.

参考文献

[1] 施善定,黄嘉华等. 液晶与显示应用[M]. 上海:华东化工学院出版社,1993

[2] 松本正一等. 液晶的最新技术——物性材料应用[M]. 北京:化学工业出版社,1991

[3] 谢毓章. 液晶物理学[M]. 北京:科学出版社,1988

§6.9　音频信号光纤传输技术实验

【实验目的】

1. 熟悉半导体电光/光电器件的基本性能及主要特性的测试方法.
2. 了解音频信号光纤传输系统的结构及选配各主要部件的原则.
3. 学习分析集成运放电路的基本方法.
4. 训练音频信号光纤传输系统的调试技术.

【实验原理】

1. 系统的组成

图 6-9-1 是音频信号直接光强调制光纤传输系统的结构原理图,它主要包括由 LED 及其调制和驱动电路组成的光信号发送器、传输光纤和由光电转换、I-V 变换及功放电路组成的光信号接收器三个部分. 光源器件 LED 的发光中心波长必须在传输光纤呈现低损耗的 $0.85~\mu m$, $1.3~\mu m$ 或 $1.5~\mu m$ 附近,本实验采用中心波长 $0.85~\mu m$ 附近的 GaAs 半导体发光二极管作光源,峰值响应波长为 $0.8\sim 0.9~\mu m$ 的硅光二极管(SPD)作光电检测元件. 为了避免或减少谐波失真,要求整个传输系统的频带宽度能够覆盖被传信号的频谱范围,对于语音信号,其频谱在 $300\sim 3~400~Hz$ 的范围内. 由于光导纤维对光信号具有很宽的频带,故在音频范围内,整个系统的频带宽度主要取决于发送端调制放大电路和接收端功放电路的幅频特性.

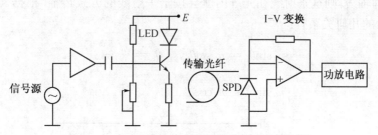

图 6-9-1　音频信号光纤传输实验系统原理图

2. 光导纤维的结构及传光原理

衡量光导纤维性能好坏有两个重要指标:一是看它传输信息的距离有多远,二是看它携带信息的容量有多大,前者取决于光纤的损耗特性,后者取决于光纤的脉冲响应或基带频率特性.

经过人们对光纤材料的提纯,目前已很容易使光纤的损耗做到 $1~dB/km$ 以下. 光纤的损耗与工作波长有关,所以在工作波长的选用上,应尽量选用低损耗的工作波长,光纤通讯最早是用短波长 $0.85~\mu m$,近来发展至用 $1.3\sim 1.55~\mu m$ 范围的波长,因为在这一波长范围内光纤不仅损耗低,而且"色散"也小.

光纤的脉冲响应或它的基带频率特性又主要取决于光纤的模式性质. 光纤按其模式性质通常可以分成两大类:① 单模光纤;② 多模光纤. 无论单模或多模光纤,其结构均由纤芯和包层两部分组成. 纤芯的折射率较包层折射率大, 对于单模光纤, 纤芯直径只有 $5\sim$ $10~\mu m$, 在一定条件下, 只允许一种电磁场形态的光波在纤芯内传播, 多模光纤的纤芯直径为 $50~\mu m$ 或 $62.5~\mu m$, 允许多种电磁场形态的光波传播; 以上两种光纤的包层直径均为 $125~\mu m$. 按其折射率沿光纤截面的径向分布状况又分成阶跃型和渐变型两种光纤, 对于阶跃型光纤, 在纤芯和包层中折射率均为常数, 但纤芯折射率 n_1 略大于包层折射率 n_2. 所以对于阶跃型多模光纤, 可用几何光学的全反射理论解释它的导光原理. 在渐变型光纤中, 纤芯折射率随离开光纤轴线距离的增加而逐渐减小, 直到在纤芯—包层界面处减到某一值后在包层的范围内折射率保持这一值不变, 根据光射线在非均匀介质中的传播理论分析可知: 经光源耦合到渐变型光纤中的某些光射线, 在纤芯内是沿周期性地弯向光纤轴线的曲线传播.

　　本实验采用阶跃型多模光纤作为信道, 应用几何光学理论进一步说明这种光纤的传光原理. 阶跃型多模光纤的结构如图 6-9-2 所示, 它由纤芯和包层两部分组成, 纤芯的半径为 a, 折射率为 n_1, 包层的外径为 b, 折射率为 n_2, 且 $n_1 > n_2$.

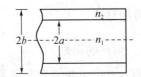

图 6-9-2　阶跃型多模光纤的
结构示意图

　　当有一光束投射到光纤端面时, 进入光纤内部的光射线在光纤入射端面处的入射面包含光纤轴线的称为子午射线, 这类射线在光纤内部的行径, 是一条与光纤轴线相交、呈 "Z" 字型前进的平面折线; 若耦合到光纤内部的光射线在光纤入射端面处的入射面不包含光纤轴线, 称为偏射线, 偏射线在光纤内部不与光纤轴线相交; 其行径是一条空间折线. 以下我们只对子午射线的传播特性进行分析.

　　如图 6-9-3 所示, 假设光纤端面与其轴线垂直, 当光线射到光纤入射端面时的入射面包含了光纤的轴线, 则这条射线在光纤内就会按子午射线的方式传播. 根据 snell 定律及图 6-9-3 所示的几何关系有:

$$n_0 \sin\theta_i = n_1 \sin\theta_z, \quad \theta_z = \frac{\pi}{2} - \alpha \qquad (6-9-1)$$

故
$$n_0 \sin\theta_i = n_1 \cos\alpha \qquad (6-9-2)$$

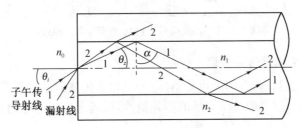

图 6-9-3　子午传导射线和漏射线

式中 n_0 是光纤入射端面左侧介质的折射率. 通常光纤端面处在空气介质中, 故 $n_0 = 1$. 由 (6-9-2)式可知: 如果所讨论光纤在光纤端面处的入射角 θ_i 较小, 则它折射到光纤内部后投射到纤芯—包层界面处的入射角 α 有可能大于由纤芯和包层材料的折射率 n_1 和 n_2 按下式决定的临结角 α_c:

$$\alpha_c = \arcsin(n_2/n_1) \qquad (6-9-3)$$

在此情形下光射线在纤芯—包层界面处发生全内反射. 该射线所携带的光能就被局限在纤芯内部而没有外溢, 满足这一条件的射线称为传导射线.

随着图 6-9-3 中入射角 θ_i 的增加, α 角就会逐渐减小, 直到 $\alpha = \alpha_c$ 时, 子午射线携带的光能均可被局限在纤芯内. 在此之后, 若继续增加 θ_i, 则 α 角就会变得小于 α_c, 这时子午射线在纤芯—包层界面处的全内反射条件受到破坏, 致使光射线在纤芯—包层界面的每次反射均有部分能量溢出纤芯外, 于是, 光导纤维再也不能把光能有效地约束在纤芯内部, 这类射线称为漏射线.

设与 $\alpha = \alpha_c$ 对应的 θ_i 为 θ_{imax}, 由上所述, 凡是以 θ_{imax} 为张角的锥体内入射的子午线, 投射到光纤端面上时, 均能被光纤有效地接收而约束在纤芯内. 根据 (6-9-2) 式有:

$$n_0 \sin\theta_{imax} = n_1 \cos\alpha_c$$

因其中 n_0 表示光纤入射端面空气一侧的折射率, 其值为 1, 故:

$$\sin\theta_{imax} = n_1(1 - \sin^2\alpha_c)^{1/2} = (n_1^2 - n_2^2)^{1/2}$$

通常把 $\sin\theta_{imax} = (n_1^2 - n_2^2)^{1/2}$ 定义为光纤的理论数值孔径 (Numerical Aperture), 用英文字符 NA 表示, 即

$$\mathrm{NA} = \sin\theta_{imax} = (n_1^2 - n_2^2)^{1/2} = n_1(2\Delta)^{1/2} \tag{6-9-4}$$

它是一个表征光纤对子午射线捕获能力的参数, 其值只与纤芯和包层的折射率 n_1 和 n_2 有关, 与纤芯的半径 a 无关. 在 (6-9-4) 式中:

$$\Delta = (n_1^2 - n_2^2)/2n_1^2 \approx (n_1 - n_2)/n_1$$

称为纤芯—包层之间的相对折射率差, Δ 愈大, 光纤的理论数值孔径 NA 愈大, 表明光纤对子午线捕获的能力愈强, 即由光源发出的光功率更易于耦合到光纤的纤芯内, 这对于作传光用途的光纤来说是有利的, 但对于通讯用的光纤, 数值孔径愈大, 模式色散也相应增加, 这不利于传输容量的提高. 对于通讯用得多模光纤 Δ 值一般限制在 1% 左右. 由于常用石英多模光纤的纤芯折射率 n_1 的值处于 1.50 附近的范围内, 故理论数值孔径的值在 0.21 左右.

3. 半导体发光二极管结构、工作原理、特性及驱动、调制电路

光纤通讯系统中对光源器件在发光波长、电光效率、工作寿命、光谱宽度和调制性能等许多方面均有特殊要求. 所以不是随便哪种光源器件都能胜任光纤通讯任务的, 目前在以上各个方面都能较好满足要求的光源器件主要有半导体发光二极管 (LED) 和半导体激光二极管 (LD). 本实验采用 LED 作光源器件.

光纤传输系统中常用的半导体发光二极管是一个如图 6-9-4 所示的 n-p-p 三层结构的半导体器件, 中间层通常是由 GaAs (砷化镓) p 型半导体材料组成, 称有源层, 其带隙宽度较窄, 两侧分别由 GaAlAs 的 n 型和 p 型半导体材料组成, 与有源层相比, 它们都具有较宽的带隙. 具有不同带隙宽度的两种半导体单晶之间

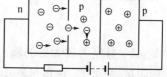

图 6-9-4　半导体发光二极管及其工作原理

的结构称为异质结. 在图 6-9-4 中, 有源层与左侧的 n 层之间形成的是 p-n 异质结, 而与右侧 p 层之间形成的是 p-p 异质结, 故这种结构又称 n-p-p 双异质结构. 当给这种结构加上

正向偏压时,就能使 n 层向有源层注入导电电子,这些导电电子一旦进入有源层后,因受到右边 p-p 异质结的阻挡作用不能再进入右侧的 p 层,它们只能被限制在有源层与空穴复合,导电电子在有源层与空穴复合的过程中,其中有不少电子要释放出能量满足以下关系的光子:$h\nu = E_1 - E_2 = E_g$,其中 h 是普朗克常数,ν 是光波的频率,E_1 是有源层内导电电子的能量,E_2 是导电电子与空穴复合后处于价健束缚状态时的能量.两者的差值 E_g 与异质结构中各层材料及其组分的选取等多种因素有关,制作 LED 时只要这些材料的选取和组分的控制适当,就可使得 LED 发光中心波长与传输光纤低损耗波长一致.

本实验采用的 HFBR-1424 型半导体发光二极管的正向伏安特性如图 6-9-5 所示,与普通的二极管相比,在正向电压大于 1 V 以后,才开始导通,在正常使用情况下,正向压降为 1.5 V 左右.半导体发光二极管输出的光功率与其驱动电流的关系称 LED 的电光特性.为了使传输系统的发送端能够产生一个无非线性失真、而峰-峰值又最大的光信号,使用 LED 时应先给它一个适当的偏置电流,其值等于特性曲线线性部分中点对应的电流值,而调制电流的峰-峰值应尽可能大地处于这一电光特性的线性范围内.

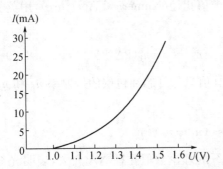

图 6-9-5 HFRB-1424 型 LED 的正向伏安特性

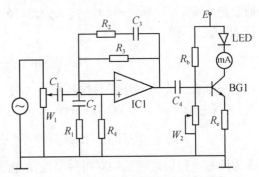

图 6-9-6 LED 的驱动和调制电路

音频信号光纤传输系统发送端 LED 的驱动和调制电路如图 6-9-6 所示,以 BG1 为主构成的电路是 LED 的驱动电路,调节这一电路中的 W_2 可使 LED 的偏置电流在 $0 \sim 20$ mA 的范围内变化.被传音频信号由 IC1 为主构成的音频放大电路放大后经电容器 C_4 耦合到 BG1 基极,对 LED 的工作电流进行调制,从而使 LED 发送出光强随音频信号变化的光信号,并经光导纤维把这一信号传至接收端.

根据理想运放电路开环电压增益大(可近似为无限大)、同相和反相输入端输入阻抗大(也可近似为无限大)和虚地等三个基本性质,可以推导出图 6-9-6 所示音频放大电路的闭环增益为:

$$G(jw) = V_{o1}/V_{il} = 1 + Z_2/Z_1 \tag{6-9-5}$$

式中 V_{o1},V_{il} 分别为放大器的输出和输入电压;Z_2,Z_1 分别为放大器反馈阻抗和反相输入端的接地阻抗,只要 C_3 选得足够小,C_2 选得足够大,则在要求带宽的中频范围内,C_3 的阻抗很大,它所在支路可视为开路,而 C_2 的阻抗很小,它可视为短路.在此情况下,放大电路的闭环增益 $G(jw) = 1 + R_3/R_1$.C_3 的大小决定了高频端的截止频率 f_2,而 C_2 的值决定着低频端的截止频率 f_1.故该电路中的 R_1,R_2,R_3 和 C_2,C_3 是决定音频放大电路增益和带宽的几个重要参数.

4. 半导体光电二极管的结构、工作原理及特性

　　半导体光电二极管与普通的半导体二极管一样,都具有一个 p-n 结,光电二极管在外形结构方面有它自身的特点,这主要表现在光电二极管的管壳上有一个能让光射入其光敏区的窗口,此外,与普通二极管不同,它经常工作在反向偏置电压状态(如图 6-9-7(a)所示)或无偏压状态[1](如图 6-9-7(b)所示).在反偏电压下 p-n 结的空间电荷区的势垒增高、宽度加大、结电阻增加、结电容减小,所有这些均有利于提高光电二极管的高频响应性能.无光照时,反向偏置的 p-n 结只有很小的反向漏电流,称为暗电流.当有光子能量大于 p-n 结半导体材料的带隙宽度 E_g 的光波照射到光电二极管的管芯时,p-n 结各区域中的价电子吸收光能后将挣脱价键的束缚而成为自由电子,与此同时也产生一个自由空穴,这些由光照产生的自由电子空穴对统称为光生载流子.在远离空间电荷区(亦称耗尽区)的 p 区和 n 区内,电场强度很弱,光生载流子只有扩散运动,它们在向空间电荷区扩散的途中因复合而被消失掉,故不能形成光电流.形成光电流的主要靠空间电荷区的光生载流子,因为在空间电荷区内电场很强,在此强电场作用下,光生自由电子空穴对将以很高的速度分别向 n 区和 p 区运动,并很快越过这些区域到达电极沿外电路闭合形成光电流,光电流的方向是从二极管的负极流向它的正极,并且在无偏压短路的情况下与入射的光功率成正比,因此在光电二极管的 p-n 结中,增加空间电荷区的宽度对提高光电转换效率有着密切关系.为此,若在 p-n 结的 p 区和 n 区之间再加一层杂质浓度很低以致可近似为本征半导体(用 i 表示)的 i 层,就形成了具有 p-i-n 三层结构的半导体光电二极管,简称 PIN 光电二极管,PIN 光电二极管的 p-n 结除具有较宽空间电荷区外,还具有很大的结电阻和很小的结电容,这些特点使 PIN 管在光电转换效率和高频响应特性方面与普通光电二极管相比均得到了很大改善.

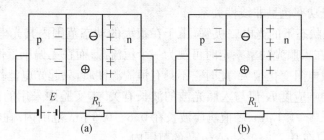

图 6-9-7　光电二极管的结构及工作方式

　　根据参考文献[2],光电二极管的伏安特性可用下式表示:

$$I = I_0 [1 - \exp(qV/KT)] + I_L \tag{6-9-6}$$

式中 I_0 是无光照的反向饱和电流,V 是二极管的端电压(正向电压为正,反向电压为负),q 为电子电荷,K 为玻耳兹曼常数,T 是结温,单位为 K,I_L 是无偏压状态下光照时的短路电流,它与光照时的光功率成正比.(6-9-6)式中的 I_0 和 I_L 均是反向电流,即从光电二极管负极流向正极的电流.根据(6-9-6)式,光电二极管的伏安特性曲线如图 6-9-8 所示,对应图 6-9-7(a)所示的反偏工作状态,光电二极管的工作点由负载线与第三象限的伏安特性曲线交点确定.由图 6-9-8 可以看出:

---

① 光电二极管的偏置电压是指无光照时二极管两端所承受的电压.

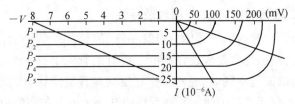

图 6-9-8　光电二极管的伏安特性曲线及工作点的确定

（1）光电二极管即使在无偏压的工作状态下,也有反向电流流过,这与普通二极管只具有单向导电性相比有着本质的差别,认识和熟悉光电二极管的这一特点对于在光电转换技术中正确使用光电器件具有十分重要意义.

（2）反向偏压工作状态下,在外加电压 E 和负载电阻 R_L 的很大变化范围内,光电流与入照的光功率均具有较好的线性关系;无偏压工作状态下,只有 R_L 较小时光电流才与入照光功率成正比,R_L 增大时,光电流与光功率呈非线性关系;无偏压短路状态下,短路电流与入照光功率具有很好的线性关系,这一关系称为光电二极管的光电特性,这一特性在 $I\text{-}P$ 坐标系中的斜率:

$$K = \Delta I / \Delta P \; (\mu\text{A}/\mu\text{W}) \tag{6-9-7}$$

定义为光电二极管的响应度,它是表征光电二极管光电转换效率的重要参数.

（3）在光电二极管处于开路状态情况下,光照时产生的光生载流子不能形成闭合光电流,它们只能在 p-n 结空间电荷区的内电场作用下,分别堆积在 p-n 结空间电荷区两侧的 n 层和 p 层内,产生外电场,此时光电二极管表现出有一定的开路电压.不同光照情况下的开路电压就是伏安特性曲线与横坐标轴交点所对应的电压值.由图 6-9-8 可见,光电二极管开路电压与入照光功率也呈非线性关系.

（4）反向偏压状态下的光电二极管,由于在很大的动态范围内其光电流与偏压和负载电阻几乎无关,故在入照光功率一定时可视为一个恒流源;而在无偏压工作状态下光电二极管的光电流随负载电阻变化很大,此时它不具有恒流源性质,只起光电池作用.

光电二极管的响应度 K 值与入照光波的波长有关.本实验中采用的硅光电二极管,其光谱响应波长在 $0.4 \sim 1.1 \; \mu\text{m}$、峰值响应波长在 $0.8 \sim 0.9 \; \mu\text{m}$ 范围内.在峰值响应波长下,响应度 K 的典型值在 $0.25 \sim 0.5 \; \mu\text{A}/\mu\text{W}$ 的范围内.

【实验仪器】

OFE-B 型音频信号光纤传输技术实验仪,音频信号发生器,示波器,数字万用表.

【实验内容与步骤】

1. LED 伏安特性的测定

把选择开关打到 LED,调节 W_2,当 LED 开始导通时,微调 W_2,读取一个 LED 易记的电压值,比如 1.0 V 或 1.1 V,然后继续调节 W_2,LED 电压每增加 50 mV 时,读取并记录 LED 的电流值.

2. LED-传输光纤组件电光特性的测定

测量前首先将两端带电流插头的电缆线一头插入光纤绕线盘上的电流插孔,另一端插入发送器前面板上的"LED"插孔,并将光电探头插入光纤绕线盘上引出传输光纤输出端的同轴插孔中,SPD 的两条出线接至发送器光功率指示器的相应插孔内,在以后实验过程中注意保持光电探头的这一位置不变.测量时调节 W_2 使毫安表指示从零开始(此时光功率计的读数应为零,若不为零则记下读数,并在以后的各次测量中以此为零点校准),逐渐增加 LED 的驱动电流,每增 2 mA 读取一次光功率计示值,直到 20 mA 为止.根据测量结果描绘 LED-传输光纤组件的电光特性曲线,并确定出其线性度较好的线段.

3. 光电二极管反向伏安特性曲线的测定

测定光电二极管反向伏安特性的电路如图 6-9-9 所示.其中 LED 是发光中心波长与被测光电二极管的峰值响应波长很接近的 GaAs 半导体发光二极管,在这里它作光源使用,其光功率由光导纤维输出.由 IC2 为主构成的电路是一个电流-电压变换电路,它的作用是把流过光电二极管的光电流 I 转换成 IC2 输出端 c 点的输出电压 V_o,

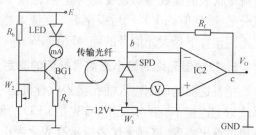

图 6-9-9 光电二极管反向伏安特性的测定

它与光电流成正比.整个测试电路的工作原理依据如下:由于 IC2 的反相输入端具有很大的输入阻抗,光电二极管受光照时产生的光电流几乎全部流过 R_f 并在其上产生电压降 $V_{cb} = R_f I$.另外,又因 IC2 具有很高的开环电压增益,反相输入端具有与同相输入端相同的地电位,故 IC2 的输出电压

$$V_o = R_f I \qquad\qquad (6-9-8)$$

已知 R_f 后,就可根据上式由 V_o 计算出相应的光电流 I.

在图 6-9-9 中,为了使被测光电二极管能工作在不同的反向偏压状态下,设置了由 W_3 组成的分压电路.具体测量时首先把 SPD 的插头接至接收器前面板左侧 SPD 相应的插孔中,然后根据 LED 的电光特征曲线在 LED 工作电流从 0～20 mA 的变化范围内查出输出光功率均分的 5 个工作点对应的驱动电流值,为以后论述得方便,对应这 5 个电流值分别标以 I_1,I_2,I_3,I_4 和 I_5.

测量 LED 工作电流为 I_1～I_5 时所对应的 P_1～P_5 五种光照情况下光电二极管的反向伏安特性曲线.对于每条曲线,测量时,调节 W_3 使被测二极管的反偏电压逐渐增加,从 0 V 开始,每增加 1 V 用接收器前面板的数字毫伏表测量一次 IC2 输出电压 V_o 值,根据这一电压值由(6-9-8)式即可算出相应的光电流 I.

根据实验数据,在直角坐标纸上描绘出被测光电二极管的以上 5 条反向伏安特性曲线及光电特性曲线(即无偏压短路状态下,SPD 的短路电流 I 与入照光功率 P 的关系曲线),并由光电特性曲线计算出被测光电二极管对于 LED 发光中心波长的响应度 K 值.

4. LED 偏置电流与无非线性畸变最大光讯号幅度关系的测定

由于 LED 的伏安特性及电光特性曲线均存在着非线性区域,所以在图 6-9-6 所示的 LED 驱动和调制电路中,对于 LED 工作电流的不同偏置状态,能够获得的无非线性畸变的最大光信号(即 LED-传输光纤组件输出光功率的交变部分)的幅值(或峰-峰值)也具有不同值,在设计音频信号光纤传输系统时,应把 LED 的偏置电流选定在其电光特性曲线线性范围最宽的线段中点对应的电流值. 在对音频信号光纤传输系统进行调试时,可通过实验的方法,测定 LED 偏置电流与无非线性畸变最大光信号幅度的关系,然后在 LED 允许的最大工作电流范围内,选择一个最佳偏置状态.

实验方法的具体操作如下:用音频信号发生器作信号源(频率为 1 kHz 左右),SPD 接到接收器前面板上的相应插孔并把示波器的输入电缆和接收器前面板的数字毫伏表接至接收器 I-V 变换电路的输出端,在 LED 偏置电流为 4 mA,8 mA,12 mA,16 mA 和 20 mA 的各种情况下,从零开始,逐渐增加调制信号源的输出幅度,直到接至 I-V 变换电路输出端的直流毫伏表的读数有明显变化为止[①],记录下示波器上显示的 I-V 变换电路输出电压交变成分的峰-峰值(mV),然后根据 I-V 变换电路中的 R_f 值和 SPD 的响应度 K 值,便可算出以上不同偏置下最大光信号的峰-峰值(μW).

5. 接收器允许的最小光信号幅值的测定

把发送器的调制输入插孔接入收音机信号,接收器功放输出端接入小音箱,在保持实验系统以上连接不变的情况下,首先把 LED 的偏置电流调为 5 mA,然后从零开始逐渐加大收音机的输出幅度,直到毫伏表指示有变化为止,考察接收器的音响效果是否能清晰辨别出所接收的音频信号,若能,继续减小 LED 的偏置电流重复以上实验,直至不能清晰辨别出接收信号为止,记下在这一状态之前对应的 LED 的偏置电流 I_{min} 值,并由 LED 电光特性曲线确定出 $0\sim2I_{min}$ 对应的光功率的变化量 ΔP_{min},则接收器允许的最小光信号的峰-峰值,不会大于 ΔP_{min},故 ΔP_{min} 可以作为实验系统接收器允许的最小光信号的幅值.

6. 语言信号的传输

试验整个音频信号光纤传输系统的音响效果. 实验时把示波器和数字毫伏表接至接收器 I-V 变换电路的输出端,适当调节发送器的 LED 偏置电流和调制输入信号幅度,使传输系统达到无非线性失真、光信号幅度为最大的最佳听觉效果.

【思考题】

1. 利用 SPD、I-V 变换电路和数字毫伏表,设计一个光功率计.

2. 如何测定图 6-9-9 所示 SPD 第四象限的正向伏安特性曲线?

3. 在 LED 偏置电流一定情况下,当调制信号幅度较小时,指示 LED 偏置电流的毫安表读数与调制信号幅度无关;当调制信号幅度增加到某一程度后,毫安表读数将随着调制信号的幅度而变化,为什么?

4. 若传输光纤对于本实验所采用 LED 的中心波长的损耗系数 $a \leqslant 1$ db/Km,[②]根据实验数据估算本实验系统的传输距离还能延伸多远.

参考文献

[1] 朱世国,付克祥. 纤维光学[M]. 成都:四川大学出版社,1992

[2] 吕斯骅,朱印康. 近代物理实验技术[M]. 北京:高等教育出版社,1991

---

① 若毫安表的指示相对于无调制信号状态有明显的变化,意味着有什么情况发生?

② 光纤损耗系数 a 的定义为:$a = 10 \lg(P_{in}/P_{out})/L$ (db/Km) 其中 P_{in} 为光纤输入光功率;P_{out} 为光纤输出光功率;L 为光纤长度.

§6.10　电表的改装与校正

【实验目的】

1. 掌握将微安表改装成电流表、电压表的原理和方法.
2. 学习用比较法校准电流表、电压表.
3. 理解电表准确度的含义.

【实验原理】

用于改装的微安表量程较小,本身只能测量很小的电流和电压,将它配以不同的电路和元件进行改造,则可测量较大的电流和电压.

1. 微安表改装成电流表

微安表允许通过的电流很小,为了扩大它的量程,可将它并联一个阻值较小的分流电阻 R_S,如图 6-10-1 所示.

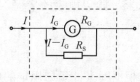

图 6-10-1　微安表改成电流表

设允许通过微安表的最大电流为 I_G(即量程),并联 R_S 之后,整体所允许通过的最大电流为 I,此时若将二者看成一个整体,视为改装之后的电流表,则 I 就是改装之后的量程.

根据欧姆定律可得

$$R_S = I_G R_G / (I - I_G) \tag{6-10-1}$$

由该式可知,分流电阻 R_S 越小,则扩大的电流量程 I 越大.用 n 表示量程所扩大的倍数,即 $n = I/I_G$,由(6-10-1)式可得:$R_S = R_G/(n-1)$,其中 R_G 为微安表的内阻.因此,要将量程扩大到 n 倍,则需要并联电阻值为 $R_S = R_G/(n-1)$ 的分流电阻.

2. 微安表改装成电压表

微安表本身具有内阻,电流流过时,产生电压降,电压降大小与流过的电流成正比,所以,微安表指针的偏转不仅可以表示所流过的电流大小,同时也可以表示微安表两端的电压大小,即微安表也可测量微小电压. 如果要测量较大电压,必须改装,使量程扩大,可以将表头串联一个分压电阻 R_H,如图 6-10-2 所示.

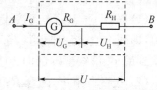

图 6-10-2　微安表改成电压表

设表头所允许加载的最大电压为 $I_G R_G$,串联 R_H 之后,二者看成一个整体,能承受的最大电压变为 U,即改装之后的电压表量程. 则

$$U = I_G(R_G + R_H) \tag{6-10-2}$$

由(6-10-2)式可得:$R_H = U/I_G - R_G$.

所以,若需要将微安表改装成量程为 U 的电压表,则需要串联一个电阻值为 $R_H = U/I_G - R_G$ 的分压电阻.

3. 校准改装表

通过与标准值比较来确定电表上每个刻度读数的正确值，称为"校准"，对于线性的电表，一般用调节元件等方法来校准零点和满刻度两点，使之与标准值一致；其他各点的校准结果则用来确定该电表的不确定度限值.

校准零点的方法是：先把电表的两接线柱短路，然后用螺丝刀调节电表的调零螺丝，使电表的指针指向零点.

校准满刻度的方法是：将电表接入相应的标准电路，使待校准的电表与标准电表（选用精度较高的电表）测量同一物理量（如电流、电压等），然后调节输入物理量的大小，使标准表的读数值恰好等于待校准电表的满刻度值，调节待校准电表中的元件（如可变电阻等）的值，使待校准电表的指针指到满刻度.

其他各点的校准方法是：在校准电路中，调节输入物理量的大小，使待校准的电表的指针指到某一刻度线，用标准电表测出该刻度线所对应的实际读数，求出两者差值的绝对值，如此重复，得到电表各个刻度值的差值，选取其中最大的一个即为该电表的仪器不确定度限值 a. 将 a 除以电表的量程 N_m 所得的百分数 A 称为电表的基本误差，即

$$A = \frac{a}{N_m} \times 100\%$$

根据国家计量局规定的电表的准确度等级：0.1，0.2，0.5，1.0，1.5，2.5，5.0 七个级别，若计算得到 $A=1.1\%$，则该表等级为 1.5 级.

【实验仪器】

微安表，标准电流表，标准电压表，滑线变阻器，电阻箱，直流稳压电源，导线.

【实验内容与步骤】

1. 将量程为 200 μA 的微安表改装成 20 mA 的电流表并校准

准备工作：校准微安表及标准电流表的机械零点.

（1）按图 6-10-3 连接线路. 根据 $R_S = R_G/(n-1)$，计算出 R_S 的值，即理论值. 将电阻箱（R_S）调到理论值，滑线变阻器（P）的分压调到最小. 虚线框内部即为改装之后的电流表.

（2）缓慢调节 P，配合 R_S 的调节，使得改装表指针指在满偏的同时，标准表指在 20 mA，即完成了满刻度的校准.

（3）缓慢调节 P，R_S 固定不变，使得改装表读数从 20 mA 开始依次降低（改装表每降低 4 mA，记下对应的标准表读数），然后再从 0 mA 开始依次增大（改装表每增大 4 mA，记下相应的标准表读数）.

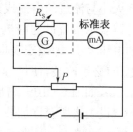

图 6-10-3 微安表改成电流表线路图

2. 将微安表改装成量程为 0～1 V 的电压表

具体过程仿照改装电流表，要求自行列出相应的步骤，画出电路图.

【实验数据处理及分析】

1. 改装成电流表

（1）改装

微安表内阻 $R_G=$_____；微安表量程 $I_G=$_____；改装表内阻 $R=$_____；
改装表量程 $I=$_____；R_S（计算值）$=$_____；R_S（实际值）$=$_____.

（2）校准

改装表读数 I_x(mA)	20.00	16.00	12.00	8.00	4.00	0.00
标准表读数 I_s(mA)						
标准表读数 I_s(mA)						
$\bar{I}_s$(mA)						
$\Delta I=\bar{I}_s-I_x$(mA)						
不确度限值 a(mA)						
基本误差 A						

（3）作校准曲线

以 ΔI 为纵坐标，I_x 为横坐标，作出校准曲线.

2. 改装成电压表

数据表格自拟，作校准曲线.

【思考题】

1. 校准改装表的量程时，发现改装表读数和标准表读数不一致，是什么原因？该如何调节？

2. 一量程为 $200\,\mu A$、内阻 $500\,\Omega$ 的微安表，若要将它的量程扩大到原来的 N 倍，应如何选择扩程电阻？它可以测量的最大电压是多少？

参考文献

[1] 沈元华,陆申龙. 基础物理实验[M]. 北京:高等教育出版社,2003
[2] 杨韧. 大学物理实验[M]. 北京:北京理工大学出版社,2005

§6.11　超声波液位计的设计

液位测量是超声波测量技术应用较为成功的领域之一,广泛应用于化工、石油和水电等部门作油位、水位等的测量.

【实验目的】

1. 了解超声波脉冲回波法测液位的基本原理.
2. 测量介质中声速及液位.
3. 学会自行设计各种方式的液位测量方法.

【实验原理】

液位测量分为连续测量和定点测量.在连续测量液位方面,应用最为广泛的是超声波脉冲回波法,它多数是以测量超声脉冲在介质中传播时间为基础的,也有以测量衰减为基础的.

脉冲回波法超声液位计的工作原理是发射探头发射出超声脉冲,在被测液体介质或其他借以测量的传声介质中传播至液面.经液面反射后,超声脉冲被接收探头所接收,测量超声脉冲从发射至接收所经时间,根据介质中的声速,可以通过计算求得探头至液面的距离,从而即可确定液面,如图 6 - 11 - 1 所示.

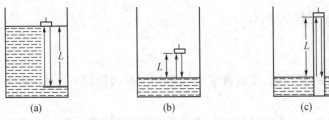

图 6 - 11 - 1　脉冲回波式超声液位计原理图

根据探头的工作方式,脉冲回波式超声液位计可分为液介式(图 6 - 11 - 1(a))、气介式(图 6 - 11 - 1(b))和固介式(图 6 - 11 - 1(c)).

对于单探头方式,如果从发射超声脉冲到接收到超声脉冲所经过的时间为 t,超声在介质中传播的速度为 v,则探头至液面的垂直距离 L 可以按下式求出:

$$L = \frac{1}{2}vt \tag{6-11-1}$$

液位的升降表现为 L 的变化,只要知道传声介质中的声速 v,则 L 就可以通过精确地测量时间 t 来确定.

图 6 - 11 - 1(c)是固介式超声液位计的情况.把一根作为传声介质的固体棒插入液体中,上端要高出最高液位,将探头安装在固体棒的上端,探头可以收到自液面与固体棒相交处反射的回波,它同样地是根据测量超声脉冲从发射到接收所经过的时间 t,确定探头至液面的垂直距离 L,进而确定液位.需要指出的是,对于固介式超声液位计,声速 v 是所选用波

型在固体中的声速,因为在固体棒中有很多波型可以传播,其传播速度是不尽相同的.

由上可知,脉冲回波式超声液位计测量液位需要知道超声波在传声介质中的传播速度 v,才能通过传播时间 t 求出液位.介质的声速随介质的不同而不同,即使是同一种介质,如果温度、压强等测试条件不同,声速也不一样,对于气体和液体来说,这种现象更为显著.在固体介质中,不同的波形有各自不同的声速;另外,严格来说,超声波频率改变,声速也会变化.因此,在实际测量液位时,不能简单地把声速看成常数,仅当测试条件比较理想,即传声介质的成分、温度和压强等因素都没有很大变化,同时液位的测量精度要求又不高的情况下,可把声速作为常数,否则,就应该对声速进行校正.

【实验仪器】

XYZ-2 型超声波综合实验仪主机,高频线一根,2.5 MHz 超声波探头一个,量筒一个,定制的薄铁片、螺杆和螺丝,水、油若干(水和油的声速已知).

【实验内容与步骤】

1. 设计制作液介式简易液位计

要求:① 测量声速时,应采用多次测量求平均值、逐差法和作图法等,以减小误差;② 写出设计的内容与实验步骤;③ 分析实验误差来源及减小误差的方法.

2. 设计不用考虑测定声速的脉冲回波式超声液位计

要求写出实验原理及测量数学表达式,分析该表达式的适用条件,并画出示意图.

【思考题】

如果在液面上滴一层油,怎样求油层的厚度?要求画出波形示意图,求解油层厚度的数学表达式.(已知油中的声速为 $v_{油}$)

第7章 提高性与应用性实验

§7.1 迈克尔逊干涉实验

【实验目的】

1. 掌握迈克尔逊干涉仪的原理、结构及调节方法.
2. 使用迈克尔逊干涉仪测量 He-Ne 激光的波长.

【实验原理】

迈克尔逊干涉仪主要由两个相互垂直的全反射镜 M_1,M_2 和一个 45°放置的半反射镜 M 组成.不同的光源会形成不同的干涉情况.

当光源为单色点光源时,它发出的光被 M 分为光强大致相同的两束光(1)和(2),如图 7-1-1 所示.其中光束(1)相当于从虚像 S'(点光源 S 相对于半反射镜 M 所成的虚像)发出,再经 M_1 反射,成像于 S'_1;光束(2)相当于从虚像 S' 发出,再经 M'_2 反射成像于 S'_2(M'_2 是 M_2 关于 M 所成的像).因此,单色点光源经过迈克尔逊干涉仪中两反射镜的反射光,可看作是从 S'_1 和 S'_2 发出的两束相干光.在观察屏上,S'_1 和 S'_2 的连线所通过点 P_0 的程差为 $2d$,而在观察屏上其他点 P 的程差约为 $2d\cos i$(其中 d 是 M_1 与 M'_2 的距离,i 是光线对 M_1 或 M'_2 的入射角).因而干涉条纹是以 P_0 为圆心的一组同心圆,中心级次高,周围级次低.若 M_1 与 M_2 的夹角偏离 90°,则干涉条纹的圆心可偏出观察屏以外,在屏上看到弧状条纹;若偏离更大而 d 又很小,S'_1 和 S'_2 的连线几乎与观察屏平行,则相当于杨氏双孔干涉,条纹近似为直线.无论干涉条纹形状如何,只要观察屏在 S'_1 和 S'_2 发出的两束光的交叠区,都可看到干涉条纹,所以这种干涉称为"非定域干涉".

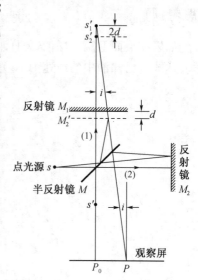

图 7-1-1 单色点光源照射

如果改用单色面光源照射,情况就不同了,如图 7-1-2 所示.由于面光源上不同点所发的光是不相干的,若把面光源看成许多点光源的集合,则这些点光源所分别形成的干涉条纹位置不同,它们相互叠加而最终变成模糊一片,因而在一般情况下将看不到干涉条纹. 只有以下两种情况是例外：① M_1 与 M_2 严格垂直，即 M_1 与 M_2' 严格平行，而把观察屏放在透镜的焦平面上，此时，从面光源上任一点 S 发出的光经 M_1 与 M_2 反射后形成的两束相干光是平行的，它们在观察屏上相遇的光程差均为 $2d\cos i$，因而可看到清晰而明亮的圆形干涉条纹。由于 d 是恒定的，干涉条纹是倾角 i 为常数的轨迹，故称为"等倾干涉条纹"；② M_1 与 M_2 并不严格垂直，即 M_1 与 M_2' 有一个小夹角 α。可以证明，此时从面光源上任一点 S 发出的光经 M_1 与 M_2 反射后形成的两束相干光相交于 M_1 或 M_2 的附近。因此，若把观察屏放在 M_1 或 M_2 对于透镜所成的像平面附近，就可以看到面光源干涉所形成的条纹。如果夹角 α 较大而角 i 变化不大，则条纹基本上是厚度 d 为常数的轨迹，因而称为"等厚干涉条纹"。显然，这两种情况都只在透镜的焦平面或像平面上才能看到清晰的条纹，因而是"定域干涉"。

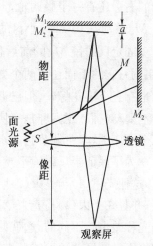

图 7 - 1 - 2 单色面光源照射

如果用非单色的白光为光源，情况更不相同。无论是点光源或面光源，要看到干涉条纹，必须满足光程差小于光源的相干长度的要求，即 $2d\cos i < \Delta L$，对于具有连续光谱的白光，ΔL 极小，因而仅当 $d \approx 0$ 时，才能看到彩色的干涉条纹。这虽然为观察白光条纹带来了困难，却为正确判断 $d = 0$ 的位置提供了一种很好的实验手段。

【实验仪器】

迈克尔逊干涉仪，激光发射器，扩束镜。

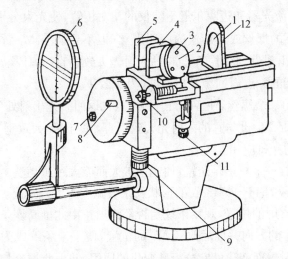

图 7 - 1 - 3 迈克尔逊干涉仪

1. 反射镜 M_1；2. 反射镜 M_2；3，12. M_1、M_2 镜面调节螺丝；4. 补偿板 G_2；5. 分光板 G_1；
6. 观察屏；7. 粗调手轮；8. 紧固螺丝；9. 微调鼓轮；10，11. 反射镜 M_2 的微调装置

实际的迈克尔逊干涉仪如图 7 - 1 - 3 所示。反射镜 M_1 装在带有一条刻度线的滑块上，滑块通过精密丝杆可在一根导轨上滑动，导轨上有 0～100 mm 的刻度。旋转粗调手轮，可使 M_1 在导轨上前后移动，手轮与一个大刻度盘连接，刻度盘的刻度可从观察窗读出。粗调手

轮的右边还有一个微调轮,上有小刻度盘.大、小刻度盘上均有 100 个刻度,大盘的一格对应于 M_1 移动 0.01 mm;小盘的一格对应于 M_1 移动 0.000 1 mm.

固定反射镜 M_2 的前后位置不可移动.它的背面有三个滚花螺丝,用来调节它的方向(粗调);它的下面还有两个微调螺丝,分别可在 x 或 y 方向进行微调.反射镜 M_1 的背面虽然也有三个滚花螺丝,但已调好(与 G_1 成 45°角,与它在精密丝杆上的运动方向垂直),实验中不要动它们.观察屏是一块毛玻璃,可前后移动,也可取下,整个干涉仪安装在底座上,有三个底座螺丝,可调节它的水平位置.

为了保证半反射镜平整而不变形,它常用较厚的玻璃板镀半反膜制成,如图中 G_1 所示.这使光束(1)与光束(2)明显地不对称:光束(1)经过该玻璃板三次而光束(2)只经过一次;并且在光束(1)与光束(2)中,上下偏离中心 i 角与左右偏离中心 i 角的光束经过玻璃板的光程差也是不同的.这就使 M_1 和 M_2 平行时等 i 角光束的光程差不相等,因而看到的条纹将不是圆形的而可能是椭圆形的;更严重的是由于玻璃的色散,各种波长的光通过玻璃板所经历的光程相差甚远,因而白光的干涉条纹无法形成.为了解决这一问题,迈克尔逊在半反射镜的右侧加了一块与半反射镜玻璃板完全相同且平行放置的玻璃板 G_2,称为"补偿板",如图 7-1-3 所示.它补偿了(1),(2)两光束在玻璃板中经历的光程差,从而使半反镜玻璃板的影响得以消除.

【实验内容与步骤】

1. 必做部分

观察与分析 He-Ne 激光的非定域干涉现象,测量该激光的波长

(1) 调节 He-Ne 激光器和迈克尔逊干涉仪的相对位置,使光束分别大致照在 M_1 与 M_2 的中央;调节激光器下的螺丝或干涉仪的底座螺丝(但不要调节 M_1 背面的螺丝),使从 M_1 反射的光点返回激光出射处,此时 M_1 与它的入射光大致垂直(为什么?).从 M_1 反射的光点有三点,应使其中最亮的一点返回激光出射处(为什么?).

(2) 调节 M_2 后的三个螺丝,使 M_2 反射的光点也返回激光出射处(也有三点,应使其中最亮的一点返回).此时 M_2 也与它的入射光大致垂直,并与 M_1 大致垂直(为什么?).在观察屏处观察,两个最亮的光斑应相互重合.

(3) 在激光器前放一个短焦距透镜,使光束扩大而能大致照亮整个反射镜.于是在观察屏上应可看到干涉条纹,记下干涉条纹的形状及条纹宽度等大致情况.

(4) 前后改变观察屏的位置,观察条纹是否都清晰? 由此推断该条纹是否定域.

(5) 继续调节 M_2 的方向并前后改变 M_1 的位置,使干涉条纹成为圆形.观察并记录圆条纹是如何随 M_1 的位置而变化的? 分析其变化的原因,并由此推论是 M_1 在前还是 M_2 在前(以离观察者近为前、远为后)? 在条纹冒出的方向移动 M_1 约 4~5 mm(注意:勿使 M_1 的位置超过它的可移动范围),观察并记录条纹宽度有何变化? 试解释这种变化.

(6) 在视场中有若干个圆条纹的情况下,微调 M_1 的位置使条纹陷入或冒出 $m=50$ 条,共测量 7 次,用逐差法算出激光的波长(注意:微调轮有相当大的螺距误差,要注意消除).

(7) 计算波长的 A 类标准不确定度.

2. 选做部分

（一）观察与分析汞灯的定域干涉现象，测量汞绿光的波长

（1）让 M_1 位于 M_{10}（即 $d \approx 0$ 处）附近，以低压汞灯加毛玻璃作为光源（即在低压汞灯前放上述实验中的观察屏，以代替激光器和透镜，并使它们靠近干涉仪），在原放观察屏的位置用肉眼直接观察，应可看到干涉条纹（仍用观察屏能看到吗？为什么？）．把干涉条纹调宽，可看到有黄、绿、蓝、紫等各种颜色（这说明什么？）．

（2）在眼前加一块绿玻璃（绿色滤光片），在视场中有若干个圆条纹的情况下，上下左右移动眼睛，观察条纹是否有陷入或冒出的现象？这说明什么？仔细微调 M_1 能否在眼睛移动时让各圆环的大小基本不变？如能做到，可微调 M_1 使条纹陷入或冒出 $20 \sim 50$ 条，记下 M_1 移动的距离，并由此估算出汞灯绿光的波长．

（二）测量钠灯中两黄光谱线的波长差

（1）令 M_1 回到 M_{10} 附近，以钠灯加毛玻璃作为光源，应可看到黄色干涉条纹．

（2）按上述方法测出钠黄光的波长 λ．

（3）同一方向移动 M_1，可观察到干涉条纹从清晰变模糊又变清晰再变模糊的周期性过程（为什么？），测量其周期 Δd．

（4）求出钠灯中两黄光谱线的波长差 $\Delta\lambda = \lambda^2/(2\Delta d)$（请自行导出此公式）．

【实验注意事项及常见故障的排除】

1. 严禁用眼睛直视激光．
2. 严禁用手触摸任何光学面．
3. 不允许调节 M_1 背后的三个螺丝．
4. 由于仪器存在回程差，要沿一个方向转动微调手轮．

【思考与创新】

1. 定域干涉与非定域干涉的形成条件是什么？如有条件，设计一个观察激光定域干涉的实验装置．

2. 等倾条纹与等厚条纹的形成条件是什么？牛顿环是等倾条纹还是等厚条纹？本实验中能观察到严格的等倾条纹或严格的等厚条纹吗？请设计一个观察激光等厚干涉的实验装置．

3. 试比较汞灯产生的彩色条纹与白光产生的彩色条纹的区别，并解释之．

4. 能否用迈克尔逊干涉仪测量钠灯黄双线的波长差（此波长差约为 $0.6\,\mathrm{nm}$）？能否用迈克尔逊干涉仪测量玻璃片的折射率？如能，对此玻璃片有何要求？请设计相应的实验装置．

参考文献

[1] 沈元华，陆申龙. 基础物理实验[M]. 北京：高等教育出版社，2003

[2] 李寿松. 物理实验[M]. 南京：江苏教育出版社，1999

§7.2 电子荷质比的测定

电子电荷 e 和电子质量 m 之比 e/m 称为电子荷质比,它是描述电子性质的重要物理量. 历史上就是首先测出了电子的荷质比,又测定了电子的电荷量,从而得出了电子的质量,证明原子是可以分割的. 测定电子荷质比有多种不同的方法,如磁聚焦法、磁控管法、汤姆孙法及双电容法等,本实验是利用纵向磁场聚焦法测定电子荷质比.

【实验目的】

1. 研究带电粒子在磁场中聚焦的规律.
2. 掌握测量电子荷质比的一种方法.

【实验原理】

1. 电子射线的磁聚焦原理

将示波管(其结构如图 7 - 2 - 1 所示)的第一阳极 A_1、第二阳极 A_2 及水平和垂直偏转板全连在一起,相对于阴极板加一电压 U_2,由于该电压和栅极电压构成一定的空间电位分布,使得由阴极发射的电子束在栅极附近形成一交叉点,随后电子束又散射开来. 这样电子一进入 A_2 后,就在零电场中做匀速运动,发散的电子束将不再会聚,而在荧光屏上形成一个面积很大的光斑.

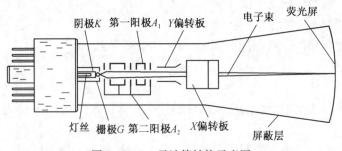

图 7 - 2 - 1 示波管结构示意图

若在示波管外套一个通电螺线管,在电子射线前进的方向产生一个磁感应强度为 $\boldsymbol{B}$ 的均匀磁场,在均匀磁场 $\boldsymbol{B}$ 中以速度 $\boldsymbol{v}$ 运动的电子,受到的洛仑兹力 $\boldsymbol{F}_m$ 为

$$\boldsymbol{F}_m = -e\boldsymbol{v} \times \boldsymbol{B} \tag{7-2-1}$$

当 $\boldsymbol{v}$ 和 $\boldsymbol{B}$ 平行时,洛仑兹力等于零,电子的运动不受磁场的影响. 当 $\boldsymbol{v}$ 和 $\boldsymbol{B}$ 垂直时,$\boldsymbol{F}_m$ 垂直于速度 $\boldsymbol{v}$ 和磁感应强度 $\boldsymbol{B}$,电子在垂直于 $\boldsymbol{B}$ 的平面内做匀速圆周运动,如图 7 - 2 - 2(a)所示. 根据牛顿定律

$$F_m = evB = m\frac{v^2}{R} \tag{7-2-2}$$

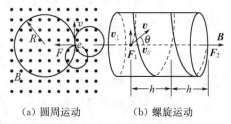

(a) 圆周运动   (b) 螺旋运动

图 7 - 2 - 2 电子做圆周运动或螺旋运动

电子运动的轨道半径为

$$R = \frac{mv}{eB} \qquad (7-2-3)$$

电子绕圆一周所需时间(周期)T 为:

$$T = \frac{2\pi R}{v} = \frac{2\pi m}{eB} \qquad (7-2-4)$$

可见,周期 T 和电子速度 v 的大小无关,即在均匀磁场中不同速度的电子绕圆一周所需的时间是相同的,但速度大的电子轨道半径 R 也大. 因此,已经聚焦的电子射线,绕圆一周后又将会聚到一点.

在一般情况下,电子的速度 v 与磁感应强度 B 之间成一角度 θ,这时可将 v 分解成与 B 平行的轴向速度 $v_{/\!/}(=v\cos\theta)$ 和与 B 垂直的径向速度 $v_{\perp}(=v\sin\theta)$ 两部分,如图 7-2-2(b)所示. $v_{/\!/}$ 使电子沿轴向做匀速运动,而 $v_{\perp}$ 在洛仑兹力作用下使电子绕轴做圆周运动,电子合成运动的轨迹为一螺旋线,其螺距 h 为

$$h = v_{/\!/} T = \frac{2\pi m}{eB} v_{/\!/} \qquad (7-2-5)$$

对于从第一焦点 F_1 出发的不同电子,虽然径向速度 $v_{\perp}$ 不同,所走的圆半径 R 也不同,但只要轴向速度 $v_{/\!/}$ 相等,并选择合适的轴向速度 $v_{/\!/}$ 和磁感应强度 B(可通过调节加速电压 U_2 改变 v 的大小,通过调节螺线管中的励磁电流 I 改变 B 的大小),使电子在经过的路程 l 中恰好包含整数个螺距 h,这时电子射线又将会聚于一点 F_2(称为第二焦点),这就是电子射线的磁聚焦原理.

2. 电子荷质比的测定

(1) 磁聚焦法测电子荷质比(零电场法)

已知电子速度 v 由加速电压 U_2 决定(电子离开阴极时的初速度很小,可忽略),即

$$\frac{1}{2} mv^2 = eU_2 \qquad (7-2-6)$$

因电子速度 v 与轴向的夹角 θ 很小,所以

$$v_{/\!/} \approx v = \sqrt{\frac{2eU_2}{m}} \qquad (7-2-7)$$

可见电子在均匀磁场中运动时具有相同的轴向速度,但因 θ 角不同,径向速度将不同. 因此,它们将以不同的半径 R 和相同的螺距 h 做螺旋线运动. 经过时间 T 后,在

$$h = \frac{2\pi m}{eB} v \qquad (7-2-8)$$

的地方再次聚焦. 调节磁感应强度 B 的大小,使螺距 h 恰好等于电子射线第一焦点 F_1 到荧光屏的距离 l,这时荧光屏上的光斑将聚焦成一个小亮点,于是

$$l = h = \frac{2\pi m}{eB} v = \frac{2\pi m}{eB} \sqrt{\frac{2eU_2}{m}} \qquad (7-2-9)$$

故电子荷质比为:
$$\frac{e}{m} = \frac{8\pi^2 U_2}{l^2 B^2} \tag{7-2-10}$$

式中:螺线管的磁感应强度 B 应按多层密绕螺线管的磁场公式计算,但为简便,螺线管中心部分的磁场视为均匀的平行磁场,则有

$$B = \frac{\mu_0 N I}{\sqrt{D^2 + L^2}} \tag{7-2-11}$$

式中:$\mu_0 = 4\pi \times 10^{-7} \mathrm{T \cdot m/A}$;螺线管的总匝数 $N = 1\,100 \pm 10$ 匝;螺线管的长度 $L = 0.200 \pm 0.001 (\mathrm{m})$;螺线管的内径 $D_内 = 0.090 \pm 0.001 (\mathrm{m})$;绕线后的外径 $D_外 = 0.098 \pm 0.001 (\mathrm{m})$. 8SJ31J 型示波管 $l = 0.190 \pm 0.005 (\mathrm{m})$,即电子射线第一聚焦点 F_1 到荧光屏的距离. 根据以上数据和实验中测出的加速电压 U_2 以及螺线管中的励磁电流 I,即可计算出电子荷质比

$$\frac{e}{m} = \frac{8\pi^2 U_2}{l^2 B^2} = \frac{8\pi^2 (D^2 + L^2)}{\mu_0^2 N^2 l^2} \cdot \frac{U_2}{I^2} = 0.559 \times 10^8 \frac{U_2}{I^2} \tag{7-2-10'}$$

(2) 电场偏转法

电场偏转法则是在示波管的 X 偏转板上加交流电压,使电子获得偏转速度 v_x. 在螺线管未通电流时,因电子射线偏转而在荧光屏上出现一条水平亮线. 接通励磁电流后,不同偏转速度 v_x 的电子将沿不同的螺旋线运动,但在荧光屏上所见的轨迹仍是一条亮线. 随着磁感应强度 B 的逐渐增大,亮线开始转动,并逐渐缩短,如图 7-2-3 所示. 当转过角度 π 时,亮线缩成一点,这是因为不同偏转速度 v_x 的电子经过一个螺距 h 后又会聚在一起的原因. 故第一次聚焦时,螺距 h 在数值上等于 X 偏转板到荧光屏的距离 l',与(7-2-10)式相似,电子荷质比为

$$\frac{e}{m} = \frac{8\pi^2 U_2}{l'^2 B^2} \tag{7-2-12}$$

$\theta=0$ $\theta=\pi/4$ $\theta=\pi/2$ $\theta=3\pi/4$ $\theta=\pi$

图 7-2-3 电场偏转法

l' 值虽也是第一次聚焦时螺旋线的一个螺距 h,但螺旋线的起点和(7-2-10)式中螺旋线的起点不同,是在偏转板中,具体位置不明确. 经反复实验,螺旋线的起点位置应在 $l'_中$ 和 $l'_后$ 之间,并随 U_2 的改变而变化.

如果亮线对 X 轴的旋转角度不是 π 而是 θ,如 $\pi/4$,$\pi/2$,按比例(7-2-12)式应改为

$$\frac{e}{m} = \frac{8 U_2 \theta^2}{l'^2 B^2} \tag{7-2-13}$$

【实验仪器】

DS-IV 型电子束实验仪.

【实验内容与步骤】

1. 零电场法测定电子荷质比

（1）拔下磁偏转线圈,松开坐标板的螺丝,取下坐标板.

（2）将磁聚焦线圈套上示波管,将红黑两根连接线按上磁聚焦线圈插座.

（3）合上电源开关,聚焦选择开关置于"M"一侧,"点线开关"置于"点"（POINT）一侧,光点因散焦成为一光斑,随着纵向磁场的增加,光斑可达三次聚焦.

（4）选择加速电压 U_2,调节栅极电压使光斑亮度合适,调节"V_{dX}"和"V_{dY}"电位器,使"V_{dX}"和"V_{dY}"均为"0",并调节辅助调节旋钮将光斑调到荧光屏的中央,将"电流测量转换"开关置于"I_M"挡（2 A）.

（5）将仪器面板右下方的"恒流源电流调节"电位器逆时针旋到底,合上恒流源开关,此时"电流显示 I_M"为"0.000",然后调节"恒流源电流调节"电位器,检测示波管和螺线管的中轴线是否在同一条轴线上.

（6）顺时针缓慢调节"恒流源电流调节"电位器,记录电子束线聚焦时相应的电流值 I_M,设第一次、第二次聚焦时的励磁电流 I_M 分别为 I_1,I_2（要仔细测量电流值,这是做好实验的关键.为了减少误差,请多做几次）,求出平均值 $\bar{I}$:

$$\bar{I} = \frac{I_1 + I_2}{1 + 2}$$

代入公式（7-2-10）计算荷质比 e/m.

（7）将励磁电流 I_M 反向,重做步骤（6）.

（8）改变加速电压,重做步骤（6）,（7）.

将实验数据填入表 7-2-1,并将实验最终结果与公认值（1.759×10^{11} C/kg）相比较.

表 7-2-1　零电场法测量数据表

螺线管长度 L				（米）		螺线管的平均直径 D				（米）
螺线管匝数 N				（匝）		电子束交叉点 F_1 到荧光屏距离 l				（米）
加速电压 U_2(V)			1 000					1 100		
测量次数		1	2	3	4	5	1	2	3	4	5
$B+$	I_1(A)										
	I_2(A)										
$B-$	I_1(A)										
	I_2(A)										
平均电流 $\bar{I}$(A)											
总平均电流 $\bar{I}$(A)											
e/m											
平均 e/m											
相对误差											

2. 电场偏转法测定电子荷质比

(1) 拔下磁偏转线圈,松开坐标板的螺丝,取下坐标板.

(2) 将磁聚焦线圈套上示波管,将红黑两根连接线按上磁聚焦线圈插座.

(3) 合上电源开关,聚焦选择开关置于"E"一侧,"点线开关"置于"线"(Vx~)一侧,光点变为一条亮线.

(4) 选择加速电压 U_2,调好电聚焦,将"电流测量转换"开关置于"I_M"档(2 A).

(5) 顺时针缓慢调节"恒流源电流调节"电位器,记录电子束线聚焦时相应的电流值 I_M.

(6) 将励磁电流 I_M 反向,重做步骤(5).

(7) 改变加速电压,重做步骤(5),(6).

(8) 分析螺距与加速电压的关系.

表 7-2-2 电场偏转法测量数据表

加速电压 U_2(V)		900		1 000		1 100	
磁场方向		$B+$	$B-$	$B+$	$B-$	$B+$	$B-$
聚焦电流 I(A)	1						
	2						
平均电流 $\bar{I}$(A)							
$U_2/\bar{I}^2$							
螺距与加速电压的关系							

$$\left(\text{注}:l'^2 = \frac{8\pi^2 mU_2}{eB^2} = \frac{8\pi^2 m(D^2+L^2)}{e\mu_0^2 N^2} \cdot \frac{U_2}{I^2} = k \cdot \frac{U_2}{I^2}\right)$$

【实验注意事项及常见故障的排除】

注意事项:

1. 实验中有高压,注意安全.

2. 在套螺线管时,要轻拿轻放,且示波管抬起的角度不能太大,否则会损坏示波管.

3. 改变电流方向时一定要将电流调零后再换向,否则会损坏实验仪器.

常见故障的排除:

1. 实验过程中有时会出现找不到光斑的情况,可能的原因和解决办法如下:

(1) 亮度不够,解决的办法是适当增加亮度.

(2) 已经加有较大的电偏电压(x 或 y 方向),使光点偏出荧光屏.此时应通过调节电偏转旋钮,使偏转电压降为零.

(3) "调零"旋钮使用不当,造成光点偏出荧光屏.通过调节"调零"旋钮,即可找到光斑.

2. 在零电场法中,有时会出现随着电流的增大光斑消失的情况,原因是示波管和螺线管的中轴线不在同一条轴线上,且相差较大.解决的办法是调整螺线管的位置.

3. 在零电场法中,光斑为长条形或扁形,原因是已加有电偏电压(x 或 y 方向).解决的办法是调节电偏转旋钮,使偏转电压降为零.

4. 在电场偏转法中,有时会出现随着电流的增大亮线消失的情况,解决的办法是调节 V_{dY} 旋钮,加上适当的 y 方向的偏转电压.

【思考题】

1. 测定电子荷质比的方法有哪几种?

2. 改变电流方向时一定要将电流调零后再换向,否则会损坏实验仪器,为什么?

3. 如何发现和消除地磁场对测定电子荷质比的影响?

【实验拓展】

1. 设计用正交电磁场法(汤姆逊法)测定电子荷质比

正交电磁场法测定电子荷质比,即英国物理学家 J. J. 汤姆孙(J. J. Thomson,1856～1940)于 1897 年在英国卡文迪许实验室测定电子荷质比的实验方法(因为此项工作,汤姆孙于 1906 年获诺贝尔物理学奖).

原理提示:

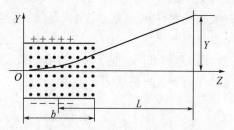

图 7 - 2 - 4　正交电磁场法测量电子荷质比

在电偏转实验的基础上,在与电场正交的方向加上磁场,如图 7 - 2 - 4 所示. 实验时在示波管两侧加亥姆霍兹线圈和 Y 偏转板以获得正交电磁场比较方便.

实验要求:

(1) 根据图 7 - 2 - 4 推导测定电子荷质比的理论公式.

(2) 拟定实验方案及步骤.

2. 用不确定度评定零电场法测定电子荷质比的结果($U_2 = 1\,000\ V$)

实验中使用的加速电压由稳压电源提供,经过量程为 1 000 V 的 1 级电压校正后使用,电压的随机误差忽略,以 B 类不确定度为主,则 $u(V_2) = 10/\sqrt{3}$. 由于聚焦点不易掌握,可认为因测量引起励磁电流的不确定限值为 0.01 A,励磁电流由恒流源提供,由仪器引起的不确定限值较小,可以忽略,则励磁电流的 B 类不确定度为 $u_B(I) = 0.01/\sqrt{3}$.

§7.3 夫兰克-赫兹实验

根据玻尔理论,原子只能较长久地停留在一些稳定状态(即定态),其中每一状态对应一定的能量,其数值是彼此分离的.原子的核外电子在能级间进行跃迁时要吸收或发射定值的能量.

原子内部能量的量子化,也就是原子的间隔能级的存在,除由光谱的研究可以推得外,还有今天的实验可以证明.原子与具有一定能量的电子发生碰撞,就可以使原子从低能级跃迁到高能级.1914 年(玻尔理论发表的第二年),夫兰克(J. Franck)和赫兹(G. Hertz)用慢电子与稀薄气体中的原子碰撞的方法,使原子从低能级激发到高能级,通过测量电子和原子碰撞时交换的某一定值的能量,直接证明了玻尔提出的原子能级的存在,并指出原子发生跃迁时吸收或发射的能量是完全确定的、不连续的.他们因这一伟大的成就而获得 1925 年的诺贝尔物理学奖.

设 E_2 和 E_1 分别为原子的第一激发态和基态能量.初动能为零的电子在电位差 U_0 的电场作用下获得能量 eU_0,如果

$$eU_0 = \frac{1}{2} m_e v^2 = E_2 - E_1 \tag{7-3-1}$$

那么当电子与原子发生碰撞时,原子将从电子攫取能量而从基态跃迁到第一激发态.相应的电位差 U_0 就称为原子的第一激发电位.

【实验目的】

1. 了解玻尔原子理论的基本内容.
2. 通过测定氩原子的第一激发电位,验证玻尔的原子理论.

【实验原理】

本实验通过一个与夫兰克-赫兹的原始实验类似的实验来测定氩原子的第一激发电位,证明原子能级是量子化的.

夫兰克-赫兹管的最初设计为三极管,如图 7-3-1 所示,椭圆形的玻璃器为夫兰克-赫兹管,在管中充入汞蒸气.电子由阴极 K 发出,在 K 与栅极 G 之间加电场使电子加速,在 G 与板极 A 之间有一反向拒斥电压.当电子通过 KG 空间,进入 GA 空间时,如果有较大能量,就能冲过反电场而达到板极 A,形成通过电流计的电流.如果电子在 KG 空间与汞原子碰撞,把自己的一部分能量给了汞原子,使后者被激发,则电子剩余的能量就可能很小,以致过栅极 G 后不足以克服反向拒斥电压,那就达不到 A,因而也不流过电流计.

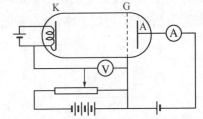

图 7-3-1 三极夫兰克-赫兹管原理图

如果发生这种情况的电子很多,电流计中的电流就要显著地降低.为了消除空间电荷对阴极电子发射的影响,在阴极附近再增加一栅极 G_1,构成四极管,如图 7-3-2 所示.

目前常见的夫兰克-赫兹管是充汞蒸汽或氩气.下面以充氩的四极管(图 7-3-2)为例

说明实验原理. 实验时, 把 G_2K 间的电压 U_{G_2K}（加速电压）逐渐增加, 观察电流计的电流. 这样就得到板极电流 I_A 随加速电压的变化情况, 如图 7-3-3 所示.

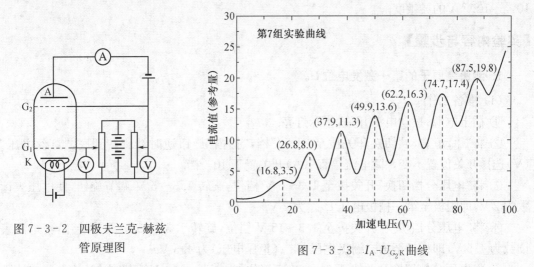

图 7-3-2　四极夫兰克-赫兹
　　　　　管原理图

图 7-3-3　I_A-U_{G_2K} 曲线

当夫兰克-赫兹管中的灯丝加热时, 被加热的阴极 K 发射大量的电子, 第一栅极 G_1 与阴极 K 之间加上约 2 V 的电压（U_{G_1K}）, 其作用是消除空间电荷对阴极散射电子的影响. 阴极发射的电子经过第一栅极后, 在第二栅极 G_2 与阴极 K 之间的加速电压 U_{G_2K} 的作用下, 向栅极 G_2 做加速运动, 电子在加速运动过程中, 必然要与氩原子发生碰撞. 如果碰撞前电子的能量小于氩原子的第一激发电位 U_0 对应的能量 eU_0（对氩原子 $U_0=11.5$ V）, 那么它们之间的碰撞是弹性的（这类碰撞中电子能量损失很小, 仅为其本身能量的约 10^{-5} 倍）. 然而如果电子的能量 eU 达到 eU_0（实验中 $U>U_0$）, 那么电子与原子之间将发生非弹性碰撞. 在碰撞过程中, 电子的能量传递给氩原子. 假设这种碰撞发生在栅极附近, 那些因碰撞而损失了能量的电子在穿过栅极之后无力克服反向拒斥电压而到不了板极 A, 因此这时板流 I_A 开始下降.

随着 U_{G_2K} 的增加, 电子与原子的非弹性碰撞区域将向阴极方向移动. 经碰撞而损失能量的电子在奔向栅极的剩余路程上又得到加速, 以致在穿过栅极之后有足够的能量来克服反向拒斥电压 U_{G_2A} 而达到板极 A. 此时, 板流 I_A 又将随 U_{G_2K} 增加而升高. 若 U_{G_2K} 的增加使电子在到达栅极前其能量又达到 eU_0, 则电子与氩原子将再次发生非弹性碰撞, 即 I_A 又一次下降. 在 U_{G_2K} 较高的情况下, 电子在向栅极飞奔的路程上, 将与氩原子多次发生非弹性碰撞, 每当 $U_{G_2K}=nU_0$（$n=1,2,\cdots$）, 就发生这种碰撞, 即在 I_A-U_{G_2K} 曲线上出现 I_A 的多次下降（在实验中可看出, 由于仪器的接触电势的存在, 每次 I_A 开始下降时, 所对应的 U_{G_2K} 并不是正好落在外加电压 nU_0 处, 可能会稍有误差）. 对于氩, I_A 的每两个相邻峰值的 U_{G_2K} 差值均约为 11.5 V, 即氩的第一激发电位为 11.5 V.

【实验仪器】

FH-III 型夫兰克-赫兹实验仪, YB4320A 双踪示波器.

实验中采用四极夫兰克-赫兹管（如图 7-3-2 所示）, 该实验装置的巧妙之处在于收集电子的板极 A 到栅极 G_2 之间加有一定的反向电压 U_{G_2A}（称为"拒斥电压"）, 对碰撞后的电子进行筛选,能量过小的电子就无法克服拒斥电压顺利到达 A 极,而被打回栅极.

注意:实验中电子流 I_A 值很小,因此要求夫兰克-赫兹实验仪中的微电流放大器应有 $10^{-6} \sim 10^{-13}$ A 的灵敏度.

【实验内容与步骤】

1. 测量氩原子的第一激发电位 U_0

(1) 准备工作

① 插上电源,拨动电源开关,指示灯亮.

② 将"手动/自动"切换开关拨至"手动"档,"扫描"旋钮逆时针旋转到底,"灯丝电压"(V)选择开关位置不变,"微电流倍程"(A)开关置于 10^{-7} 档.

③ 将"电压分档切换"开关拨至 1.3~5 V 档位,旋转 1.3~5 V 调节旋钮,使电压表读数为 2 V,即阴极至第一栅极电压 U_{G_1K} 为 2 V.

④ 将"电压分档切换"开关拨至 1.3~15 V 档位,旋转 1.3~15 V 调节旋钮,使电压表读数为 4.5 V,即板极至第二栅极电压 U_{G_2A}(拒斥电压)为 4.5 V.

⑤ 将电压分档切换开关拨至 0~100 V 档位,旋转 0~100 V 调节旋钮,使电压表读数为 0 V,即阴极至第二栅极电压 U_{G_2K}(加速电压)为 0 V.

步骤①至⑤为实验前的准备工作,其中 U_{G_1K} 取 2 V、U_{G_2A} 取 4.5 V 是厂家建议采用的电压值,仪器必须预热 10 分钟后才能开始做实验.

(2) 粗测

将"微电流倍程"(A)开关置于 10^{-7} 或 10^{-8} 档,旋转 0~100 V(U_{G_2K})调节旋钮,缓慢增加 U_{G_2K},全面观察一次 I_A 的起伏变化情况(要求至少能观察到连续的六个波峰和六个波谷),当微电流表量程不够时要适当改变以扩大量程.

(3) 正式测量

缓慢旋转 0~100 V(U_{G_2K})调节旋钮,使电压表读数由 0 V 逐渐增大到 100 V,记录下每个峰谷及其两边分别间隔 1 V 处的 U_{G_2K} 值和对应的 I_A 值. 为了便于作图和计算,要求至少记录 36 组数据.

在坐标纸上选取适当的比例,以 I_A 为纵坐标,U_{G_2K} 为横坐标,作 I_A-U_{G_2K} 曲线. 根据各相邻的峰或谷所对应的 U_{G_2K} 值,求出氩原子的第一激发电位 U_0.

2. 用示波器观察 I_A-U_{G_2K} 波形

将"手动/自动"切换开关拨至"自动"档,并将夫兰克-赫兹实验仪背面 Y 输出、X 输出对应与 YB4320A 双踪示波器的通道 2 输入端"CH2 INPUT(Y)"及"EXT"输入端连接,垂直方式工作开关"VERTICAL MODE"拨至"CH₂",触发方式置于自动,触发源置于外触发.打开示波器电源开关,调节 X,Y 衰减器开关"VOLTS/DIV",观察示波器显示屏上显示的 I_A-U_{G_2K} 曲线.

【实验注意事项及故障的排除】

1. 实验中(手动挡)电压加到 60 V 以后,要注意电流输出指示,当电流表指示突然骤增,应立即减小电压,以免管子击穿损坏.

2. 实验过程中如要改变第一栅极与阴极或第二栅极与板极之间的电压(U_{G_1K}或 U_{G_2A})时,请将 0~100 V 调节旋钮逆时针旋到底,再行改变以上电压值.

3. 本实验装置灯丝电压分 3 V,3.5 V,4 V,4.5 V,5 V,5.5 V,6.3 V,可在不同的灯丝电压下重复上述实验.如发现波形上端切顶,则板极输出电流过大,引起放大器失真,应减小灯丝电压.灯丝电压太大或太小都不好:太小了参加碰撞的电子数少,反映不出非弹性碰撞的能量传递,造成 I_A-U_{G_2K} 曲线峰谷很弱,甚至得不到峰谷;反之则易使微电流放大器饱和,引起 I_A-U_{G_2K} 曲线的阻塞.

4. 如果 I_A-U_{G_2K} 曲线峰谷差值小,可以适当调节 U_{G_2A}(拒斥电压),因为 U_{G_2A} 偏大或偏小,峰谷差都小.U_{G_2A} 偏小时,起不到对非弹性碰撞后失去能量的电子进行筛选作用,峰谷差小;U_{G_2A} 偏大时,许多电子又因能量小而不能到达极板形成板流 I_A,所以峰谷差仍然小.

【实验数据处理及分析】

自拟表格记录 U_{G_2K} 从 0 V 至 100 V 增大过程对应的峰、谷及其两端间隔约 1 V 处的 I_A 和 U_{G_2K} 数值.要求至少记录 36 组数据,用逐差法求出氩的第一激发电位.以加速电压 U_{G_2K} 为横坐标,板极电流 I_A 为纵坐标作图.

【思考题】

1. 如何通过夫兰克-赫兹实验计算出氩原子从第一激发态跃迁回基态所辐射出的光波的波长 λ?(提示:$\lambda = hc/eU_0$)

2. 在本实验中能否得到高激发态电位,为什么? 若不能,你能给一点测试或改进的意见吗?

3. 为什么 I_A-U_{G_2K} 曲线峰值越来越高?

附 录

一、历史知识

夫兰克(James Franck,1882~1964)是德国物理学家,1882 年 8 月 26 日生于汉堡,1906 年获柏林大学博士学位,1917 年起任威廉皇帝物理化学研究所物理部主任.1934 年移民美国,1935 及 1938 年先后任约翰·霍布金斯大学和芝加哥大学教授.1955 年因光合作用方面研究的贡献获得美国科学院勋章.他还是英国皇家学会会员.第二次世界大战后获得德国物理学会马克斯·普朗克奖章以及格丁根荣誉公民称号.1964 年 5 月 21 日在访问格丁根时逝世.他一生从事原子物理、核物理、分子光谱学及其在化学上的应用和光合作用等研究.

夫兰克在物理学中的主要贡献是最早通过电子和原子碰撞实验直接证实玻尔于 1913 年提出的有关原子定态假设的正确性.1912 到 1914 年他和 G. L. 赫兹(1887~1975)进行了一系列实验,利用电场使热阴极电子加速,获得能量与管中汞蒸汽原子发生碰撞.实验发现电子能量未达到某一临界值时,电子与汞原子发生弹性碰撞,电子不损失能量;当电子能量达到某一临界值时,发生非弹性碰撞,电子把一定能量传递给汞原子,使后者激发,可以观察到汞原子跃迁的发射谱线.夫兰克-赫兹实验的结果,表明了电子的能量只能是一系列离散值,说明了原子的能级是分立的,直接证明了量子理论.夫兰克和赫兹因此于 1925 年同获诺贝尔物理学奖.

此外,他还研究了电子和原子及分子的碰撞、原子跃迁和原子中的能级、原子系统中的能量在荧光情况下的转移等问题,阐明分子间力与分子光谱的关系.提出分子中的电子跃迁比分子振动要快得多,并由此导出了夫兰克-康登原理,作为分子电子光谱带振动结构强度分布的基本原理.

二、基态、激发态及跃迁的基本知识

基态:就是原子周围电子处于能量最低状态.根据原子物理学知识可知,氩原子 Ar^{18} 的核外电子轨道能量的由低到高排布为:1s2s2p3s3p4s3d4p…,氩原子 Ar^{18} 基态的核外电子排布为:$1s^2 2s^2 2p^6 3s^2 3p^6$,如图7-3-4所示.

+18)2 8 8

图7-3-4 氩原子结构

激发态:当原子获得能量后,足以将基态3p轨道上某一电子激发到4s轨道上,此时电子组态为 $1s^2 2s^2 2p^6 3s^2 3p^5 4s^1$,这个组态称为第一激发态,这个过程称为激发.能量高于基态的任何一种状态都属于激发态,所有的激发态都是暂稳态,他们的寿命一般很短.可以这样说,一种元素活性取决于它的激发态的寿命长短.

跃迁:是核外电子在不同轨道(能态)间的运动过程.处于基态的 Ar 原子的3p轨道上一电子获得能量,原子被激发,3p轨道那一电子被送到4s轨道,这一过程称为跃迁.同理,在激发态原子极不稳定,寿命极短,被送到4s上电子又会跃迁到3p轨道上.

如 He-Ne 激光器的632.8 nm激光产生过程:通过泵浦将 He 原子激发到第一激发态(即电子跃迁到高能量轨道),由于 He 原子的第一激发态的能量与 Ne 第二激发态的能量相近,通过系间窜越,处于 He 原子第一激发态的电子转移到 Ne 第二激发态上,又寿命很短,处于第二激发态的电子跃迁到 Ne 的第一激发态,这一跃迁过程将能量以光子的形式释放,即为大家所熟悉的632.8 nm单色光.

三、激发与电离

激发是将基态的原子核外电子送到高能量轨道(从外界接受能量),但这时原子仍为原子状态,只是原子能量高了,原子处于活跃状态.

电离是从外界吸收能量,将原子核外某个电子打掉(即让原子失去一个或多个电子),此时原子已变成离子状态.

四、激发电位的测定与 F-H 管(第一激发电位测定管)

F-H 管是利用电场加速电子,通过电子轰击原子,使原子激发.图7-3-2所示的 F-H 管只能测量第一激发电位,因为电子在加速的同时和原子进行碰撞,当电子获得接近第一激发态与基态能量差(eU_0)时,能量发生转移,电子丧失能量,原子被激发.若电势差 $U_{G_2K} = U_0$,则电子与原子在栅极附近发生能量交换,丧失能量的电子不能穿过反电场,使得在此之前反电场端一度增长的电流开始减小.若在高电势差加速下,只要电子获得 eU_0 能量,电子与原子就会发生作用,使得电子在这种装置下永远达不到使原子激发到高能态的能量.

§7.4　普朗克常数的测定

【实验目的】

1. 通过实验加深对光的量子性及光电效应的基本规律的了解.
2. 通过光电效应实验,验证爱因斯坦方程,测定普朗克常数.
3. 学习用计算机处理数据.

【实验原理】

当光照射到金属表面时光能量被金属中的电子所吸收,使一些电子逸出金属表面,这种现象称为光电效应,逸出的电子称为光电子.电子的定向移动形成电流,称之为光电流.

图 7-4-1 为光电效应的实验原理图,当频率为 ν 的光照射到光电管的阴极 K 时,即有光电子从阴极逸出,部分光电子跑到阳极 A 上从而形成回路,检流计 G 即显示光电流.改变光电管两端电压的方向和大小时,光电流会随之改变.

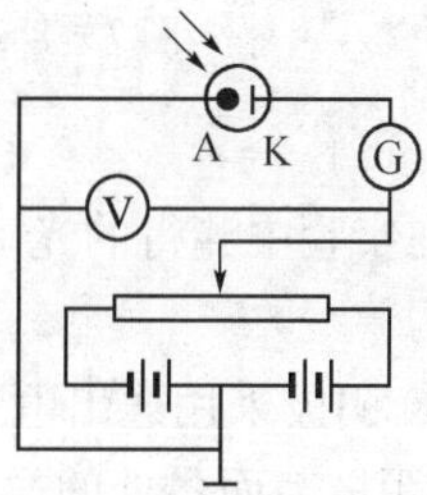

光电效应有如下基本规律:

① 光电效应是瞬时效应,从光照开始到电子逸出,时间约为 10^{-9} 秒.

② 光电流与光强成正比,入射光越强,光电流越大.

③ 对任何阴极金属都存在一个阈频率 ν_0(红限频率),当入射光频率低于阈频率时,无论光强多大,都不会产生光电效应.

图 7-4-1　光电效应实验原理图

④ 光电子的动能与入射光强度无关,它与入射光频率成正比.

上述这些规律是光的波动性理论所不能解释的. 1905 年,爱因斯坦在解释光电效应时,发展了普朗克的"能量子"假设,提出了"光量子"概念. 他认为光并不是以连续分布的方式将能量传播到空间的,而是以光量子的形式一份一份地向外辐射,每个光子的能量为 $h\nu$,其中 $h = 6.626 \times 10^{-34}$ J·s,称为普朗克常量. 当光照射到金属表面时,光子和金属中的电子发生碰撞,一个电子完全吸收一个光子的能量 $h\nu$,一部分能量用来克服金属离子的吸引力做逸出功 W_s,剩下的能量就是光电子逸出后的动能 E_p,即

$$E_p = h\nu - W_s \tag{7-4-1}$$

这个方程称为爱因斯坦方程.逸出功 W_s 是金属材料的固有属性,不同的材料具有不同的逸出功.通过这个方程,很容易解释阈频率、光电子动能与入射光频率成正比等规律.

在光电管两端加上一反向电压,它对光电子的运动起减速作用.随着反向电压的增大,能到达阳极的光电子会逐渐减少,即光电流减小.当光电流减小为零时,此时光电子的动能全部用于克服反向电场力做的功 eU_s,即

$$eU_s = E_p \tag{7-4-2}$$

这时的反向电压 U_s 叫截止电压.入射光频率不同,截止电压也不同.将(7-4-2)式代入

(7 - 4 - 1)式得

$$U_s = \frac{h}{e}\nu - \frac{W_s}{e} \qquad (7-4-3)$$

式中,h,e和W_s均为定值,可见上式是线性函数.只要在实验中测出不同频率下的截止电压 U_s,作出U_s-ν曲线,如图7-4-2所示,根据该直线的斜率$k = h/e$即可算出普朗克常量h;通过该直线在电压轴上的截距可以求出逸出功;通过该直线在频率轴上的截距可以求出红限频率(阈频率).

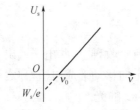

图7-4-2 U_s-ν曲线

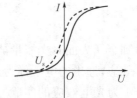

图7-4-3 光电管伏安特性曲线

虚线为理想曲线,实线为实际曲线

在实验中测得的光电管的伏安特性曲线与理想的曲线有所不同,如图7-4-3所示.这是因为:

① 阴极采用逸出电势低的碱金属材料制成,这种材料即使在高真空中也有易氧化的趋势,使阴极表面各处的逸出电势不尽相同.同时,逸出具有最大动能的光电子数目大为减少.随着反向电压的增高,光电流不是陡然截止,而是较快降低后平缓地趋近零.

② 存在暗电流和本底电流.在完全没有光照射光电管的情形下,由于阴极本身的热电子发射等原因所产生的电流称为暗电流.本底电流是由于外界各种漫反射光入射到光电管上所致.这两种电流属于实验中的系统误差,应将其排除.

③ 阳极是用逸出电势较高的铂、钨等材料做成,本来只有在远紫外光的照射下才能逸出电子,但在制造和使用过程中难免沾染阴极材料,当阳极受到部分漫反射光照射时也会产生光电子,因为施加在光电管上的外加电场对于这些电子来说正好是加速电场,使得发射的光电子由阳极飞向阴极,形成反向电流.

【实验仪器】

PE-II型普朗克常数测定仪.

【实验内容与步骤】

1. 必做部分

(1) 开机(测量仪和汞灯)预热 15 min.

(2) 将遮光罩罩住光电管进光孔,断开仪器间连接的屏蔽线,将"电压调节"旋钮调至"0".选择"电流测量"挡位开关至"短路",调节"调零"旋钮使微电流指示为"00.0";选择"电流测量"挡位开关至"满度",调节"满度"旋钮使微电流指示为"—100.0".调好后连接屏蔽线,选择"电流测量"挡位开关至"×10^{-5}"挡.

（3）将光电管上的遮光罩换成 365 nm 的滤色片，计下此时的微电流即该滤色片的"本底电流"．打开汞灯出光孔，观察到的电流显示即为光电流，调节"电压调节"旋钮，即增大反向电压使光电流减小至"本底电流"，计下此时的反向电压（即为截止电压 U_s）．

（4）将滤色片换成 405 nm，436 nm，546 nm 和 577 nm，并分别记下对应的截止电压．数据记录表格参见表 7 - 4 - 1．

表 7 - 4 - 1　必做部分数据记录表

波长(nm)	365 nm	405 nm	436 nm	546 nm	577 nm	$h(\times 10^{-34} \text{J} \cdot \text{s})$	$E_r(\%)$
频　率 $(\times 10^{14} \text{Hz})$	8.22	7.41	6.88	5.49	5.20		
$U_s(\text{V})$							

（5）用五组数据作"U_s - ν"图，并拟合直线，求出该直线的斜率，进而算出普朗克常数 h，与公认值比较，算出相对误差．

（6）用 Excel 处理数据，拟合直线，得出函数式，计算 W_s 和 ν_0．

2. 选做部分

（1）和（2）步骤同上．

（3）将光电管的遮光罩换成 365 nm 的滤色片，打开汞灯出光孔，改变反向电压大小，观察光电流的变化．精确计下 10 组左右的电压和电流值（截止电压附近应多测几组）．

（4）将滤色片换成 405 nm，436 nm，546 nm 和 577 nm，并分别计下反向电压和光电流的数值．数据记录表格自拟．

（5）利用上述 5 组数据分别描绘光电管的伏安特性曲线，并确定"拐点"（即截止电压 U_s）．将截止电压和入射光频率共五组数据作"U_s - ν"图，并拟合直线，求出该直线的斜率，算出普朗克常数 h，与公认值比较，算出相对误差．

（6）用 Execl 处理数据，拟合直线，得出函数式，计算 W_s 和 ν_0．

【实验注意事项及常见故障的排除】

1. 每次换滤色片时，必须罩住汞灯出光孔．

2. 调零和调满度时应将信号屏蔽线断开，调好后再连接上．

【思考与创新】

1. 本实验中，如何实现不同频率的光照射光电管？

2. 实验时，应将滤色片罩在汞灯出光孔还是光电管进光孔？为什么？

3. 光电管一般是用逸出功小的金属做阴极，用逸出功大的金属做阳极，为什么？

4. 实验中，若改变光源与光电管之间的距离，对 $U\text{-}I$ 曲线有何影响，对测普朗克常数是否有影响？

5. 试设计一个基于光电效应的红外报警装置．基本思路是由红外线是否被遮挡而导致光电流的有无作为触发因素，来确定警铃是否响起的报警系统．

附录:普朗克常量与光电效应

普朗克常量是近代物理学中的普适常量,它是德国物理学家普朗克(Max Karl Ernst Ludwig Planck,1858~1947)在研究黑体辐射的时候提出的. 1900 年,普朗克通过黑体辐射的方法计算出其数值为 6.55×10^{-34} J·s; 1916 年,密立根通过光电效应的方法测出其数值为 6.547×10^{-34} J·s; 1921 年,中国物理学家叶企孙通过 X 射线连续谱的方法测出其数值为 6.556×10^{-34} J·s; 1955 年及以后,其他科学家通过平差的方法得出其数值为 $6.625\,17 \times 10^{-34}$ J·s; ……. 由于普朗克常量无法直接测定,要从实验得到普朗克常量就必然与其他基本物理常数有密切联系,特别是与电子的电荷有联系,所以,只有在 1909 年密立根通过油滴实验精确测出电子的电量以后才被较为精确地测出. 普朗克常量现在的公认值是 $6.626\,176 \times 10^{-34}$ J·s.

光电效应是德国物理学家赫兹在 1887 年验证电磁波时无意中发现的. 1888 年以后,W·哈尔瓦克斯、A·R·斯托列托夫、P·勒纳德等人对光电效应现象作了长时间的研究,并总结出了光电效应的基本规律. 1905 年,爱因斯坦在其著名论文《关于光的产生和转化的一个试探性观点》中,发展了普朗克的量子假说,提出了光量子概念,并应用到光的发射和转化上,很好地解释了光电效应等现象,并因此获得 1921 年诺贝尔物理学奖. 1906~1916 年,密立根历经十余年通过实验验证了爱因斯坦的光电效应方程,并较为精确地测出普朗克常量的数值. 密立根因测量基本电荷和验证光电效应规律而获得了 1923 年诺贝尔物理学奖. 光电效应这种由光产生电的物理现象在以后的科研和生产中被广泛地利用,如:电子枪、光通讯、自动控制等.

§7.5　光伏效应实验

随着全球对能源的需求日益增长,人类已面临着两大难题:一是地球上储量有限的燃料资源而引发的能源危机;二是以煤等化石燃料的大量燃烧所排放的 CO_2 和 SO_2 气体,导致的环境污染和温室效应,使人类的生存环境不断恶化.加速发展清洁而可再生的太阳能,降低温室气体排放量,已成为全球的共识.许多国家都把光伏发电作为优先发展项目,美国、希腊等国均已建成多座兆瓦级阳光电站,并启动了"屋顶光伏"计划,即以家庭为单位进行安装阳光发电.我国将在 2020 年前建成五座兆瓦级阳光电站.专家们早在 10 多年前就预言:光伏是 21 世纪高新技术发展的前沿之一,预测在 21 世纪中叶,光伏发电将成为重要的发电技术之一,作为阳光电站的基石——太阳能电池,目前占主流的还是硅系列(单晶、多晶和非晶)太阳能电池.此外,多元化合物太阳能电池,如:砷化镓(耐高温)、铟硒(成本低、性能稳定,与非晶硅薄膜结合组成叠层太阳电池,以提高太阳能利用率)以及钾氟化合物太阳电池(高效)等,近年来发展也较迅速,预示着光伏发电的前景可谓春色满园.

本实验以单晶硅光电池为例,通过实验让学生了解太阳能光伏电池的机理,学习和掌握测量短路电流的方法和技巧,以及光电转换的基本参数测量.

【实验目的】

1. 初步了解光电池机理.
2. 测量光电池开路电动势、短路电流、内阻和光强之间关系.
3. 在恒定光照下测量光电流,输出功率与负载之间关系.

【实验原理】

在 p 型半导体上扩散薄层施主杂质而形成的 p-n 结(如图 7-5-1),由于光照,在 A,B 电极之间出现一定的电动势.在有外电路时,只要光照不停止,就会源源不断地输出电流,这种现象称为光伏效应.利用它制成的元器件称之为光电池.光伏效应最重大的应用是可以将阳光直接转换成电能,是当今世界众多国家致力研究和开拓应用的课题.

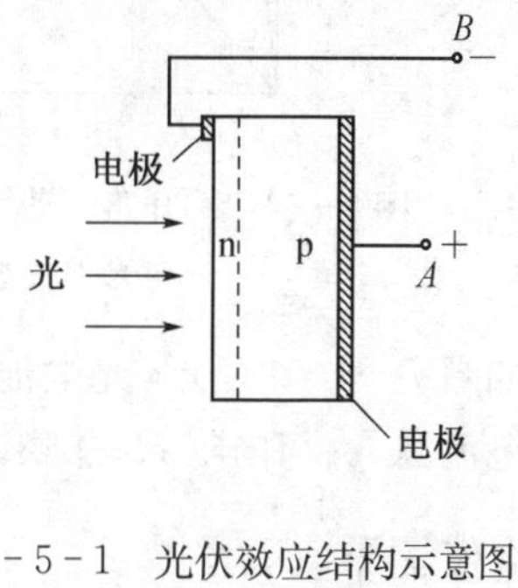

从光伏效应的机理可知(见附录),光电池输出的电流 I_L 是光生电流 I_p 和在光生电压 V_p 作用下产生的 p-n 结正向电流 I_F 之差,即 $I_L = I_p - I_F$.根据 p-n 结的电流和电压关系

图 7-5-1　光伏效应结构示意图
（光电池模型）

$$I_F = I_S\left(e^{\frac{qV_p}{kT}} - 1\right)$$

式中:V_p 是光生电压,I_S 为反向饱和电流,所以输出电流

$$I_L = I_p - I_S\left(e^{\frac{qV_p}{kT}} - 1\right) \tag{7-5-1}$$

此即光电流表达式. 通常 $I_p \gg I_S$，上式括号内的 1 可忽略.

对于光电池有外加偏压时，(7 - 5 - 1)式应改为

$$I'_L = I_L + I = I_L + I_S\left(e^{\frac{qV}{kT}} - 1\right) \tag{7 - 5 - 2}$$

式中 $I_S\left(e^{\frac{qV}{kT}} - 1\right)$ 就是 p-n 结在外加偏压 V 作用下的电流.

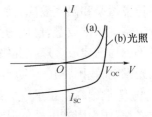

图 7 - 5 - 2 中的(a)(b)两条曲线分别表示无光照和有光照时光电池的 I-V 特性，由此可知，光电池的伏安特性曲线相当于把 p-n 结的伏安特性曲线向下平移，它在横轴与纵轴的截距分别给出了其开路电动势 V_{OC} 和短路电流 I_{SC}.

图 7 - 5 - 2　光电池的伏安特性

实验表明：在 $V = 0$ 情况下，当光电池外接负载电阻 R_L 时，其输出电压和电流均随 R_L 变化而变化. 只有当 R_L 取某一定值时输出功率才能达到最大值 P_m，即所谓最佳匹配阻值 $R_L = R_{LB}$，而 R_{LB} 则取决于光电池的内阻 $R_i = \dfrac{V_{OC}}{I_{SC}}$. 由于 V_{OC} 和 I_{SC} 均随光照强度的增强而增大，所不同的是 V_{OC} 与光强的对数成正比，I_{SC} 与光强(在弱光下)成正比，如图 7 - 5 - 3 所示，所以 R_i 亦随光强度变化而变化. V_{OC}，I_{SC} 和 R_i 都是光电池的重要参数. 最大输出功率 P_m 与 V_{OC} 和 I_{SC} 乘积之比，可用下式表示：

$$FF = \frac{P_m}{V_{OC}I_{SC}} \tag{7 - 5 - 3}$$

式中 FF 是表征光电池性能优劣的指标，称为填充因子.

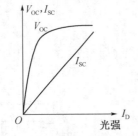

图 7 - 5 - 3　开路电动势、短路电流
与光强关系曲线

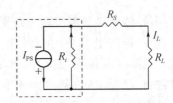

图 7 - 5 - 4　光电池等效电路

如图 7 - 5 - 4 所示，光电池的等效电路，在一定负载电阻 R_L 范围内可以近似地视为由一个电流源 I_{PS} 与内阻 R_i 并联，再和一个很小的电极电阻 R_S 串联的组合.

【实验仪器】

TK - PV1 型光伏效应实验仪.

【实验内容与步骤】

1. 光强的调节和表示

本实验所用光源为 LED(发光二极管)，根据 LED 的输出功率与驱动电流呈线性关系，

利用改变 LED 的静态工作电流确定光强的相对值 I_D. 本仪器设定 LED 的静态工作电流调节范围为 $0\sim20$ mA, 对应显示器上的数值为 $0\sim2\,000$. (也可用"归一"法表示光强, 即设 J_m 为最大光强, J 为任意的光强, 则 J/J_m 为无量纲的相对光强).

I_D 的大小通过粗调和细调旋钮来调节. 细调旋钮只在 I_D 输出较大时起作用, 如 I_D 显示为 $1\,900$ 时, 最后一位"0"可能会跳动, 这时可通过调节细调旋钮使其稳定.

2. 标尺的设定

为了调节光源与光电池的间距和试样表面光照的均匀度, 设置了水平及垂直方向的移动标尺. 选择三色发光管中任意一种颜色光进行调试, 接通 LED 驱动电源, 调节 I_D 指示为 $1\,000$ 左右, 功能切换开关置于 V_{OC} 挡. 将水平标尺调到 10 mm 左右; 再调节垂直标尺, 使开路电压 V_{OC} 达到最大值, 并保持该状态直至该颜色光源的所有实验完毕为止. 由于三色 LED 的发光中心不在同一点, 所以对不同颜色光源, 都应按照上述方法重新调节垂直标尺.

3. 测量开路电动势 V_{OC} 与光强 I_D 的关系

测量线路如图 7-5-5 所示. 将功能切换开关置于 V_{OC} 挡, 然后将面板上 V_{OC}(毫伏表)正、负输入端与 PV 装置的光电池正、负输出端对应连接. 按实验所需光源颜色, 接通 LED 驱动电源, 并调节标尺找到实验最佳工作状态.

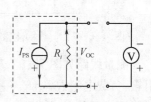

图 7-5-5　测量开路电压 V_{OC} 线路图

调节 $I_D=0$ (即将粗调和细调旋钮旋至最小), 此时由于 PV 装置不完全密封(如导线的入口处), 有光线漏进装置中, 使得 V_{OC} 显示不为 0, 实验时应将此数值记录下来, 并在数据的后继处理时将其减去.

调节 I_D, 测量不同光强下光电池的开路电动势 V_{OC}. 自拟表格记录数据, 并绘制 V_{OC}-I_D 曲线.

4. 测量短路电流 I_{SC} 与光强 I_D 的关系

测量线路如图 7-5-6 所示. 将功能切换开关置于 I_{SC} 挡; 调节 DC0$\sim$1 V 电源 U_S 输出, 使微安表读数 I_0 为 10.00 μA$\sim$18.00 μA(建议取 10.00 μA).

在某一光强 I_D 下, 改变可调电阻 R, 使流过检流计的电流 I_G 为零. 此时 AB 两点之间和 AC 两点之间的电压应相等, 即 $V_{AB}=V_{AC}$. 因而 $IR=I_0r_0$, 即短路电流

$$I_{SC}=I=\frac{I_0r_0}{R} \tag{7-5-4}$$

式中, r_0 为微安计内阻(10 KΩ).

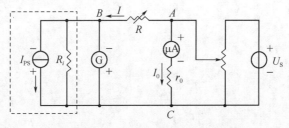

图 7-5-6　测量短路电流 I_{SC} 线路图

调节 I_D，测量不同光强下光电池的短路电流 I_{SC}．自拟表格记录数据，并绘制 I_{SC}-I_D 曲线．

5. 按下式计算出光电池的内阻 R_i，自拟表格记录数据，并绘制 R_i-I_D 曲线．

$$R_i = \frac{V_{OC}}{I_{SC}} \tag{7-5-5}$$

6. 测量输出功率 P 与负载电阻 R_L 的关系

选择三色 LED 中任意一种光源进行实验．

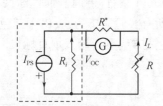

图 7-5-7　负载特性测量线路图

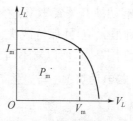

图 7-5-8　光电流与负载电阻两端电压关系曲线

测量线路如图 7-5-7 所示．其中，R^* 为实验仪上标示的 I_L 取样电阻（10 KΩ），R 为电阻箱，负载电阻 $R_L = R^* + R$．本实验中须将仪器面板上的 R^* 两端与 I_L 正、负端并联，同时功能切换开关置于 I_L 挡．

光电池在恒定光照下（取 I_D 约为 1 000），改变 R 的大小，测量流过不同负载电阻 R_L 的电流 I_L，并计算输出电压 $V_L = I_L R_L$．自拟表格记录数据，并绘制 V_L-I_L 曲线．

计算不同负载电阻下输出功率 P，即 $P = V_L I_L$，并绘出 P-R_L 曲线，确定最大输出功率 P_m 时的负载电阻 R_{LB} 及填充因子 $FF = \dfrac{P_m}{V_{OC} I_{SC}}$．

【思考与创新】

1. 开路电压 V_{SC}、短路电流 I_{SC} 如何随光强而变化？为什么开路电压 V_{OC}（硅）的最大值不超过 0.6 V？你能设想如何实现高电压大电流的阳光发电方案吗？

2. 测量 I_{SC} 时，若 I_G 不为零，如何根据 I_G 的正、负号，确定增减 R 阻值（如 I_G 为负是加大 R 还是减小 R）？

3. 为什么图 7-5-2 中曲线 b 相对于曲线 a 是向下而不是向上平移？并分析当光电池作为光控制器件使用时，应如何选择偏压方向？

4. 试就本实验测定 I_{SC} 的方法与用图 7-5-2 伏安特性曲线确定 I_{SC} 的方法，进行讨论．

附　录

一、光伏效应机理

图 7-5-9、图 7-5-10 分别表示在无光照(即热平衡时)和有光照时 p-n 结空间电荷层模型和相应的能带示意图.

如正文图 7-5-1 所示,在 n 型扩散层足够薄的条件下,光线可以透过 n 层进入空间电荷区,只要光子的能量大于材料的禁带宽度,就能够将满带的电子激发到导带,产生光生电子-空穴对(如图 7-5-10 所示),在 p-n 结内电场(从 n 区指向 p 区)作用下电子进入 n 区,空穴进入 p 区.形成自 n 区向 p 区的光生电流 I_P.与此同时,光生电子-空穴对因中和掉部分空间电荷使空间电荷区变窄,势垒降低,其作用就等效于在 p-n 结施加一正向电压,产生从 p 区流向 n 区的正向电流 I_F.光生电流 I_P 和光生正向电流 I_F 均通过 p-n 结,但方向相反.在开路情况下势垒必然降低到使 I_F 和 I_P 相等,从而使通过 p-n 结的光电流为零. p-n 结两端建立起稳定的电势差 V_P(p 区相对于 n 区为正),这就是光生电动势,其值等于势垒下降高度.当 p-n 结接上外电路时,通过负载的电流即为正文所述 $I_L = I_P - I_F$.

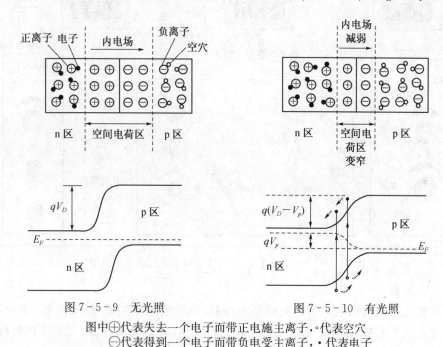

图 7-5-9　无光照　　　　　　　图 7-5-10　有光照

图中⊕代表失去一个电子而带正电施主离子,。代表空穴

⊖代表得到一个电子而带负电受主离子,·代表电子

注:对于光子在 n 型扩散层和 p 型半导体内激发光生电子-空穴对的情形(如图 7-5-11 所示),同学可自行分析.但应该注意以下两点:

1. 形成光生电流 I_P 只来自非平衡少数载流子的贡献,即 p 区中的电子,n 区中的空穴.

2. 能带弯曲部分对 n 区和 p 区的多子而言均为势垒,即起阻挡层作用.

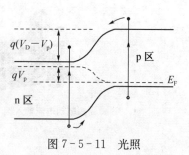

图 7-5-11　光照

二、TK‑PV1 型光伏效应实验仪使用说明书

TK‑PV1 型光伏效应实验仪以单晶硅光电池为例,通过实验让学生了解太阳能光伏电池的机理,学习和掌握测量开路电压及短路电流的方法和技巧,以及光电转换的基本参数测量.

本实验内容丰富,构思新颖,方法独特,性能稳定,而且适用面广(光电池涉及固体物理学、光学、电子学、化学、材料学等),是目前高校值得推荐的教学产品.

1. 实验仪简介

本实验效果图如图 7‑5‑12 所示,该实验仪分五个部分:

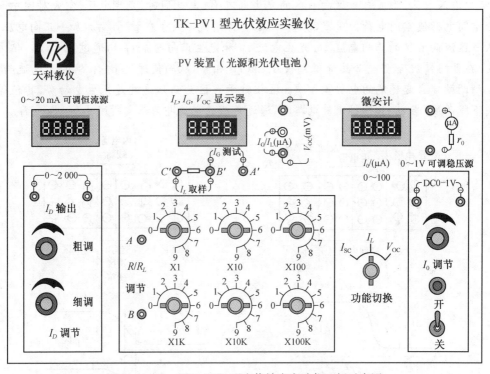

图 7‑5‑12　TK‑PV1 型光伏效应实验仪面板示意图

(1) PV 装置

PV 装置是一个内设光源和待测试样的暗箱.试样装在右侧箱壁,设有红、黑两个接线孔.红色对应于光生电压正极.光源装在一圆管的前端,并固定在左右、上下可调的标尺上,

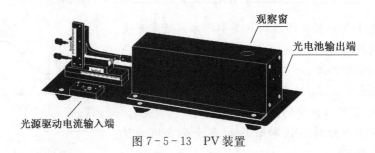

图 7‑5‑13　PV 装置

以调节光源与试样的距离和试样表面光照度.箱顶部设有观察窗,便于检查光源工作正常与否.逆时针水平旋动观察窗手柄为开启.注意:操作时只许轻轻水平拨动手柄,严禁朝下按压手柄.

LED 的电源输入端设有多个驱动插孔,其中黑色为电源公共端,其他红、绿、蓝接口分别对应 R,G,B 光.

暗箱内三色 LED 发光管和光电池示意图如图 7-5-14 所示:

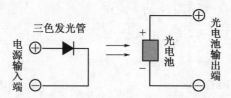

图 7-5-14　暗箱内光源与光电池示意图

(2) LED 驱动电流源

提供 LED 驱动电流 I_D,由 I_D 调节和显示两部分组成,位于实验箱的左边.I_D 的调节通过粗调和细调旋钮来实现.细调旋钮只在 I_D 输出较高时起作用(如 I_D 显示为 1 900 时,最后一位"0"可能会跳动,这时可通过调节细调旋使其稳定).I_D 输出的红、黑两插孔分别与 PV 装置的光源驱动输入端对应连接.仪器设定 LED 的工作电流调节范围为 0~20 mA,对应显示器上的数值为 0~2 000.

(3) 功能切换开关

功能切换开关位于实验箱右边,分别有 I_{SC},I_L,V_{OC} 三挡.I_0(微安表)只在测量 I_{SC} 时开启,当测量 I_L 和 V_{OC} 时 I_0(微安表)将被自动关闭.

(4) DC 0~1 V 稳压源

0~1 V 可调电压源位于实验箱的最右边,在测量 I_{SC} 时作为外加电源.当 I_{SC} 测量结束时关闭该电源的输出.

(5) 电阻箱

电阻箱位于实验箱的中部,其量程为 999.999 kΩ.在测量 I_{SC} 时该电阻箱作为平衡电阻 R 使用,在测量光电池输出性能实验时作为可调的外接负载 R 使用.

2. 性能指标

(1) 0~20 mA 可调恒流源

输出电流:0~20 mA,连续可调,调节精度可达 0.01 mA;

电流稳定度:优于 10^{-3}(交流输入电压变化 ±10%);

负载稳定度:优于 10^{-3}(负载由额定值变为零);

电流指示:$3\frac{1}{2}$ 位 LED 显示,精度不低于 0.5%.

(2) I_L,I_G 和 V_{OC} 显示器

用 $3\frac{1}{2}$ 位 LED 显示,精度不低于 0.5%;

I_L 为负载电流　　　　　　　　测量范围:0~19.99 μA;

I_G 为流过检流计电流　　　　　测短路电流时用;

V_{OC} 为开路电动势   测量范围:0~1 999 mV.

(3) 0~1 V 直流可调稳压源

输出电压:0~1 V,连续可调,调节精度可达 1 mV;

电压稳定度:优于 10^{-3}(交流输入电压变化±10%);

负载稳定度:优于 10^{-3}(交流输入电压变化±10%).

(4) 数字微安计用于测 I_0

调节范围:0~100.0 μA,精度可达 0.1 μA;

电流指示:$3\frac{1}{2}$ 位 LED 显示,精度不低于 0.5%.

(5) 电阻箱

调节范围:0~999.999 kΩ.

3. 使用说明

(1) 标尺调节方法

选择三色发光管中任意一种颜色进行调试,接通 LED 驱动电源,调节 I_D 指示为 1 000 左右. 功能切换开关置 V_{OC} 挡,将水平标尺调到 10 mm 左右;再调垂直标尺,使开路电压 V_{OC} 达到最大值. 并保持该状态直至该颜色光源的所有实验完毕为止. 由于三色 LED 的发光中心不在同一点,所以对不同颜色光源,都应按照上述方法重新调试垂直标尺.

(2) I_D 输出粗调、细调旋钮

I_D 的调节通过粗调和细调旋钮来实现. 细调旋钮只在 I_D 输出较高时起作用(如 I_D 显示为 1 900 时,最后一位"0"可能会跳动,这时可通过调节细调旋钮使其稳定).

(3) 数字微安计(I_0)

功能切换置 I_{SC} 挡,数字微安计(I_0)处于工作状态;当功能切换在 V_{OC} 和 I_L 挡时,微安计不工作,显示器熄灭.

(4) 本实验提供的连接线为直插式带弹簧片导线,在接线或拆线时应持"手枪头"进行操作,特别在拆线时,严禁直接拉扯导线,否则导线易遭损坏.

§7.6　超声波探伤实验

【实验目的】

1. 深入了解超声波的产生及在介质中的传播规律.
2. 了解超声波探伤仪的工作原理.
3. 掌握超声波探伤仪的使用方法.
4. 掌握纵波探伤缺陷的识别和定位方法.

【实验原理】

在超声波探伤中,很多场合都需要知道材料中声波传播的速度.对于超声波探伤人员来说,测定声速最简单的方法是用超声波探伤仪来测定,由于现在的超声波探伤仪都是工作在脉冲波状态下,因此这种方法也可归结为脉冲测量方法.采用这种方法测量时,可用单探头方式,也可用双探头方式;能用于纵波声速的测量,也能用于横波声速的测量,只是两者在材料中激发超声波的类型和接收超声波的方式有所不同.

脉冲反射法是运用最广泛的一种超声波探伤法.它使用的不是连续波,而是有一定持续时间按一定频率间隔发射的超声脉冲.探伤结果可以用示波器显示.发生器在一定时间间隔内发射一个触发脉冲信号,通过专用压电换能器的作用,使得信号以相同的频率作机械振动,这个高频脉冲信号相应地在示波器荧光屏上形成一个起始脉冲信号.当探头接触到所要探测的工件面时,超声波以一定的速度在其内部传播,当遇到缺陷或工件底面时,就会引起反射,反射后的超声波返回到探头.此时,压电换能器又将声脉冲转换成电脉冲并将讯号再次传送到示波器,形成一个反射脉冲信号.

由于电子束在荧光屏上的移动与超声波在均匀物质中传播过程都是匀速的,所以来自缺陷或底面的反射脉冲信号距起始脉冲的距离与探头距缺陷或底面的距离是成正比的.脉冲反射法就是根据缺陷及底面反射信号的有无,反射信号幅度的高低及其反射信号在荧光屏上的位置来判断有无缺陷、缺陷的大小以及缺陷的深度的.

脉冲反射法可以分为直接接触纵波脉冲反射法和斜角探伤法,这里我们主要介绍直接接触纵波脉冲反射法.我们知道纵波是指材料中质点振动方向与声波传播方向一致的波形.探伤时,当探头垂直地或以不大于第一临界角的角度耦合到工件上时,在工件内部都能获得纵波.直接接触纵波脉冲反射法通常分为一次脉冲反射法、多次脉冲反射法及组合双探头脉冲反射法.

1. 声波、超声波、脉冲波

机械振动在介质中的传播过程称为机械波;机械振动在弹性介质中的传播就称为弹性波(即声波)——它是一种重要的机械波.声波产生的条件是首先要有一个作机械振动的质点作振源,其次要有传播振动的弹性介质.此外,当振动传播时,振动的质点并不随波而移动,只是在自己的平衡位置附近振动而已,这与电磁波(交变电场以光速在空间传播)是完全不相同的.

如果以频率 f 来表征声波,并以人的可感觉频率为分界线,则可把声波划分为次声波

（$f < 20\,\mathrm{Hz}$），可闻声波（$20\,\mathrm{Hz} \leqslant f \leqslant 20\,\mathrm{kHz}$）及超声波（$f > 20\,\mathrm{kHz}$）．在超声波检测中最常使用的频率范围为 $0.5\,\mathrm{M} \sim 10\,\mathrm{MHz}$．

振动持续的时间有限（单个或间发）时形成的波动，则称为脉冲波．如图 7 - 6 - 1 所示．

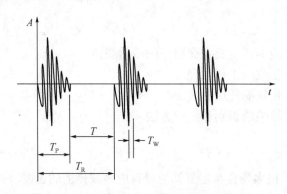

图 7 - 6 - 1　脉冲波示意图

T_R. 重复周期；重复频率 $f_R = 1/T_R$；T_P. 脉冲持续时间（脉冲宽度）；
T_W. 与工作频率对应的振动周期；工作频率 $f_W = 1/T_W$

2. 一次脉冲反射法

如图 7 - 6 - 2(a)所示，当工件中无缺陷时，荧光屏上只有始波 T 与一次底波 B．当工件中有小缺陷存在时，荧光屏上除始波和底波外还有缺陷波 F（此时的底波幅度可能会下降），缺陷波位于始波和底波之间，缺陷在工件中的深度与缺陷波在荧光屏上距始波的位置相对应，如图 7 - 6 - 2(b)所示．当工件的缺陷大于声束直径时，荧光屏上将只有始波与缺陷波，如图 7 - 6 - 2(c)所示．

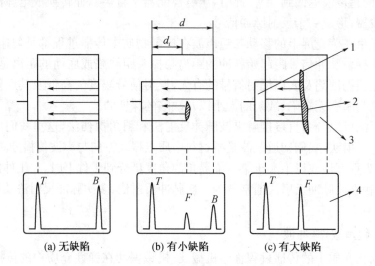

(a) 无缺陷　　　　　(b) 有小缺陷　　　　　(c) 有大缺陷

图 7 - 6 - 2　直接接触纵波—一次脉冲反射法

1. 探头；2. 缺陷；3. 被测物体；4. 示波器荧光屏；
d. 被测试块的厚度；d_i. 缺陷的深度

3. 多次脉冲反射法

这是以多次底面脉冲反射信号为依据进行探伤的一种方法．超声波在具有平行表面的工件中传播,在无缺陷的情况下,声波经底面反射回探头时,一部分能量为探头所接收,在荧光屏上产生一次底波 B_1,另一部分能量又折回底面再反射回来,其中一部分能量又为探头所接收产生二次底波 B_2,剩余的能量再被折回……如此往复直至声能耗尽为止,这将在示波器荧光屏上出现高度逐次递减的多次底波,多次反射之间的间距是相等的,如图 7-6-3 所示.图中 t_B 为超声波在被测试块中传播 $2d$ 所用的时间.根据公式 $v = 2d/t_B$ 可计算被测试块中超声波的声速.

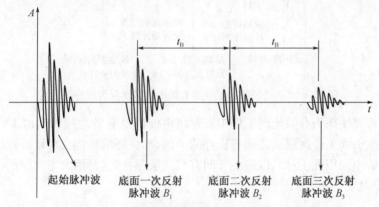

图 7-6-3　标准被测试块的多次反射脉冲波形图

　　对于缺陷的判定大致可以分为两类:一类是吸收性缺陷(如疏松等).声波穿过时不引起反射,但声能的衰减很大,使声能在几次反射、甚至在一次反射后就消耗殆尽.另一类是非吸收性缺陷.若缺陷较小,在每次反射中缺陷波与底波同时存在,如图 7-6-4 所示,此时缺陷波的峰值小于底面反射脉冲波对应的峰值,缺陷深度可由公式 $d_i = d - vt_i/2$ 求出;若缺陷面积接近或大于声束横截面面积时,底面的一次反射脉冲波就很小或者声波只在表面与缺陷之间往复反射,荧光屏上没有底面反射脉冲波,而只有缺陷的多次反射脉冲波,如图 7-6-5 所示,此时缺陷为大缺陷,缺陷深度可由公式 $d_i = vt_i/2$ 求出.如果作二维缺陷深度的测试,则可以计算出缺陷的厚度 Δd.本书只做非吸收性缺陷实验,实验时要注意区分无缺陷和大于声束直径缺陷的波形(主要看各波之间的间距).

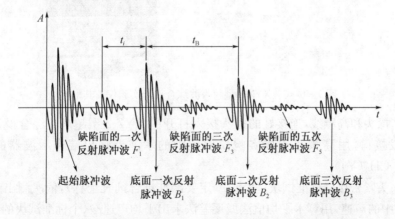

图 7-6-4　待测缺陷试块为小缺陷时的多次反射脉冲波形图

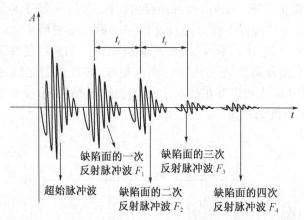

图 7-6-5 待测缺陷试块为大缺陷的多次反射脉冲波形图

实验中,若要使探头有效地向工件中发射超声波以及有效地接收到由工件返回来的超声波,必须使探头和工件探测面之间有良好的声耦合.良好的声耦合可以通过填充耦合介质来实现(本实验中采用凡士林),以避免其间有空气层存在,这是因为空气层的存在将使声能几乎完全被反射.

【实验仪器】

XYZ-2 型超声波综合设计实验仪,专用探头一个,标准金属测试块(八个),待测缺陷金属块,示波器一台(20 MHz 以上).

【实验内容与步骤】

1. 打开 XYZ-2 型超声波综合设计实验仪(图 7-6-6)和示波器电源,预热两分钟.

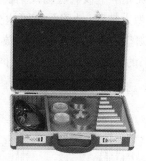

图 7-6-6 XYZ-2 型超声波综合设计实验仪及其附件

2. 联结探头和高频线,连接好的探头接入打开的 XYZ-2 型超声波综合设计实验仪面板中的收/发接口,用高频线连接实验仪面板中的示波器输出端和示波器的输入端口(CH$_1$(X)或 CH$_2$(Y)).

3. 用探头紧密接触标准试块(注意:一定要涂抹耦合剂凡士林),依次测出超声波在八个标准试块中的声速,用算术平均值法或逐差法求出平均声速.八个标准试块的厚度分别为 20 mm,30 mm,40 mm,50 mm,60 mm,70 mm,80 mm 和 90 mm.

4. 用待测缺陷金属块进行测量.同样用探头紧密接触待测缺陷金属块,使探头从缺陷试块的一端向中心滑动,观察示波器上脉冲峰的变化,判断缺陷反射脉冲波和底面反射脉冲波.从示波器上读出时间 t_i,并根据相应的公式计算缺陷的深度 d_i.最后求出缺陷的厚度 Δd(待测缺陷试块的厚度为 40 mm).

【思考题】

1. 在测试标准试块声速时,我们选择不同的时间挡位去测量相邻反射脉冲波相应峰之间的时间,时间的精确度是否改变?

2. 判断被测试块是否有缺陷的依据是什么? 是什么缺陷? 为什么?

附录:超声波的相关知识

1. 超声波是频率高于 20 kHz(千赫兹)的声波

由于超声波的频率超过了人耳的听觉范围,因而人耳感觉不到声音.超声波具有声波所有的物理性质,但其频率高,波长短.产生超声波的方法有多种,现代超声波的产生主要是利用某些晶体(如石英、酒石酸钾钠及锆钛酸铅等)的特殊物理性质——压电效应产生超声波.

当超声波在传播过程中遇到两种不同介质时,在介质分界面将产生反射.超声波在界面反射后,剩余的超声波将进入第二介质,称为透射.如果两种介质中的声速相同,透射声束的方向将与入射声束的方向相同;但如果两种介质中的声速不同,透射声束将发生方向的转折,称为折射.剩余的能量将以某一中心向空间各个方向传播,称为散射,散射后返回探头的回声信号强度明显减弱.超声波在传播过程中的强度将随着所传深度的增加而减弱,称为衰减.超声波的衰减是由于超声波的反射、散射和吸收而引起的.

超声波探伤是无损检测的主要方法之一.它是利用材料本身或内部缺陷的声学性质对超声波传播的影响,非破坏性地探测材料内部和表面的缺陷(如裂纹、气泡及夹渣等)的大小、形状和分布状况以及测定材料性质.超声波探伤具有灵敏度高、穿透力强、检验速度快、成本低、设备简单轻便和对人体无害等一系列优点.因此,它已广泛应用于机械制造、冶金、电力、石油、化工和国防等各工业部门,并已成为保证产品质量、确保设备安全运行的一种重要手段.

2. 耦合剂的选择

在直接接触法探伤中,由于声耦合的好坏直接影响到探伤灵敏度及判伤的准确性,因此必须使探头和工件之间具有良好的声学接触,这主要取决于探测表面的光洁度和耦合剂的性能.良好的耦合剂应具备以下特点:① 应具有较高的声阻抗以改善探头与工件间的声耦合,提高透声性能;② 对工件无腐蚀,对人体无危害,便于清洗;③ 来源广,价格便宜;④ 对自动化探伤来说,要求流动性好,便于回收循环使用.

从具有高声阻抗的观点来看,水银和具有悬浮状金属粉末的液体最好,但价格昂贵、有毒,一般难以使用.经常使用的耦合剂是油类,一般情况采用中等粘度的机油,在平滑的表面上可采用低粘度油类,粗糙表面适宜用高粘度油类.当探测面垂直于地面时应采用非流动性胶状体作耦合剂,如润滑脂,但价格较高,一般可采用水溶性浆糊.在所有适宜作耦合剂的常用液体中,甘油的声阻抗最高,且易溶于水,便于探头、工件和手的清洗,是一种很好的耦合剂.

§7.7　制冷技术与应用

制冷技术是指用人工方法在一定时间和一定空间中将某物质或流体变冷,使其温度低于环境温度并保持这个温度.其本质就是转移分子热运动的平均动能.100多年来,随着科学技术的不断提高,制冷技术得到了快速发展,一些新的制冷方法相继成熟,并广泛应用于商业、工业、农牧业、建筑业、国防、医学和人们的日常生活中.本实验侧重于对照实物详细讲解液体蒸发式制冷循环系统,对其他制冷方法只作简单介绍.

【实验目的】

1. 了解制冷技术的发展及其应用.
2. 掌握液体蒸发式制冷原理.
3. 熟悉家用冰箱和空气调节器的工作原理.

【实验原理】

1. 制冷方式

简单地说,获得低温度就称为"制冷".早在几千年以前,我国劳动人民就懂得将天然冰贮藏在地窖中,待到酷暑季节用来冷藏鱼肉等食品.从古代埃及壁画上发现,在公元以前,埃及人已会将水装入素制陶壶中,壶中水从壶壁渗出蒸发,吸收了壶中水的热量,从而使壶中水的温度得以降低.可见这是制得低温水的最早方法.然而,用人工和机械方法制冷,只是100多年来的事情.1823年,由英国的麦加耳·法拉第(Michael Faraday)发表了有关氨蒸气压缩式制冷循环原理的文章.1872年,德国的卡温林特(Carl Von Linde)最早将其应用于工业方面.41年之后——1913年,世界上出现了第一台手动式家用冰箱.1918年,美国Kelvina tor公司第一次生产出自动的电冰箱供商业和家庭使用.封闭式电冰箱于1920年研制成功.自1930年以后,由于碳氟化合物(又称氟利昂)类制冷剂的出现,才使电冰箱有了较快的发展,在此之前的1927年,家用吸收式冰箱也已经问世.全世界冰箱的发展与普及,是在第二次世界大战以后——50年代末至60年代初.我们国家直到60年代后期才开始大量生产全封闭式冰箱.随着科学技术的迅猛发展,一些新的制冷方法相继成熟,并广泛应用于各个领域.下面简要介绍几种常用的制冷方法.

(1) 固体升华制冷

固体不经融解而直接升华为气体的过程中吸收热量,冷却了周围介质.如:二氧化碳(干冰)在大气压下升华,其升华温度为$-79.8℃$,升华潜热为$5.73×10^2$ kJ/kg.

(2) 固体融解制冷

天然冰、机制冰在融解过程中吸收周围空间的热量,使其周围温度下降.每千克冰的溶解潜热为$3.33×10^2$ kJ/kg.要连续保持低温度,就得不断地补充冰,与固体直接升华制冷过程一样,是一种单向制冷,所能获得的低温度随固体融解温度而定.

(3) 液体蒸发制冷

液体在蒸发过程中吸收大量汽化潜热使其周围温度下降.按其循环系统可分为两类:蒸气压缩式和吸收式制冷.本实验重点对照实物讲述压缩式制冷原理和循环系统,详细叙述参见§6.1.图7-7-1所示为最简明的蒸气压缩式制冷循环过程,也就是压缩式冰箱的制冷循环.

（4）气体绝热膨胀制冷

气体被压缩冷却后,突然减压膨胀时能够得到低温.空气被压缩后冷却到常温,再进入一个膨胀容器内作绝热膨胀,可以得到低温空气来作为制冷源.目前来看,采用该方法的制冷效率很低.然而,它也有结构简单,无公害等优点.故被小型汽车、飞机等作为空气调节方面的应用.

（5）热电制冷

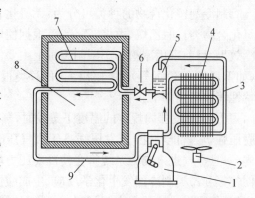

图7-7-1　最简单的蒸气压缩式制冷循环装置
1. 压缩机;2. 冷却风扇;3. 冷却的液体制冷剂(液管);
4. 冷凝器;5. 贮液器;6. 膨胀阀;7. 蒸发器(冻结器);
8. 冷却空间(冰箱);9. 回气管

热电制冷又称为"半导体制冷"或"电子制冷".它是利用热电子效应来达到制冷目的的.这种效应最初应用在热电偶电位计方面,它是采用两种不同的金属导线,将它们两端连接,一端作为冷接点,另一端为热接点,此时在回路中串联的电位计指示回路中电位的大小,这一现象称为"塞贝克效应".当电路中通以直流电源,回路中就有电流流过,此刻,在金属导线的两端将发生一端冷另一端热的现象.这一现象称为"珀尔帖效应".目前已经发展到可以实用阶段的半导体热电制冷,就是应用该原理.

目前热电偶对大多数采用铋碲类半导体材料,用铋碲锑作"P"型元件;铋碲硒作"N"型元件.元件材料性能的好坏,直接影响制冷的效能.

热电制冷主要具有以下特点:热电制冷无运转部件;工作时无噪声;无有害气体.由于这些优点在国内外已广泛地应用在医疗仪器(白内障冷冻切除、皮肤冷冻治疗、冰冻切片机等);电子仪器(恒温器、温度校正仪、0点恒温器等);家用设备(小型冰箱、小型空调器等)方面.国内从60年代中期开始进行热电制冷方面的研究和制造,目前已能生产上述各类产品.

但是,由于热电制冷元件材料价格太贵,国内在主要的元件与连接铜片的焊接工艺质量方面,还没有完全解决,产品寿命有一定差距等问题,所以未能广泛地应用.热电制冷元件"热电对"工作原理如图7-7-2所示.

（6）绝热去磁制冷

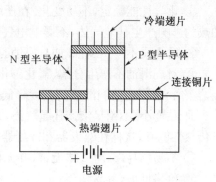

图7-7-2　热电对工作示意图

顺磁介质在磁场中被磁化以后,如果突然地减少磁场,此时顺磁物质的温度就要下降.根据这个原理可以获得其他办法所无法达到的极低温度,甚至可以达到0.001 K超低温.

2. 制冷剂与冷媒

（1）制冷剂

液体蒸发式制冷装置获得冷的过程,是由于制冷机使系统内的制冷剂发生了状态变化而产生的吸热——放热过程.因此制冷剂是制冷装置中的载热体,又称它为"工质".

制冷剂按化合物的种类可分为:无机化合物类,如:氨、水;氟氯烷类,统称"氟利昂";碳氢化合物类,如:乙烷、丙烷、乙烯等. 根据使用要求选用不同特性的制冷剂,以取得最好的制冷效果. 目前家用冰箱和小型制冷机上主要使用氟利昂制冷剂(如 R12,R22 等)及其替代物(如 R134a,R600a 等). 由于制冷剂的种类很多,这里就不一一作介绍,仅对制冷剂应具有的特性简单概括如下:

① 在蒸发器内规定的温度下蒸发时,蒸发压强 p_0 高于大气压;常温情况下有较低的冷凝压强 p_k 就能液化. 蒸发压强高于大气压时,制冷系统发生泄漏,外界空气不易窜入管路内. 一旦空气进入制冷系统将会使冷凝压力增高;空气中的氧、水分又会使润滑油氧化变质,促使氟利昂类制冷剂发生化学反应,生成酸性物,对金属产生腐蚀和生成沉淀物,造成机械磨损,管路中过滤器和膨胀阀阻塞,最终使制冷系统循环停止. 冷凝压力增高会使机械运转的经济性不良.

② 相同制冷量下所消耗机械功要求愈小愈好.

③ 临界温度 T_K 高,常温下易液化. 临界温度低的制冷剂,在常温附近不易液化,并且会使制冷机的效率下降. 在选用制冷剂时,最好使冷凝温度 $t_K < 0.85 T_K$,以免节流损失过大而使制冷系数降低.

④ 凝固温度要低. 制冷剂凝固温度高,易发生凝固,影响它在制冷系统内流动而形成阻塞,使制冷装置不能发挥正常效能. 一般制冷剂凝固温度大多在 $-100℃$ 以下,凝固温度高的制冷剂不能用于低温装置.

⑤ 蒸发热值要大,液体的比热要小. 也就是单位重量制冷量 q_0 大,相同制冷量下,循环的制冷剂量就少. 液体比热小对于制冷剂的热交换和过冷却都较有利.

⑥ 相同制冷量下制冷剂的蒸气比容要小,相对的压缩机尺寸可做得小.

⑦ 化学性能稳定,不易变化. 在压缩过程中不会因压缩热而发生化学反应. 不易受压力和热的影响产生其他气体,不影响电气绝缘材料的性能.

⑧ 对金属不产生腐蚀. 如有腐蚀时要采用特殊金属和合金材料制造机件.

⑨ 对润滑油不产生分解、氧化等化学作用,不影响其润滑油性能. 如果与润滑油发生相互溶解时,也不会使润滑油的粘度降低.

⑩ 黏度小. 不论呈液态还是气态,黏度小,则在管道内流动时阻力小,压降也小. 同时要求传热性能好,这样在蒸发器和冷凝器中传热温差就小,使制冷效率得到提高.

⑪ 不易燃易爆,对人体无害,并无特殊刺激臭味.

⑫ 价格低廉,容易购买.

目前应用中的各种制冷剂都不完全具备上述这些条件,甚至有些制冷剂还会破坏大气中臭氧层,污染环境,新一代无氟(绿色环保型)制冷剂仍需要进一步研究与探索.

(2) 冷媒

间接制冷不是由制冷剂直接作用于被冷却空间,而是通过一种传热体间接地将空间和需要冷却物体的热量吸收. 如制棒冰、冰块等制冷设备就是采用这种间接冷却方式制冷. 间接制冷中的传热体就叫做"冷媒",又称载冷剂. 在间接制冷过程中,制冷剂在蒸发器中蒸发时先将冷媒冷却,已冷却的冷媒由泵将其压送到需冷却的空间,或者在制冰池内直接将水冻结成冰,所以冷媒只起载冷作用. 对冷媒的性质一般有以下要求:

① 无毒,不污染其他物质,对金属不易腐蚀.

② 比热大. 比热大的冷媒,在载荷一定冷量时,对于本身温度变化较小,而且在同样载冷量下循环量也小.

③ 黏度与比重小. 黏度高、比重大流动时压力损失大,黏度高时传热性能变劣.

④ 凝固温度低和蒸发压力小. 在使用温度范围内应不会凝固和气化.

⑤ 导热系数大. 导热系数大则传热好,换热器的传热面积小.

⑥ 易于获得,价格便宜.

用作冷媒物质的种类有:无机物类中的水和盐水;有机物类中的乙二醇、酒精等.

【实验仪器】

制冷制热综合实验台,家用冰箱,空调器,循环式空调过程实验装置.

【实验内容与步骤】

1. 家用电冰箱

家用冰箱的制冷原理及循环系统各个主要部件的功能,在实验 5.1 中已作详细叙述,不再重复. 下面仅对家用冰箱的一些辅助部件的功能及其使用注意事项作简要介绍.

(1) 温度控制器

温度控制器用来自动控制冰箱里面的温度. 一般分为电子式和机械式两种. 根据箱内温度高低自动控制压缩机开和停,从而使箱内温度保持在某一范围. 冰箱冷冻室可达到的最低温度一般用星级来表示,一个星级为 $-6℃$;冷藏室温度一般控制在 $0\sim10℃$.

(2) 温度补偿器

温度补偿器是一个 $8\sim12$ W 左右的电加热器. 由于冰箱冷藏室温度一般控制在 $0\sim10℃$,当环境温度较低时(低于 $10℃$),压缩机长时间处于停机状态,冷冻室的冷量得不到及时补充,无法保证冷冻室温度足够低,因此,此时应打开冷藏室内的"冬季启动开关"(或称节电开关),让电加热器工作,提高冷藏室温度,使压缩机保持正常开停比($1:1.1$ 左右).

(3) 箱门除露管

箱门除露管是将压缩机排出的高温高压的制冷剂蒸汽通过管道从箱体门周围走一圈,提高箱体门周围的温度,以防凝露,避免箱体锈蚀和门封条发霉.

(4) 使用冰箱应特别注意以下几点:

① 安置冰箱不宜过于贴墙,要留有足够的空间使冷凝器通风散热,以保持良好的制冷效果.

② 压缩机停机后不要立即启动,最好等待 $5\sim8$ min 以上. 因为高低压差过大,压缩机很难启动,长时间的启动大电流会使压缩机里面的电机烧坏.

③ 冰箱在搬运过程中不宜倾斜超过 $45°$. 一是防止冷冻机油进入吸气腔,造成液压缩,击坏阀片;二是防止压缩机内部器件与外壳之间固定的吊簧脱钩或坐簧错位,影响压缩机正常运转.

2. 空气调节器

冷暖两用小型空气调节器主要分为电热型和热泵型. 其制冷原理与家用冰箱制冷原理相同. 电热型空调器在制热状态时,压缩机不工作,依靠室内机组里的电加热器工作进行制热,效率较低,但不受室外环境温度的影响. 热泵型空调器在制热状态时,仍依靠压缩机工作,并通过"四通换向电磁阀"改变制冷剂的流向,实现室内机组和室外机组的功能转换,仍然基于制冷原理. 当室外环境温度过低时,制冷剂液体不能从周围吸收热量而汽化,直接影响制热效果. 热泵型空调器制冷和制热时的制冷剂流向如图 7-7-3 所示.

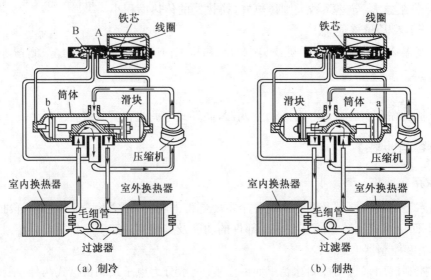

图 7-7-3　热泵型空调器中制冷剂的流向示意图

参考文献

[1] 单大可. 电冰箱和小型制冷机 [M]. 北京:轻工业出版社,1987

[2] 上海水产学院,厦门水产学院. 制冷技术问答[M]. 北京:农业出版社,1981

§7.8 用磁阻传感器测量地磁场

地磁场的数值比较小,约 10^{-5} T 量级,但在直流磁场测量,特别是弱磁场测量中,往往需要知道其数值,并设法消除其影响.地磁场作为一种天然磁源,在军事、工业、医学、探矿等科研中也有着重要用途.本实验采用新型坡莫合金磁阻传感器测定地磁场磁感应强度及地磁场磁感应强度的水平分量和垂直分量;测量地磁场的磁倾角,从而掌握磁阻传感器的特性及测量地磁场的一种重要方法.由于磁阻传感器体积小、灵敏度高、易安装,因而在弱磁场测量方面有广泛应用前景.

【实验目的】

1. 掌握磁阻传感器的特性.
2. 掌握地磁场的测量方法.

【实验原理】

物质在磁场中电阻率发生变化的现象称为磁阻效应.对于铁、钴、镍及其合金等磁性金属,当外加磁场平行于磁体内部磁化方向时,电阻几乎不随外加磁场变化;当外加磁场偏离金属的内部磁化方向时,此类金属的电阻减小,这就是强磁金属的各向异性磁阻效应.

HMC1021Z 型磁阻传感器由长而薄的坡莫合金(铁镍合金)制成一维磁阻微电路集成芯片(二维和三维磁阻传感器可以测量二维或三维磁场).它利用通常的半导体工艺,将铁镍合金薄膜附着在硅片上,如图 7-8-1 所示.薄膜的电阻率 $\rho(\theta)$ 依赖于磁化强度 M 和电流 I 方向间的夹角 θ,具有以下关系式

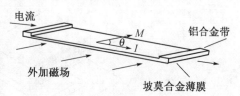

图 7-8-1 磁阻传感器的构造示意图

$$\rho(\theta) = \rho_\perp + (\rho_\parallel - \rho_\perp)\cos^2\theta \qquad (7-8-1)$$

式中 $\rho_\parallel$,$\rho_\perp$ 分别是电流 I 平行于 M 和垂直于 M 时的电阻率.当沿着铁镍合金带的长度方向通以一定的直流电流,而垂直于电流方向施加一个外界磁场时,合金带自身的阻值会产生较大的变化,利用合金带阻值这一变化,可以测量磁场大小和方向.同时制作时还在硅片上设计了两条铝制电流带,一条是置位与复位带,该传感器遇到强磁场感应时,将产生磁畴饱和现象,也可以用来置位或复位极性;另一条是偏置磁场带,用于产生一个偏置磁场,补偿环境磁场中的弱磁场部分(当外加磁场较弱时,磁阻相对变化值与磁感应强度成平方关系),使磁阻传感器输出显示线性关系.

HMC1021Z 磁阻传感器是一种单边封装的磁场传感器,它能测量与管脚平行方向的磁场.传感器由四条铁镍合金磁电阻组成一个非平衡电桥,非平衡电桥输出部分接集成运算放大器,将信号放大输出.传

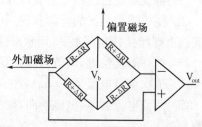

图 7-8-2 磁阻传感器内的惠斯登电桥

感器内部结构如图 7-8-2 所示,图中由于适当配置的四个磁电阻电流方向不相同,当存在外界磁场时,引起电阻值变化有增有减.因而输出电压 U_{out} 可以表示为

$$U_{\text{out}} = \left(\frac{\Delta R}{R}\right) \times V_b \qquad (7-8-2)$$

对于一定的工作电压,如 $V_b = 6.00\,\text{V}$,HMC1021Z 磁阻传感器输出电压 U_{out} 与外界磁场的磁感应强度成正比关系,

$$U_{\text{out}} = U_0 + KB \qquad (7-8-3)$$

式中:K 为传感器的灵敏度;B 为待测磁感应强度;U_0 为外加磁场为零时传感器的输出量.

由于亥姆霍兹线圈的特点是能在其轴线中心点附近产生较宽范围的均匀磁场区,所以常用作弱磁场的标准磁场.亥姆霍兹线圈公共轴线中心点位置的磁感应强度为

$$B = \frac{\mu_0 NI}{R} \frac{8}{5^{3/2}} = 44.96 \times 10^{-4} I \qquad (7-8-4)$$

式中:每个线圈匝数 $N = 500$ 匝;亥姆霍兹线圈的平均半径 $R = 10\,\text{cm}$;真空磁导率 $\mu_0 = 4\pi \times 10^{-7}\,\text{N/A}^2$;$I$ 为线圈流过的电流,单位 A(安培);B 为磁感应强度,单位 T.

【实验仪器】

FD-HMC-2 型磁阻传感器与地磁场实验仪.

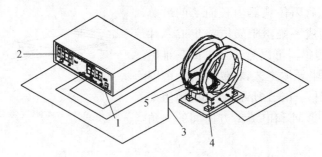

图 7-8-3 FD-HMC-2 型磁阻传感器与地磁场实验仪

1. 恒流源;2. 数字电压表;3. 磁阻传感器输入输出引线;
4. 亥姆霍兹线圈;5. 带角刻度的转盘

【实验内容与步骤】

1. 测量磁阻传感器的灵敏度 K(用亥姆霍兹线圈产生的磁场作为已知量)

(1) 将亥姆霍兹线圈与直流电源连接好.

(2) 使磁阻传感器的管脚和磁感应强度的方向平行,即转盘刻度调节到角度 $\theta = 0°$.调节底板上螺丝使转盘至水平(用水准仪指示).

(3) 按一下复位键,调节电流到零,电压调零.

(4) 依次调节电流到 $10\,\text{mA}, 20\,\text{mA}, \cdots, 60\,\text{mA}$,分别记录下正向电压读数 $U_{\text{正}}$.

(5) 调节电流到零,电流换向,按一下复位键,电压调零,重复步骤(4),记录下反向电压读数 $U_{\text{反}}$.

（6）平均电压 $\bar{U} = |U_{正} - U_{反}|/2$，利用逐差法计算出灵敏度 $K = \Delta\bar{U}/\Delta B$.

2. 测量地磁场的水平分量 $B_{//}$，地磁场的磁感应强度 $B_{总}$，地磁场的垂直分量 $B_{\perp}$ 和磁倾角 β

（1）将亥姆霍兹线圈与直流电源的连线拆去.

（2）使转盘至水平，旋转转盘，分别记下传感器输出的最大电压 U_1 和最小电压 U_2，计算出当地地磁场的水平分量 $B_{//} \equiv \bar{U}_{//}/K = |U_1 - U_2|/2K$.

（3）把转盘刻度调节到角度 $\theta = 0°$，转动底板使磁阻传感器输出最大电压或最小电压，同时调节底板上螺丝使转盘保持水平.

（4）将转盘垂直，此时转盘面为地磁子午面方向，旋转转盘，分别记下传感器输出最大电压和最小电压时转盘指示值 β_1 和 β_2，同时记录此最大读数 U'_1 和最小读数 U'_2，并计算出当地地磁场的磁感应强度 $B_{总} \equiv \bar{U}_{总}/K = |U'_1 - U'_2|/2K$.

（5）磁倾角 $\beta = (\beta_1 + \beta_2)/2$ 或由 $\cos\beta = B_{//}/B_{总}$ 得出.

（6）地磁场的垂直分量 $B_{\perp} = B_{总}\sin\beta$.

【实验注意事项及常见故障的排除】

1. 实验仪器周围的一定范围内不应存在铁磁金属物体.

2. 测量地磁场水平分量，须将转盘调节至水平；测地磁场 $B_{总}$ 和磁倾角 β 时，须将转盘面处于地磁子午面方向.

3. 测磁倾角 β 时，应测出输出电压 $U_{总}$ 变化很小时 β 的范围，然后求其平均值. 这是因为测量时，偏差 $1°$，$U'_{总} = U_{总}\cos1° = 0.998U_{总}$ 变化很小；偏差 $4°$，$U''_{总} = U_{总}\cos4° = 0.998U_{总}$，所以在偏差 $1°$ 至 $4°$ 范围 $U_{总}$ 变化极小.

【实验数据处理及分析】

据实验要求自拟数据记录表格.

【思考题】

1. 在测磁阻传感器灵敏度时，为什么要测正向输出电压和反向两次？

2. 如果在测量地磁场时，在磁阻传感器周围较近处，放一个铁钉，对测量结果将产生什么影响？

3. 为何坡莫合金磁阻传感器遇到较强磁场时，其灵敏度会降低？用什么方法来恢复其原来的灵敏度？

参考文献

[1] 贾玉润,王公治,凌佩玲. 大学物理实验[M]. 上海:复旦大学出版社,1987

[2] 沈元华,陆申龙. 基础物理实验[M]. 北京:高等教育出版社,2003

[3] 黄一菲,郑神,吴亮等. 坡莫合金磁阻传感器的特性研究和应用[J]. 物理实验,2002,22(4):45~48

附录：地磁场

地球本身具有磁性，所以地球和近地空间之间存在着磁场，叫做地磁场. 地磁场的强度和方向随地点（甚至随时间）而异. 地磁场的北极、南极分别在地理南极、北极附近，彼此并不重合，如图 7-8-4 所示，而且两者间的偏差随时间不断地在缓慢变化. 地磁轴与地球自转轴并不重合，有 11° 交角.

在一个不太大的范围内，地磁场基本上是均匀的，可用三个参量来表示地磁场的方向和大小（如图 7-8-5 所示）：

（1）磁偏角 α，地球表面任一点的地磁场矢量所在垂直平面（图 7-8-5 中 $B_{//}$ 与 z 构成的平面，称地磁子午面），与地理子午面（图 7-8-5 中 x,z 构成的平面）之间的夹角.

（2）磁倾角 β，地磁场矢量 B 与水平面（即图 7-8-5 的矢量 B 和 Ox 与 Oy 构成平面的夹角）之间的夹角.

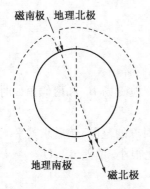

图 7-8-4　地磁场南北极和地理南北极之间的关系示意图

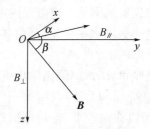

图 7-8-5　磁偏角和磁倾角示意图

（3）水平分量 $B_{//}$，地磁场矢量 B 在水平面上的投影.

测量地磁场的这三个参量，就可确定某一地点地磁场 B 矢量的方向和大小. 当然这三个参量的数值随时间不断地在改变，但这一变化极其缓慢，极为微弱.

§7.9　旋光仪的应用

1811 年,法国物理学家阿喇果(Arago)首先发现,当线偏振光沿光轴方向在石英中传播时,偏振光的振动面会发生旋转,这种现象叫做旋光性.大约同时,毕奥(Boit)在各种物质的蒸气和液体形态下也看到了同样的现象,他还发现有左旋和右旋两种情况.1822 年赫谢尔(Herschel)发现石英中的左旋光和右旋光是源于石英的左旋和右旋两种不同的结构.具有旋光性的物质叫做旋光物质,石英、朱砂、松节油、糖溶液等都是旋光物质.研究物质的旋光性质不仅在光学上有意义,而且在化学和生物学上也有重要的应用价值.

【实验目的】

1. 观察线偏振光通过旋光物质时所发生的旋光现象.
2. 了解旋光仪的结构原理,学习旋光仪的使用方法.
3. 学习用旋光仪测定旋光性物质(如糖溶液)的旋光率和浓度.

【实验原理】

旋光性是一个非常复杂的现象,它虽然可以用经典电磁理论来处理,但实际上用量子力学来解释则更为合理.下面我们通过一个简化模型,对旋光性给出一个定性的说明.

我们把各向异性光学介质看作是由各向异性的振子组成的,振子的振动方向和入射光波的电场强度矢量 E 成一个角度.假定旋光材料中的电子被迫沿一条螺旋线运动,正如已知的石英中 Si 原子和 O_2 原子是沿光轴作右旋或左旋螺旋线排列的那样.入射波 E_{in} 可以分解成左旋分量 E_L 和右旋分量 E_R.旋光介质对 E_L 和 E_R 具有不同的折射率.当出射光离开旋光介质时,E_L 和 E_R 的合成矢量 E_{out} 与入射光的 E_{in} 矢量相比转过一个角度,此即旋光现象.

具有旋光性的溶液中的螺旋状分子是无规则排列的,我们考察其中一个分子.入射光的交变电场分量对介质分子中的电子产生作用,使其振动而形成电偶极子;入射光的交变磁场分量对介质螺旋分子的作用使其变成磁偶极子.电偶极子和磁偶极子对入射电磁波 E_{in} 产生散射,散射振幅为 E_p 和 E_m,二者互相垂直,它们的合电场 E_s 将不再与 E_{in} 平行,从而使出射电场 $E_{out} = E_s + E_{in}$ 的振动面发生转动.对大量的溶液分子,我们总可以找到众多的与所考察的分子平行的分子,它们引起的振动面的转动相同,从而可以观测旋光效应.

不同的旋光性物质可使偏振光的振动面向不同方向旋转.若面对光源,使振动面顺时针方向旋转的物质称为右旋物质,则使振动面逆时针旋转的物质称为左旋物质.当线偏振光通过某些透明物质(例如糖溶液)后,偏振光的振动面将以光的传播方向为轴线旋转一定角度,旋转的角度 φ 称为旋转角(旋光度).实验证明,对某一旋光溶液,当入射光的波长给定时,旋转角 φ 与偏振光通过溶液的长度和溶液的浓度 c 成正比,即

$$\varphi = \alpha c l \qquad\qquad (7 - 9 - 1)$$

式中:旋光度 φ 的单位为"度";偏振光通过溶液的长度 l 的单位为 dm;溶液浓度 c 的单位为 g/mL. α 为该物质的比旋光度或旋光率,它在数值上等于偏振光通过单位长度(1 dm)、单位

浓度(1 g/mL)的溶液后引起的振动面的旋转角度①.

实验表明,同一旋光物质对不同波长的光有不同的比旋光度;在一定的温度下,其比旋光度与入射光波长 λ 的平方成反比,即随波长的减小而迅速增大,这个现象称为旋光色散.因此测量比旋光度时应标明所用波长及测量时的温度. 如 $[\alpha]_{589.3nm}^{50℃} = 66.5°$,它表明在测量温度为 50℃、所用光源的波长为 589.3 nm 时,该旋光物质的比旋光度为 66.5°.通常采用钠黄光的 D 线(λ = 589.3 nm)来测定比旋光度.

若已知某溶液的比旋光度,且测出溶液试管的长度 l 和旋光度 φ,可根据(7 - 9 - 1)式求出待测溶液的浓度,即

$$c = \frac{\varphi}{l[\alpha]_{\lambda}^{t}} \qquad\qquad (7 - 9 - 2)$$

通常溶液的浓度用 100 mL 溶液中的溶质克数来表示,此时上式改写成

$$c = \frac{\varphi}{l[\alpha]_{\lambda}^{t}} \times 100 \qquad\qquad (7 - 9 - 3)$$

在溶液浓度已知时,测出溶液试管的长度 l 和旋光度 φ,就可以计算出该溶液比旋光度,即

$$[\alpha]_{\lambda}^{t} = \frac{\varphi}{cl} \times 100 \qquad\qquad (7 - 9 - 4)$$

【实验仪器】

WXG-4 圆盘旋光仪,烧杯.

【实验内容与步骤】

1. 调整旋光仪

(1) 接通电源,开启电源开关,约 5 min 后,钠光灯发光正常,即可使用.

(2) 调节旋光仪调焦手轮,使其能观察到清晰的三分视场.

(3) 转动检偏镜,观察并熟悉视场明暗变化的规律,掌握零度视场的特点是测量旋光度的关键.零度视场即三分视界线消失,三部分亮度相等,且视场较暗.

(4) 检查仪器零位是否正确.在试管未放入仪器前,掌握双游标的读法,观察零度视场的位置与零位是否一致. 若不一致,说明仪器有零位误差,记下此时读数. 重复测定零位误差三次,取其平均值.注意应在读数中减去(有正负之分).

2. 测定旋光溶液的比旋光度

(1) 实验室事先将制备好的标准溶液注满试管.

(2) 将试管放入旋光仪的槽中,转动度盘,再次观察到零度视场时,读取 φ',重复三次求出平均值 $\bar{\varphi}'$. 算出旋光度 $\varphi = \bar{\varphi}' - \bar{\varphi}_0$.

(3) 将 φ 和 c 代入(7 - 9 - 4)式,计算出标准溶液的比旋光度(并注意标明测量时所用的波长和测量时的温度).

---

① 对于具有旋光性质的晶体(如石英等),其旋光度 $\varphi = \alpha d$,其中 d 为晶体通光方向的厚度,单位为毫米.可见,晶体的比旋光度 α 在数值上等于偏振光通过 1 毫米的晶体片后振动面的旋转角度.

3. 测量糖溶液的浓度

将长度已知、性质和标准溶液相同、而溶液浓度未知的溶液试管放入旋光仪中,测量其旋光度 φ. 将测得的旋光度 φ、溶液试管长度 l 以及前面测出的比旋光度 $[\alpha]_\lambda^t$ 代入(7-9-3)式,求出该溶液的浓度 c.

【实验注意事项及常见故障的排除】

1. 溶液注满试管,旋上螺帽,两端不能有气泡,螺帽不宜太紧,以免玻璃窗受力而发生双折射,引起误差.

2. 试管两端均应擦干净后方可放入旋光仪中.

3. 在测量中应维持溶液温度不变.

4. 试管中溶液不应有沉淀,否则应更换溶液.

【实验数据处理及分析】

表 7-9-1　测定零位误差

1		2		3		$\overline{\varphi}_0$ (度)
左	右	左	右	左	右	

表 7-9-2　测定旋光溶液的比旋光度

试管长度 l (dm)	浓度 c (g/100 ml)	读数						平均值 (度)	旋光度	溶液比旋光度 (度·mL·dm^{-1}·g^{-1})
		1		2		3				
		左	右	左	右	左	右			

表 7-9-3　测量糖溶液的浓度

试管长度 l (dm)	读数						平均值 (度)	旋光度 (度)	溶液浓度 c (g/100 mL)
	1		2		3				
	左	右	左	右	左	右			

【思考题】

1. 测量糖溶液浓度的基本原理是什么?

2. 什么叫左旋物质和右旋物质? 如何判断?

参考文献

[1] 华中工学院,天津大学,上海交通大学. 物理实验[M].北京:高等教育出版社,1981:196~200

[2] 谢行恕,康士秀,霍剑青. 大学物理实验[M].北京:高等教育出版社,2001:159~162

附录：WXG-4 圆盘旋光仪简介

WXG-4 圆盘旋光仪光路如图 7-9-1 所示.

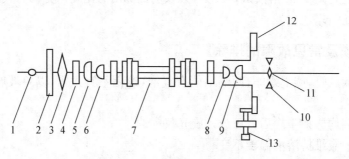

图 7-9-1　旋光仪的光学系统

1. 光源；2. 毛玻璃；3. 聚光镜；4. 滤色镜；5. 起偏镜；6. 半波片；7. 试管；8. 检偏镜；
9. 物、目镜组；10. 读数放大器；11. 调焦手轮；12. 度盘与游标；13. 度盘转动手轮

　　测量物质旋光性的简单原理如图 7-9-2 所示. 首先将起偏镜与检偏镜的偏振化方向调到正交，我们观察到视场最暗. 然后装上待测旋光溶液的试管，因旋光溶液的振动面的旋转，视场变亮，为此调节检偏镜，再次使视场调至最暗，这时检偏镜所转过的角度，即为待测溶液的旋光度.

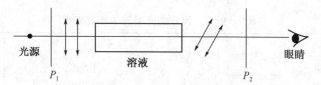

图 7-9-2　溶液的旋光性测量简图

　　由于人们的眼睛很难准确地判断视场是否全暗，因而会引起测量误差，为此该旋光仪采用了三分视场的方法来测量旋光溶液的旋光度. 从旋光仪目镜中观察到的视场分为三个部分，一般情况下，中间部分和两边部分的亮度不同. 当转动检偏镜时，中间部分和两边部分将出现明暗交替变化. 图 7-9-3 中列出四种典型情况，即（a）中央为暗区，两边为亮区；（b）三分视界消失，视场较暗；（c）中间为亮区，两边为暗区；（d）三分视界消失，视场较亮.

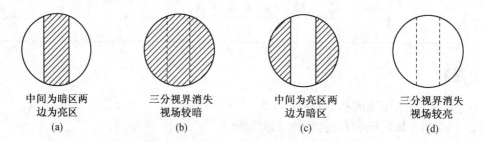

中间为暗区两　　　三分视界消失　　　中间为亮区两　　　三分视界消失
边为亮区　　　　　视场较暗　　　　　边为暗区　　　　　视场较亮
（a）　　　　　　　（b）　　　　　　　（c）　　　　　　　（d）

图 7-9-3　转动检偏镜时，目镜中视场明暗变化

　　由于在亮度不太强的情况下，人眼辨别亮度微小差别的能力较大，所以常取图 7-9-3（b）所示的视场为参考视场. 并将此时检偏镜的位置作为刻度盘的零点，故称该视场为零度

视场.

当放进了待测旋光液的试管后,由于溶液的旋光性,使线偏振光的振动面旋转了一定角度,使零度视场发生了变化,只有将检偏镜转过相同的角度,才能再次看到图 7 - 9 - 3(b)所示的视场,这个角度就是旋光度,它的数值可以由刻度盘和游标读出.

为了操作方便,整个仪器的光学系统以 50°倾角安装在基座上.光源用 50 W 钠光灯,波长为 589.3 nm.检偏镜与刻度盘连接在一起,利用手轮可作精细转动.本旋光仪采用的是双游标读数,以消除刻度盘的中心偏差.刻度盘分度 360 格,每格 1°,游标分 20 格,它和刻度盘 19 格等长,故仪器的精密度为 0.05°.

§7.10　　传感器系列实验

在科学技术高度发达的现代社会中,人类已进入了瞬息万变的信息时代,人们在从事工业生产和科学实验的活动中,极大地依赖于对信息资源的开发、获取、传输和处理.传感器处于研究对象与测控系统的接口位置,是感知、获取和检测信息的窗口,一切科学实验和生产过程,特别是在自动检测和自动控制系统中,都要通过传感器将待测量信息转换为容易传输与处理的电信号.在工业生产和科学实验中提出的检测任务是正确及时地掌握各种信息,大多数情况下是要获取被测信息的大小,即被测量的数值大小.因此,信息采集的主要含义就是取得测量数据.在工程中,需要有传感器与多台仪表组合在一起才能完成信号的检测,这样便形成了测量系统.尤其是随着计算机技术及信息处理技术的发展,测量系统所涉及的内容也不断得以充实.

传感器按其变换原理和工作机理可分为物理传感器、化学传感器和生物传感器.物理传感器是利用某些变换元件的物理性质以及某些功能材料的特殊物理性能制成的传感器.如利用金属或半导体材料在被测量作用下引起的电阻值变化的电阻式传感器;利用磁阻随被测量变化的电感和差动变压器式传感器;利用压电晶体在被测力作用下产生的压电效应而制成的压电式传感器;利用半导体材料的压阻效应、光电效应、霍尔效应制成的压敏、光敏和磁敏传感器.

本系列实验将分别研究金属箔式应变片传感器、霍尔式传感器的特性.

（Ⅰ）金属箔式应变片原理及其性能参数测试

【实验目的】

1. 掌握金属箔式应变片的原理、结构、使用方法及单臂电桥的工作原理.
2. 掌握温度对金属箔式应变片测量系统的影响.
3. 验证金属箔式应变片单臂、半桥及全桥测量电路的特性.

【实验原理】

1. 金属箔式应变片的原理及结构

应变片是最常用的测力传感元件之一.其工作原理基于导体的应变-电阻效应:导体或半导体在应力作用下产生应变,使其电阻值相应地发生变化.在弹性范围内,电阻的相对变化与应变间的关系为

$$K_0 = \frac{\Delta R/R}{\Delta L/L_0} \tag{7-10-1}$$

K_0 称为应变灵敏系数,其物理意义为单位应变引起的物体电阻的相对变化.

为了使应变片既有一定的电阻,又不太长,应变片都做成栅状,其结构如图 7-10-1 所示.它能近似反映其覆盖面积上的平均应变.实际使用时,应变片应当牢固粘贴在试件表面,以使试件应变充分传递到敏感栅.

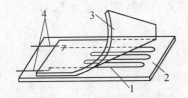
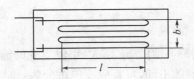

图 7-10-1　栅状应变片结构

1. 金属丝；2. 基质；3. 保护膜；4. 引线

应变片的结构形式有丝式、箔式和薄膜式三种. 箔式应变片的敏感栅是金属箔片，其横向部分特别粗，可大大减小横向效应；与基底的接触面积大，能更好地随同试件变形；另外，箔式应变片线段表面积大，散热条件好，允许通过较大的电流，其结构见图 7-10-2.

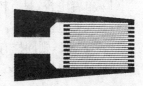

图 7-10-2　箔式应变片

2. 金属箔式应变片的温度效应及补偿

环境的温度变化会使应变片产生虚假的应变输出（应变片的温度应变），因此，实际上测得的应变值包括了真实应变值和虚假应变值. 温度变化引起应变电阻变化的原因有两个：一是由于电阻丝温度系数引起的；二是由于电阻丝与被测件材料的线膨胀系数不同引起的.

为了提高测量精度，必须消除由温度变化而带来的温度应变. 其方法除采用自补偿应变片外，常用电桥补偿法. 它是利用电桥相邻两臂同时产生大小相等，符号相同的电阻增量不会破坏电桥平衡（无输出）的特性来达到补偿目的的. 将两个特性相同的应变片，用同样方法粘贴在同样材质的两个试件上，置于相同的环境温度中，一个承受应力为工作件，另一个不受应力为补偿片，在测量时，如果温度变化，两个应变片引起的电阻增量不但符号相同，而且数量相等，由于它接在电桥的两臂上，桥路仍然平衡，电桥如有输出，则完全是由应变引起的.

3. 应变电桥测量电路及其特性

电桥电路是常用的电阻测量电路，其电路如图 7-10-3 所示. 输出电压 U_0 为

$$U_0 = E\frac{R_1R_4 - R_2R_3}{(R_1 + R_2)(R_3 + R_4)} \qquad (7\text{-}10\text{-}2)$$

电桥平衡（$R_1R_4 = R_2R_3$）时，由上式知电桥输出电压 $U_0 = 0$. 设电阻 R_1、R_2、R_3、R_4 的相对变化分别为 $\Delta R_1/R_1$、$\Delta R_2/R_2$、$\Delta R_3/R_3$、$\Delta R_4/R_4$，$R_1 = R_2 = R_3 = R_4$，则在一阶近似情况下，有

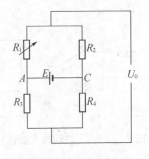

图 7-10-3　电桥电路

$$U_0 = \frac{E}{4}\left(\frac{\Delta R_1}{R_1} - \frac{\Delta R_2}{R_2} - \frac{\Delta R_3}{R_3} + \frac{\Delta R_4}{R_4}\right) \qquad (7\text{-}10\text{-}3)$$

令 $\varepsilon = \Delta L/L_0$，由式（7-10-1）和式（7-10-3），有

$$U_0 = \frac{E}{4}K_0(\varepsilon_1 - \varepsilon_2 - \varepsilon_3 + \varepsilon_4) \qquad (7\text{-}10\text{-}4)$$

单位电阻变化率对应的电桥输出电压大小定义为电桥的灵敏度 S_V，即

$$S_V = \frac{U_0}{\Delta R/R} \qquad (7-10-5)$$

显然，电桥灵敏度 S_V 越大，单位应变的输出电压越大.

按工作臂的不同，可将应变电桥分为：单臂应变电桥（电桥的一个臂接入应变片）；双臂应变电桥（电桥的两个臂接入应变片）；全臂应变电桥（电桥的四个臂接入应变片）. 不同电桥工作时灵敏度是不同的.

（1）单臂电桥，只有桥臂 R_1 工作，则 $S_V = E/4$.

（2）双臂电桥，若 R_1 和 R_2 为工作臂，且 $\varepsilon_1 = -\varepsilon_2 = \varepsilon$，则 $S_V = E/2$；若 R_1 和 R_4 为工作臂，且 $\varepsilon_1 = \varepsilon_4 = \varepsilon$，则同样有 $S_V = E/2$.

（3）全臂电桥，$\varepsilon_1 = \varepsilon_4 = -\varepsilon_2 = -\varepsilon_3 = \varepsilon$，$U_0 = EK_0\varepsilon$，$S_V = U_0 R/\Delta R = E$.

【实验仪器】

直流稳压电源（±4 V 档），电桥，差动放大器，箔式应变片，螺旋测微头，悬臂梁，电压表，加热器，热电偶，水银温度计.

【实验内容与步骤】

1. 单臂电桥箔式应变片性能的测量

（1）观察梁上的应变片. 安装并固定好左边的螺旋测微头，且使测微头读数为 10 mm 时，双平行梁大致呈水平方向.

（2）将差动放大器调零. 在关机情况下用导线将差动放大器的正、负输入端与地连接起来，将输出端接到直流电压表的输入插口（见图 7-10-4）；然后开机，预热约 3 min 后，先将差动放大器的增益旋钮顺时针旋到底使增益最大，再调整差动放大器的调零旋钮使表头指示为零（先用 20 V 档粗调，再用 2 V 档细调）. 调好后不许再动调零旋钮，否则要重新调零.

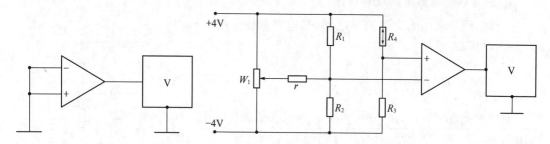

图 7-10-4　差动放大器调零电路　　　　图 7-10-5　单臂电桥测量电路

（3）连接测量线路. 关机后拆去差动放大器的接地线，根据图 7-10-5 的电路，利用电桥单元上的接线柱和调零网络连接好单臂电桥测量线路. 图中 W_1、r、R_1、R_2、R_3 都位于电桥单元，R_4 为一拉伸箔式应变片. 然后开机，差动放大器的增益保持在最大，电压表先位于 20 V 档.

（4）调节电桥平衡. 先转动左边的测微头，使双平行梁大致处于水平位置（目测）. 再将直流稳压电源开关打到 ±4 V 档，预热数分钟，调整电桥平衡电位器 W_1，使电压表头指示为

零. 电压表量程应从 20 V 档逐步转换到 200 mV 档.

（5）测量读数. 旋动测微头到 3 mm 以下, 从 3 mm 开始, 单调递增, 每隔 2 mm 测一个点（见表 7-10-1）, 记下梁端位移 X 与表头显示电压 V 的数值.

表 7-10-1　位移和输出电压数据记录表

X(mm)	3.00	5.00	7.00	9.00	11.00	13.00	15.00	17.00
V(mV)								

（6）数据处理. 根据所测结果作出 V-X 关系曲线并计算系统灵敏度 S_V. $S_V = \dfrac{\Delta V}{\Delta X}$, 单位为 mV/mm, ΔV 为电压变化, ΔX 为相应的梁端位移变化.

（7）选做一. 保持条件不变, 从上向下再进行一次测量（反向测量）, 可由两组数据的平均值得到更准确的 V-X 关系曲线和系统灵敏度 S_V, 并可计算系统的迟滞.

（8）选做二. 由 V-X 数据或关系曲线计算系统的线性度.

（9）选做三. 按上述方法连续进行多次测量（3 次或以上）, 计算系统测量的重复性.

2. 金属箔式应变片的温度效应及补偿

（1）参照实验内容 1, 预热 3 min 后将差动放大器调零.

（2）按图 7-10-5 接线. 直流稳压电源打到 ±4 V 档, 预热 5 min.

（3）调节左侧微头使梁处于水平位置（目测）, 调整电桥平衡电位器 W_1, 使电压输出为零（200 mV 档）.

（4）将加热器一端接地, 另一端接 +15 V 电源（位于仪器右侧）, 观察电压读数的变化.

（5）数分钟后, 待电压示值基本稳定后, 记下读数.

（6）关机后, 快速拆除电桥接线, 将热电偶输出端接至差动放大器的两输入端. 再开机, 基本稳定后读取热电势的值 E_{100}. 实验过程中, 加热器始终接 +15 V, 差动放大器增益保持不变.

（7）读出水银温度计指示的室温 t_n.

（8）根据热电偶公式: $E(t, t_0) = E(t, t_n) + E(t_n, t_0)$ 及所附铜-康铜热电偶热电势分度表, 求出工作端温度 t. 其中, E 为热电势; t 为工作端温度; t_n 为室温; t_0 为 0 ℃. 差动放大器最大增益为 100 倍. 所以, $E(t, t_n) = E_{100}/100$, 根据室温 t_n, 查表求出 $E(t_n, t_0)$. 由公式得到 $E(t, t_0)$, 再查表得到工作端温度 t.

（9）求出系统的温度漂移值 $\Delta V/\Delta T$, 单位: mV/℃. 其中, ΔV 是加热前后的电桥输出电压差值; ΔT 是加热前后的温度差, $\Delta T = t - t_n$.

（10）将图 7-10-5 中的 R_3 换成补偿片, 重复以上实验, 并与上面的结果进行比较. 提示如下:

① 在步骤（3）中, 输出电压不一定准确调到零, 可以是一个非零的稳定值, 把它记下来, 它与加热后的输出电压相减就是 ΔV.

② 鉴于升温和降温过程可能较长, 为节省时间, 可把步骤（10）反方向进行. 即趁热先测量高温时的输出电压, 再断开加热器, 完全降温后再测量室温时的输出电压, 得到的结果是一样的.

③ 在时间允许的情况下, 尽量使升温与降温过程充分, 达到稳定时再读数.

④ 0~109℃时铜-康铜热电偶热电势分布表(自由端温度为0℃)见附表10.表中第一列和第一行分别为工作端温度的十位和个位(℃),其余为对应的热电势的值(mV).如45℃时的热电势为1.830 mV.反过来也可以由热电势查对应的温度.当温度不是整数时,应用线性内插法计算.

3. 金属箔式应变片单臂、半桥、全桥比较

(1) 按实验内容1的方法将差动放大器调零.

(2) 按图7-10-5接线,图中R_1、R_2、R_3都为固定电阻,R_4为工作应变片,选用拉伸箔式应变片,r及W_1为调平衡网络.

(3) 调整测微头使双平行梁处于水平位置(目测),将直流稳压电源打到±4 V档.差动放大器的增益调到最大,然后调整电桥平衡电位器W_1使表头指零(需预热几分钟才能稳定下来).

(4) 旋动测微头到3 mm以下,从3 mm开始,单调递增,每隔2 mm测一个点(见表7-10-2),记下梁端位移X与表头显示电压V_1的数值.

表7-10-2   位移与对应输出电压数据记录表

X(mm)	3.00	5.00	7.00	9.00	11.00	13.00	15.00	17.00
V_1(mV)								
V_2(mV)								
V_3(mV)								

(5) 关机后,将R_2换为与R_4工作状态相反的压缩箔式应变片(见图7-10-6),其余电路与旋钮都不变,形成差动半桥.重复上述(3)、(4)步骤,将数据V_2填入表中第三行.

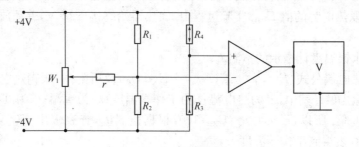

图7-10-6   半桥测量电路

(6) 关机后,将R_1与R_2也换为箔式应变片,请同学们自己判断哪一个应为拉伸片,哪一个应为压缩片.其余电路与旋钮都不变,形成差动全桥.重复上述(3)、(4)步骤,将数据V_3填入表中第四行.

(7) 在同一坐标纸上描出V-X曲线,比较三种接法的灵敏度.

【注意事项】

(1) 电桥单元上部分虚线所示的四个电阻实际上并不存在,仅作为标记.

(2) 为确保安全,应做到"先接线,检查无误后再开机;测量结束,先关机再拆线".所有实验都应如此要求.

（3）测量读数时电压表应尽量用小量程档,以得到较多的有效数字.如发现电压表过载,应将量程扩大.

（4）做实验时应将低频振荡器的幅度调至最小,以减小其对直流电桥的影响.

（5）直流稳压电源不能调得过大,以免损坏应变片.

（6）接全桥时请注意各应变片的工作状态,如果接错将得不到正确结果.

（Ⅱ）霍尔式传感器特性及应用

【实验目的】

1. 了解霍尔式传感器的原理与特性.
2. 掌握直流、交流激励霍尔片的特性.
3. 掌握霍尔式传感器在振动测量中的应用.
4. 掌握霍尔式传感器在静态测量中的应用.

【实验原理】

霍尔式传感器是基于霍尔效应的一种传感器,它广泛应用于电磁、压力、加速度、振动等方面的测量.将霍尔元件(半导体材料)置于磁场中(图 7-10-7),二端通一电流,当电流方向与磁场方向不一致时,电荷在运动过程中受磁力的影响积聚于两侧,因而在平行于电流和磁场方向的两个端面间产生电动势,这一现象称为霍尔效应,该电势称为霍尔电势,此电势正比于磁感应强度 B.

本实验所用霍尔式传感器是由两个环形磁钢形成梯度磁场和位于梯度磁场中的霍尔元件组成(图 7-10-8).当霍尔元件通以恒定电流时,霍尔元件就有电势输出.霍尔元件在梯度磁场中上下移动时,输出的霍尔电势取决于其在磁场中的位移量,所以测得霍尔电势的大小便可获知霍尔元件的静位移.若将一个圆盘(即称重平台)和霍尔元件相连,这样就把霍尔元件的静位移和圆盘上的物体重量对应起来,也就是把霍尔电势的大小和圆盘上的物体重量对应起来.

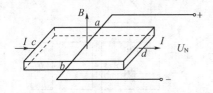

图 7-10-7　霍尔元件的引线

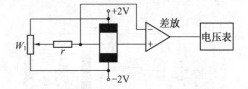

图 7-10-8　霍尔式传感器接线图

【实验仪器】

霍尔片,磁路系统,电桥,差动放大器,直流电压表,直流稳压电源,测微头,音频振荡器,移相器,相敏检波器,低通滤波器,示波器,低频振荡器,砝码.

【实验内容与步骤】

1. 直流激励霍尔式传感器的特性

(1) 将差动放大器增益旋钮调到最小,电压表置 200 mV 档,直流稳压电源置 2 V 档.

(2) 按图 7-10-8 接线,W_1、r 为电桥单元中的直流平衡网络.

(3) 装好右边测微头. 开启电源,差动放大器调零,然后重新接好线路.

(4) 调整 W_1 使电压指示为零.

(5) 上下旋动测微头,记下电压表的读数,建议每 0.20 mm 读一个数,从 15.00 mm 到 5.00 mm 左右为止,将读数填入表 7-10-3 中.

表 7-10-3 位移与对应输出电压数据记录表

X(mm)									
V(V)									
X(mm)									
V(V)									

作出 V-X 曲线,指出线性范围,求出灵敏度 $S_v = \dfrac{\Delta V}{\Delta X}$.

可见,本实验测出的实际上是磁场的分布情况,它的线性越好,位移测量的线性度也越好,它的变化越陡,位移测量的灵敏度也就越大.

注意事项:① 由于磁路系统的气隙较大,应使霍尔片尽量靠近极靴,以调高灵敏度;② 一旦调整好后,测量过程中不能再移动磁路系统;③ 激励电压不能过大,以免损坏霍尔片.

2. 交流激励霍尔式传感器的特性

(1) 音频振荡器调至 1 kHz,放大器增益旋到最左边或略大. 按图 7-10-9 接线.

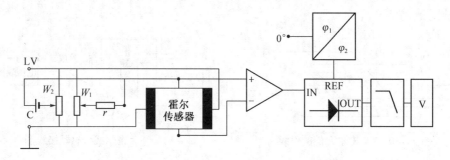

图 7-10-9 交流激励霍尔式传感器接线图

(2) 装好右边测微头,开启电源将差动放大器调零.

(3) 将音频振荡器的输出幅度打到适当位置,利用示波器、电压表、调整 W_1、W_2 使输出最小(指零).

(4) 检查磁路系统,使霍尔片既靠近极靴又不至于卡住和歪斜,调整移相器.

(5) 旋动测微头,记下表头读数. 填入表 7-10-4:

表 7 - 10 - 4　位移与对应输出电压数据记录表

X(mm)								
V(V)								
X(mm)								
V(V)								

作出 V-X 曲线,指出线性范围,求出灵敏度.

注意事项:① 由于 W_1、W_2 是代用的,因此交流不等位电势可能不能调得很小;② 交流激励信号必须从电压输出端(0°,180°)输出. 幅度应限制在峰-峰值 5 V 以下,以免霍尔片产生自热现象.

3. 霍尔式传感器的应用——振幅测量

(1) 将差动放大器增益旋至适中,音频振荡器调至 1 kHz,直流稳压源打到±2 V. 按图 7 - 10 - 9 接线,差动放大器调零,系统调零.

(2) 检查好磁路系统,低频振荡器输出接激振器Ⅱ,选择适当振幅.

(3) 用示波器观察差动放大器输出波形.

(4) 用示波器观察差动放大器和低通滤波器的输出波形.

注意事项:① 应仔细调整磁路部分,使传感器工作在梯度磁场中,否则灵敏度将大大下降;② 磁路部分中缝必须与霍尔片平行,并应使极靴尽量靠近霍尔片的敏感部分,否则灵敏度也将降低.

4. 霍尔式传感器的应用——电子秤

(1) 直流稳压电源选择±2 V,将差动放大器调零.

(2) 按图 7 - 10 - 9 接线,将系统调零.

(3) 检查磁路系统有无碰卡现象.

(4) 差动放大器增益调至适中位置,然后不再改变.

(5) 在称量平台上加砝码,消除摩擦力后读数,填入表 7 - 10 - 5:

表 7 - 10 - 5　重量与电压读数记录表

W(g)					
V(V)					

(6) 根据实验结果作出 V-W 曲线.

(7) 在平台上放一个未知质量之物,消除摩擦力后,根据表头读数和 V-W 曲线,求得未知质量.

注意事项:① 此霍耳传感器的线性范围较小,所以砝码和重物不应太重;② 砝码应置于平台的中间部分.

§7.11　光导纤维中光速的测定

【实验目的】

1. 学习光纤中光速测定的基本原理.
2. 了解数字信号电光/光电变换及再生原理.
3. 熟悉数字相位检测器的原理、特性及测试方法.
4. 掌握光纤光速测定系统的调试技术.

【实验原理】

光纤中光速的测定是一个十分有趣的实验,通过这一实验能使学生亲身感受到光在介质中传播的真实物理过程和深刻了解介质折射率的物理意义.在通常的光纤光速测量系统中,对被测光波均采用正弦信号对光强进行调制.在此情况下,为了测出调制光信号通过一定长度光纤后引起的相位差,必须采用较为复杂的由模拟乘法电路及低通滤波器组成的相位检测器,这种相位检测电路的输出电压不仅与两路输入信号的相位差有关,而且也与两路输入信号幅值有关.这里提出一种采用方波调制信号,应用具有异或逻辑功能的门电路进行相差测量的巧妙方法.由这种电路所组成的相位检测器结构简单、工作可靠、相位——电压特性稳定.在光纤折射率 n_1 已知(或近似为 1.5)的情况下,利用这种方法还可测定光纤长度.

1. 基本原理

光导纤维的结构如图 7-11-1 所示,它由纤芯和包层两部分组成,纤芯半径为 a,折射率为 $n_1(\rho)$,包层的外半径为 b,折射率为 n_2,且 $n_1(\rho) > n_2$. 从物理光学的角度考虑,光波实际上是一种振荡频率很高的电磁波,当光波在光导纤维中传播时,光导纤维就起着一种光波导的作用.应用电磁场理论中 E 矢量和 H 矢量应遵从的麦克斯韦方程及它们在纤芯和包层界面处应满足的边界条件可知:在光导纤维中主要存在着两大类电磁场形态.一类是沿光纤横

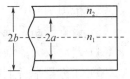

图 7-11-1　阶跃型多模光纤的结构示意图

截面呈驻波状,而沿光导纤维轴线方向为行波的电磁场形态,这种形态的电磁场其能量沿横向不会辐射,只沿轴线方向传播,故称这类电磁场形态为传导模式;另一类电磁场形态其能量在轴线方向传播的同时沿横向方向也有辐射,这类电磁场形态称为辐射模.利用光导纤维来传输光信息时就是依靠光纤中的传导模式.随着光导纤维芯径的增加,光导纤维中允许存在的传导模式的数量也会增多,纤芯中存在多个传导模式的光纤称为多模光纤;当光纤芯径小到某一程度后,纤芯中只允许称为基模的一种电磁场形态存在,这种光纤就称为单模光纤.目前光纤通讯系统上使用的多模光纤纤芯直径为 50 μm,包层外径为 125 μm. 单模光纤的芯径为 5~10 μm,包层外径也为 125 μm. 在纤芯范围内折射率不随径向坐标 ρ 变化,即 $n_1(\rho) = n_1 =$ 常数的光纤,称为阶跃型光纤,否则称渐变型光纤.

当一束光由光导纤维的入射端耦合到光导纤维内部之后,会在光纤内同时激励起传导模式和辐射模式,但经过一段传输距离,辐射模的电磁场能量沿横向方向辐射尽后,只剩下

传导模式沿光纤轴线方向继续传播,在传播过程中只会因光导纤维纤芯材料的杂质和密度不均引起的吸收损耗和散射损耗外,不会有辐射损耗. 目前的制造工艺能使光导纤维的吸收和散射损耗做到很小的程度,所以以传导模式的电磁场能在光纤中传输很远的距离.

假设光纤的几何尺寸和折射率分布具有轴对称和沿轴向不变的特点,这样我们就能将光纤中光波的电磁场矢量 E 和 H 表示为:

$$\begin{Bmatrix} E \\ H \end{Bmatrix} = \begin{Bmatrix} e(\rho,\varphi) \\ h(\rho,\varphi) \end{Bmatrix} \exp[\mathrm{i}(\omega t - \beta z)] \tag{7-11-1}$$

此处 (ρ,φ) 是把光纤轴线取作 z 轴方向的圆柱坐标系中的坐标变量, $\omega = 2\pi\nu$ 是光波的角频率, ν 是光波的频率,而 β 是光导纤维中传导模式电磁波的轴向传播常数.

对于光纤中允许的每种传导模式都有各自的轴向传播常数,但是根据理论分析可知:光纤中的传导模式的轴向传播常数 β 的取值只能是在 $K_2 < \beta \leqslant K_1$ 范围内那些使 E,H 矢量在光纤纤芯——包层界面处满足边界条件的一些不连续值,其中 $K_1 = n_1 K_0$, $K_2 = n_2 K_0$,而 $K_0 = (\omega^2 \mu_0 \varepsilon_0)^{1/2}$ 是所论光波在自由空间中的传播常数. 根据(7-11-1)式,具有轴向传播常数 β 的某一传导模式的电磁波,沿光纤轴线的传播速度

$$v_z = \frac{\omega}{\beta} = \frac{2\pi\nu}{\beta} \tag{7-11-2}$$

由于各传导模式的轴向传播常数略有差异,故从理论上讲,对于长度为 L 的给定光纤,在输入端同时激励起多个传导模式的情况下,各个模式的电磁场到达光纤另一端所需时间

$$t = \frac{L}{v_z} = \frac{L\beta}{2\pi\nu} \tag{7-11-3}$$

也略有差异. 按以下方式进行粗略估计,所需的最长时间也不会大于

$$t_{\max} = \frac{L k_1}{2\pi\nu} \tag{7-11-4}$$

而最短时间也不会小于

$$t_{\min} = \frac{L k_2}{2\pi\nu} \tag{7-11-5}$$

所以各传导模式到达光纤另一端的最大时间差为:

$$\Delta t = t_{\max} - t_{\min} = \frac{L}{2\pi\nu}(k_1 - k_2) \tag{7-11-6}$$

这一差异与各模式场传播同样长度光纤所需时间的平均值 t 之比为:

$$\frac{\Delta t}{t} = \frac{2(k_1 - k_2)}{k_1 + k_2} = \frac{2(n_1 - n_2)}{n_1 + n_2} \tag{7-11-7}$$

对于通讯用的石英光纤,纤芯折射率一般在 1.5 左右,包层折射率 n_2 与 n_1 的差异只有 0.01 的量级,故各传导模式到达光纤终点的时间差异与它们所需的平均传播时间的比值不会大于 0.66%,而实际值比这一百分比要小得多! 所以在利用测定调制光信号在给定长度光纤中的传播时间来确定光导纤维中光速的实验中可近似认为各种传导模式是"同时"到达光纤

另一端的,这一近似与测量装置的系统误差相比是完全允许的. 根据以上讨论,光导纤维中光速的表达式可近似为:

$$v_z = \frac{2\pi\nu}{\beta} = \frac{2\pi\nu}{k_1} = \frac{2\pi\nu}{k_0 n_1} = \frac{c}{n_1} \qquad (7-11-8)$$

其中 $c = 2\pi\nu/K_0$ 是光波在自由空间中的传播速度.

2. 光导纤维中光速测定的实验技术

图 7-11-2 是测定光导纤维中光速的实验装置的方框结构图,在该图中由调制信号源提供的周期为 T,占空比为 50% 的方波时钟信号对半导体发光二极管 LED 的发光光强进行调制,调制后的光信号经光导纤维、光电检测器件和信号再生电路再次变换成一个周期为 T、占空比为 50% 的方波序列,但这一方波序列相对于调制信号源输出的原始方波序列有一定的延时,这一延时包括了 LED 驱动与调制电路和光电转换及信号再生电路引起的延时,也含有我们要测定的调制光信号在给定长度光纤中所经历的时间在内.

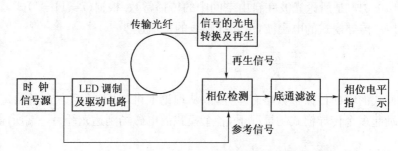

图 7-11-2　测定光导纤维中光速实验装置的方框图

（1）相差测量方法

如果把再生信号和作为参考信号的原始调制信号接到一个具有异或逻辑功能的逻辑电路的两个输入端,则在 $0\sim\pi$ 的相移所对应的延时范围(即 $0\sim T/2$)内,该电路的输出波形就是一个周期为 $T/2$,但脉宽与以上两路信号的相对延时成正比的方脉冲序列(如图 7-11-3 所示),这一脉冲序列的直流分量的电平值就与以上两路输入信号的相对延时成正比关系. 用示波器可观察到异或门输出的占空比随延时变化的方脉冲序列,用直流电压表可以测出这一方脉冲的直流分量的电平值.

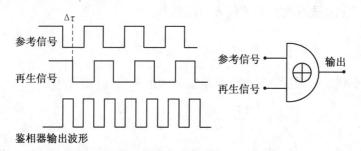

图 7-11-3　相位检测器原理图

利用异或逻辑电路所组成的相位检测电路的相移——电压特性曲线如图 7-11-4 所示,其中 V_L 是 $2n\pi$ ($n=0,1,2,\cdots$)相移时异或门输出的低电平值,V_H 为 $(2n+1)\pi$ ($n=0,$

1,2,3,…)相移时异或门输出的高电平值. 在 $0\sim\pi$ 的相移范围内由异或门组成的相位检测电路输出的方脉冲序列的直流分量的电平值与两输入信号之间的关系为：

$$\Delta\varphi = \frac{V_0 - V_{\mathrm{L}}}{V_{\mathrm{H}} - V_{\mathrm{L}}}\pi \qquad (7-11-9)$$

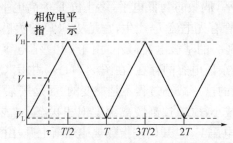

图 7-11-4　相位检测电路的相位-电压特性曲线

对应的延时关系为

$$\tau = \frac{V_0 - V_{\mathrm{L}}}{V_{\mathrm{H}} - V_{\mathrm{L}}}\left(\frac{T}{2}\right) \qquad (7-11-10)$$

式中 τ 为两路信号的相对延时，T 为调制信号的周期，可用示波器测得.

利用 $(7-11-10)$ 式我们就可根据由以上测量系统所获得的实验数据计算出调制光信号在光导纤维中传输时所经历的时间. 在具体测量时，先用一长度为 L_1 的长光纤接入测量系统，测得相位检测器输出的直流分量的电平值为 V_{01}，然后用长度 L_2 的短光纤代替长光纤，并在保持测量系统电路参数不变(也即保证两种测量状态下，由于电路方面因素引起的延时一样)的状态下，测得相位检测电路输出的直流分量的电平值为 V_{02}，则有调制信号在 (L_1-L_2) 长度的光纤中传播时所经历的时间就等于：

$$\Delta\tau = \frac{V_{01} - V_{02}}{V_{\mathrm{H}} - V_{\mathrm{L}}}\cdot\frac{T}{2} \qquad (7-11-11)$$

对应的传播速度为：

$$v_z = \frac{L_1 - L_2}{\Delta\tau} = \frac{2(L_1 - L_2)(V_{\mathrm{H}} - V_{\mathrm{L}})}{T(V_{01} - V_{02})} \qquad (7-11-12)$$

（2）调制信号的光电转换及再生

由传输光纤输出的数字式光信号在接收端经过硅光电二极管 SPD 和再生电路(如图 7-11-5 所示)把光信号变换成数字式电信号.

图中所示电路的工作原理如下：当数字传输系统处于空闲状态时，传输光纤中无光，硅光电二极管无光电流流过，这时只要 R_{C} 和 R_{b2} 的阻值适当，晶体管 BG2 就有足够大的基极电流 I_{b} 注入，使 BG2 处于深度饱和状态，因此它的集电极和发射极之间的电压极低，即使经过后面的放大电路高倍放大后也会使反相器 IC2 的输出电压维

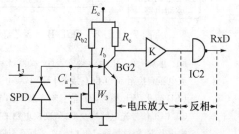

图 7-11-5　调制信号的光电转换及再生

持在高电平状态,满足了集成芯片 8251A 数据接收端 RxD 在空闲状态时应为高电平的要求. 当系统进行数据传输时,对于 8251 芯片为异步传输工作方式情形,所传数据流的结构是由起始位(S)、被传数据($D_0 \sim D_7$),偶校验位(C)和终止位(E)等共 11 位码元组成,第一位是起始位,为低电平,偶校验位 C 的电平状态与被传数据 $D_0 \sim D_7$ 中的"1"电平个数的奇偶数有关,奇数时,该位为高电平,偶数时为低电平,终止位 E 为高电平. 当传"0"码元时,发送端的 LED 发光,光电二极管有光电流 I_3 产生,它是从 SPD 的负极流向正极,对 BG2 的基极电流具有拉电流作用,使 BG2 的基极电流减小. 由于 SPD 结电容、其出脚连接线的线间电容以及 BG2 基——射极间杂散电容的存在(在图 7-11-5 中用 C_a 表示以上三种电容的总效应),使得 BG2 基极电流的这一减小过程不是突变的,而是按某一时间常数的指数规律变化. 随着 BG2 基极电流的减小,BG2 逐渐脱离深度饱和状态,向浅饱和状态和放大区过渡,其集电极——发射极间的电压 V_{ce} 也开始按指数规律逐渐上升,由于后面的放大器放大倍数很高,故还未等到 V_{ce} 上升到其渐近值,放大器输出电压就达到使反相器 IC2 状态翻转的电压值,这时 IC2 输出端(即 8251A 的数据接收端)为低电平. 在下一个"1"码元到来时,接收端的 SPD 无光电流,BG2 的基极电流 I_b 又按指数规律逐渐增加,因而使 BG2 原本按指数规律上升的 V_{ce} 在达到某一值时就停止上升,并在以后按指数规律下降,V_{ce} 下降到某一值后,IC2 由低电平翻转成高电平. 适当调节发送端 LED 的工作电流(即改变 LED 发光时的光强)和接收端 SPD 无光照射时 BG2 饱和深度间的匹配状况,即使在被传数据流中"1"码和"0"码随机组合的情况下,也能使光电检测和再生电路输出的数字信号的码元宽度(即持续时间)与发送端所发送的数字信号的码元宽度相等或相差在无误码判决所允许的范围内.

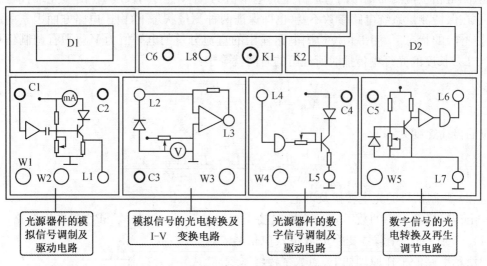

图 7-11-6　OFE-B　型光纤传输及光电技术综合实验仪前面板布局

K1. 电源开关;D1. 直流毫安表(0~200 mA);D2. 直流电压表(0~20 V);K2. 直流电压表切换开关,向左直流电压表接至 SPD,向右接至 LED;C6. 正弦信号源插孔;L8. 时钟信号源;C1. 模拟调制信号输入插孔;C2. LED 插孔;W1. 模拟调制信号输入衰减调节旋钮;W2. LED 偏置电流调节旋钮;L1. LED 电流波形监测孔;C3. 模拟信号光电转换及 I-V 变换电路的"SPD 插孔";W3. SPD"反压调节"旋钮;L2、L3."I-V 变换电路"输出及 R_f 测试插孔;L4. 时钟信号插孔(或数字信号测试孔);L5. 共地插孔;C4. LED 数字信号调制驱动电路的"LED 插孔";W4. LED 数字信号调制驱动电路的工作电流调节旋钮;C5. 时钟信号的光电转换及再生电路中的 SPD 插孔;L6. 再生信号输出插孔;L7. 共地插孔;W5."再生调节"旋钮

【实验仪器】

OFE-B 型光纤传输及光电技术综合实验仪,双踪示波器,相位检测器,数字万用表.

1. OFE-B 型光纤传输及光电技术综合实验仪

其前面板布局及各开关、插孔、调节旋钮的功能如图 7-11-6 所示:

2. 相位检测器

相位检测器面板布局如图 7-11-7 所示:

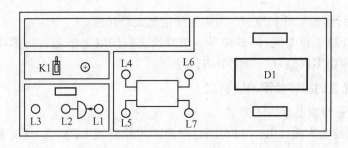

图 7-11-7　相位检测器面板布局

K1.电源开关;L2.周期为 16 μS 的方波信号输出插孔;L1.与 L2 信号反相的方波信号输出插孔;L3.与 L2 信号相差 1/4 周期的方波信号输出插孔;L4.被测信号输入插孔;L5.参考信号输入插孔;L6.相位输出插孔;L7.共地连接插孔;D1.相位检测器相移电平指示器

【实验内容与步骤】

1. 时钟信号周期的测定

测定时把双踪示波器的 CH1 通道接至图 7-11-6 所示仪器前面板的 L8 和 L7 插孔,同步触发源选择 CH1,扫描时间分度值选择 2 μs.

2. 时钟信号的电光转换

用一导线把时钟信号输出插孔 L8 接至光源器件的数字信号调制及驱动电路中的调制信号输入插孔 L4,把光纤信道连接 LED 一端的插头插入仪器前面板的 C4 插孔,光纤信道连接 SPD 一端的插头插入光功率计的光电探头输入插孔,调节 W4 旋钮,观察光功率计指示有无变化,如有,表明时钟信号的电光转换正常.

3. 时钟信号的光电转换及再生调节

在上一步实验的连线基础上,把光纤信道连接 SPD 的插头从光功率计转接到仪器前面板的数字信号的光电转换及再生调节电路中 C5 插孔,示波器 CHI 通道接至 L6 和 L7 插孔,在 LED 导通、工作电流一定的情况下,调节 W5 旋钮,使示波器所显示的时钟信号的再生波形占空比为 50%,在 LED 工作电流为不同值时,调节 W5 进行时钟信号的再生调节.

4. 光纤中光速的示波器法测量

双光纤信道绕纤盘上有长、短光纤两条信道,每条信道均含一个 LED. 在以上连接基础上把示波器 CH1 通道接仪器前面板 L8 插孔,CH2 通道接 L6 插孔,同步触发源选择 CH1、扫描时间分度值选择 $2\ \mu s$.

测量时首先把长光纤信道接入测量系统,在保持 LED 导通、工作电流为一定值的情况下(即 W4 调节状态一定的情况下),调节 W5 使示波器 CH2 通道的波形占空比为 50%,从示波器上观测两路波形的相移对应的时间,记为 τ_1;然后把短光纤接入测量系统,在保持 W4 和 W5 调节状态不变的情况下,调整光纤信道 SPD 探头和传输光纤输出端的光耦合状态,使示波器 CH2 通道的再生波形占空比为 50%,再次从示波器上观测两路波形的相移对应的时间,记为 τ_2. 根据实验数据,光纤中的光速可按以下公式算出:

$$v_z = (L_1 - L_2)/(\tau_1 - \tau_2) \qquad (7-11-13)$$

式中:L_1 为长光纤信道光纤长度;L_2 为短光纤信道光纤长度.

选择多种 LED 工作电流(即多种 W4 调节状态),按以上步骤进行多次光纤中光速测量. 最后测量结果由多次测量结果取平均获得.

5. 光纤中光速的相移检测器法测定

(1) 数字相移检测器参数的测定

把相位检测器输入插孔 L4 和 L5 同时接至相位检测器 L2 插孔,这时相位检测器的示值就是同相输入状态下输出的低电平值,记为 V_L,在此基础上把 L5 插孔改接到 L1 插孔,这时相位检测器的示值就是反相输入状态下输出的高电平值,记为 V_H.

(2) 光纤中光速的测定

首先,在示波器法测量光纤中光速的连线基础上,把相位检测器按以下方式接入测量系统:用导线把相位检测器的 L4、L5 和 L7 插孔分别与光纤传输及光电技术综合实验仪的 L4、L6 和 L7 插孔相连;然后按示波器法测量的操作步骤,在多种 LED 工作电流(即多种 W4 调节状态)下,进行光纤中光速的多次测量. 根据每次测量结果的实验数据,按以下公式计算每次测量的光纤中光速值:

$$\Delta\tau = \tau_1 - \tau_2 = \frac{V_{01} - V_{02}}{V_H - V_L} \cdot \frac{T}{2} \qquad (7-11-14)$$

$$v_z = \frac{L_1 - L_2}{\tau_1 - \tau_2} \qquad (7-11-15)$$

式中:V_{01} 和 V_{02} 分别为长光纤信道和短光纤信道接入测量系统时相位检测器指示相移电平值,最后测量结果由多次测量结果取平均获得.

【思考题】

1. 相位检测器方法测量光速的优点是什么?

2. 利用 OFE-B 型光纤传输及光电技术综合实验仪也可以测量光纤的长度,实验应做哪些调整?

参考文献

朱世国,付克祥. 纤维光学[M]. 成都:四川大学出版社,1992

§7.12　高温超导体临界温度的电阻测量

人们在 1877 年液化了氧,获得 90 K 的低温后就发展低温技术. 随后,氮、氢等气体相继液化成功. 1908 年,荷兰莱顿(Leiden)大学的卡麦林·翁纳斯(Kamerlingh Ones)教授成功地使氦气液化,达到了 4.2 K 的低温,3 年后即在 1911 年翁纳斯发现,将水银冷却到 4.15 K 时,其电阻急剧地下降到零. 他认为,这种电阻突然消失的现象,是由于物质转变到了一种新的状态,并将此以零电阻为特征的金属态,命名为超导态. 卡麦林·翁纳斯由于他的这一发现获得了 1913 年的诺贝尔物理学奖. 1933 年迈斯纳(Meissner)和奥森菲尔德(Ochsenfeld)发现超导电性的另一特性:超导态时磁通密度为零或叫完全抗磁性,即迈斯纳效应. 电阻为零及完全抗磁性是超导电性的两个最基本的特性. 超导体从具有一定电阻的正常态,转变为电阻为零的超导态时,所处的温度叫做临界温度,常用 T_C 表示. 在 1986 年以前,人们经过 70 多年的努力才获得了最高临界温度为 23 K 的 Nb_3Ge 超导材料. 1986 年 4 月,贝德诺兹(Bednorz)和缪勒(Müller)创造性地提出了在 Ba-La-Cu-O 系化合物中存在高 T_C 超导的可能性. 1987 年初,中国科学院物理研究所赵忠贤等在这类氧化物中发现了 $T_C=48$ K 的超导电性. 同年 2 月份,美籍华裔科学家朱经武在 Y-Ba-Cu-O 系中发现了 $T_C=90$ K 的超导电性. 这些发现使人们梦寐以求的高温超导体变成了现实的材料,可以说这是科学史上又一次重大的突破. 其后,在 1988 年 1 月,日本科学家 Hirashi Maeda 报道研制出临界温度为 106 K 的 Bi-Sr-Ca-Cu-O 系新型高温超导体. 同年 2 月,美国阿肯萨斯大学的 Allen Hermann 和 Z. Z. Sheng 等发现了临界温度为 106 K 的 Ti-Ba-Ca-Cu-O 系超导体. 一个月后,IBM 的 Almaden 又将这种体系超导体的临界温度提高到了 125 K. 1989 年 5 月,中国科技大学的刘宏宝等通过用 Pb 和 Sb 对 Bi 的部分取代,使 Bi-Sr-Ca-Cu-O 系超导材料的临界温度提高到了 130 K. 1987 年诺贝尔物理学奖授予贝德诺兹和缪勒,以表彰他们在发现陶瓷材料中的超导电性所作的重大突破.

在物理工作及材料探索工作的同时,应用方面也做了大量的工作,如超导量子干涉仪(SQUID)、超导磁铁等低温超导材料已商品化,而高温超导的发现,为超导应用带来了新的希望,而我国利用熔融织构法制备的 Bi 系银包套高 T_C 超导线材也已商品化.

【实验目的】

1. 利用动态法测量高临界温度氧化物超导材料的电阻率随温度的变化关系.

2. 通过实验掌握利用液氮容器内的低温空间改变氧化物超导材料温度、测温及控温的原理和方法.

3. 学习利用四端子法测量超导材料电阻和热电势的消除等基本实验方法以及实验结果的分析与处理.

4. 选用稳态法测量高临界温度氧化物超导材料的电阻率随温度的变化关系并与动态法的测量结果进行比较.

【实验原理】

1. 临界温度 T_C 的定义及其规定

超导体具有零电阻效应,通常把外部条件(磁场、电流、应力等)维持在足够低值时电阻突然变为零的温度称为超导临界温度.实验表明,超导材料从正常态至超导态转变时,电阻的变化是在一定的温度间隔中发生,而不是突然变为零的,如图 7-12-1 所示.起始温度 T_S(Onset Point)为 $R\text{-}T$ 曲线开始偏离线性所对应的温度;中点温度 T_m(mid Point)为电阻下降至起始温度电阻 R_s 的一半时的温度;零电阻温度 T 为电阻降至零时的温度.而转变宽度 ΔT 定义为 R_s 下降到 90% 及 10% 所对应的温度间隔.高 T_C 材料发现之前,对于金属、合金及化合物等超导体,长期以来在测试工作中,一般将中点温度定义为 T_C,即 $T_C = T_m$. 对于高 T_C 氧化物超导体,由于其转变宽度 ΔT 较宽,有些新试制的样品 ΔT 可达十几 K,再沿用传统规定容易引起混乱.因此,为了说明样品的性能,目前发表的文章中一般均给出零电阻温度 $T_0(R = 0)$ 的数值,有时甚至同时给出上述的起始温度、中点温度及零电阻温度.而所谓零电阻在测量中总是与测量仪表的精度、样品的几何形状及尺寸、电极间的距离以及流过样品的电流大小等因素有关,因而零电阻温度也与上述诸因素有关,这是测量时应予注意的.

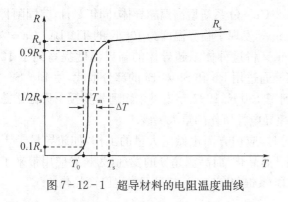

图 7-12-1 超导材料的电阻温度曲线

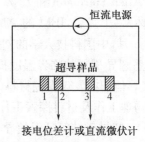

图 7-12-2 四端接线法

2. 样品电极的制作

目前所研制的高 T_C 氧化物超导材料多为质地松脆的陶瓷材料,即使是精心制作的电极,电极与材料间的接触电阻也常达零点几欧姆,这与零电阻的测量要求显然是不符合的.为消除接触电阻对测量的影响,常采用图 7-12-2 所示的四端接线法.两根电流引线与直流恒流电源相连,两根电压引线连至数字电压表或经数据放大器放大后接至 X-Y 记录仪,用来检测样品的电压.按此接法,电流引线电阻及电极 1,4 与样品的接触电阻与 2,3 端的电压测量无关.2,3 两电极与样品间存在接触电阻,通向电压表的引线也存在电阻,但是由于电压测量回路的高输入阻抗特性,吸收电流极小,因此能避免引线和接触电阻给测量带来的影响.按此法测得电极 2,3 端的电压除以流过样品的电流,即为样品电极 2,3 端间的电阻.

本实验所用超导样品为商品化的银包套铋锶钙铜氧高 T_C 超导样品,四个电极直接用焊锡焊接.

3. 温度控制及测量

临界温度 T_C 的测量工作取决于合理的温度控制及正确的温度测量. 目前高 T_C 氧化物超导材料的临界温度大多在 60 K 以上, 因而冷源多用液氮. 纯净液氮在一个大气压下的沸点为 77.348 K, 三相点为 63.148 K, 但在实际使用中由于液氮不纯, 沸点稍高而三相点稍低 (严格地说, 不纯净的液氮不存在三相点). 对三相点和沸点之间的温度, 只要把样品直接浸入液氮, 并对密封的液氮容器抽气降温, 一定的蒸气压就对应于一定的温度. 在 77 K 以上直至 300 K, 常采用如下两种基本方法.

(1) 普通恒温器控温法. 低温恒温器通常是指这样的实验装置, 它利用低温流体或其他方法, 使样品处在恒定的或按所需方式变化的低温温度下, 并能对样品进行一种或多种物理量的测量. 这里所称的普通恒温器控温法, 指的是利用一般绝热的恒温器内的锰铜线或镍铬线等绕制的电加热器的加热功率来平衡液池冷量, 从而控制恒温器的温度稳定在某个所需的中间温度. 改变加热功率, 可使平衡温度升高或降低. 由于样品及温度计都安置在恒温器内并保持良好的热接触, 因而样品的温度可以严格控制并被测量. 这样控温方式的优点是控温精度较高, 温度的均匀性较好, 温度的稳定时间长. 用于电阻法测量时, 可以同时测量多个样品. 由于这种控温法是点控制的, 因此普通恒温器控温法应用于测量时又称定点测量法.

(2) 温度梯度法. 这是指利用贮存液氮的杜瓦容器内液面以上空间存在的温度梯度来自然获取中间温度的一种简便易行的控温方法. 样品在液面以上不同位置获得不同温度. 为正确反映样品的温度, 通常要设计一个紫铜均温块, 将温度计和样品与紫铜均温块进行良好的热接触. 紫铜块联结至一根不锈钢管, 借助于不锈钢管进行提拉以改变温度.

本实验的恒温器设计综合上述两种基本方法, 既能进行动态测量, 也能进行定点的稳态测量, 以便进行两种测量方法和测量结果的比较.

4. 热电势及热电势的消除

用四端子法测量样品在低温下的电阻时常会发现, 即使没有电流流过样品, 电压端也常能测量到几微伏至几十微伏的电压降. 而对于高 T_C 超导样品, 能检测到的电阻常在 $10^{-5} \sim 10^{-1}\,\Omega$ 之间, 测量电流通常取 $1 \sim 100$ mA, 取更大的电流将对测量结果有影响. 据此换算, 由于电流流过样品而在电压引线端产生的电压降只在 $10^{-2} \sim 10^{3}\,\mu\mathrm{V}$ 之间, 因而热电势对测量的影响很大, 若不采取有效的测量方法予以消除, 有时会将良好的超导样品误作非超导材料, 造成判断错误.

测量中出现的热电势主要来源于样品上的温度梯度. 为什么放在恒温器上的样品会出现温度的不均匀分布呢? 这取决于样品与均温块热接触的状况. 若样品简单地压在均温块上, 样品与均温块之间的接触热阻较大. 同时样品本身有一定的热阻也有一定的热容. 当均温块温度变化时, 样品温度的弛豫时间与上述热阻及热容有关, 热阻及热容的乘积越大, 弛豫时间越长. 特别在动态测量情形, 样品各处的温度弛豫造成的温度分布不均匀不能忽略. 即使在稳态的情形, 若样品与均温块之间只是局部热接触 (如不平坦的样品面与平坦的均温块接触), 由引线的漏热等因素将造成样品内形成一定的温度梯度. 样品上的温差 ΔT 会引起载流子的扩散, 产生热电势

$$E = S \cdot \Delta T \tag{7-12-1}$$

式中: S 是样品的微分热电势,其单位是 $\mu V \cdot K^{-1}$.

对高 T_C 超导样品热电势的讨论比较复杂,它与载流子的性质以及电导率在费密面上的分布有关,利用热电势的测量可以获知载流子性质的信息. 对于同时存在两种载流子的情况,它们对热电势的贡献要乘一权重,满足所谓 Nordheim-Gorter 法则.

$$S = \frac{\sigma_A}{\sigma} S_A + \frac{\sigma_B}{\sigma} S_B \qquad (7-12-2)$$

式中: S_A, S_B 是 A, B 两种载流子本身的热电势; σ_A, σ_B 分别为 A,B 两种载流子相应的电导率. $\sigma = \sigma_A + \sigma_B$. 材料处在超导态时, $S = 0$.

为消除热电势对测量电阻率的影响,通常采取下列措施:

(1) 对于动态测量,应将样品制得薄而平坦,样品的电极引线尽量采用直径较细的导线,例如直径小于 0.1 mm 的铜线. 电极引线与均温块之间要建立较好的热接触,以避免外界热量经电极引线流向样品. 同时样品与均温块之间用导热良好的导电银浆粘接,以减少热弛豫带来的误差. 另一方面,温度计的响应时间要尽可能小,与均温块的热接触要良好,测量中温度变化应该相对地较缓慢. 对于动态测量中电阻不能下降到零的样品,不能轻易得出该样品不是超导材料的结论,而应该在液氮温度附近,通过后面所述的电流换向法或通断法检查.

(2) 对于稳态测量,当恒温器上的温度计达到平衡值时,应观察样品两侧电压电极间的电压降及叠加的热电势值是否趋向稳定,稳定后可以采用如下方法:

① 电流换向法:将恒流电源的电流 I 反向,分别得到电压测量值 U_A, U_B,则超导材料测电压电极间的电阻为

$$R = \frac{|U_A - U_B|}{2I} \qquad (7-12-3)$$

② 电流通断法:切断恒流电源的电流,此时测电压电极间量到的电压即是样品及引线的积分热电势,通电流后得到新的测量值,减去热电势即是真正的电压降. 若通断电流时测量值无变化,表明样品已经进入超导态.

5. 金属温度

不同的材料,电阻率随温度的变化有很大的差别,它反映了物质内部属性,是研究物质性质的基本方法之一. 在金属中,电子的定向运动受到晶格的散射而呈现出电阻. 研究表明,当 $\left(\dfrac{T}{\theta}\right) > 0.5$ 时,金属的电阻正比于它的温度 T,其中 θ 是德拜温度 $\theta = h\nu_{max}/k_B$,式中 h 是普朗克常数,k_B 是玻尔兹曼常数,ν_{max} 是晶格极大频率.

上述结论是对纯金属而言,而实际上金属存在杂质、缺陷、位错等,它们对金属造成附加电阻,这部分电阻近似地与温度无关,在金属的纯度很高时,金属的总电阻率可表示为 $\rho = \rho_i(T) + \rho_0$,在液氮温度以上时,$\rho_i(T) \gg \rho_0$,因此有 $\rho \approx \rho_i(T)$. 在液氮温度到室温的范围内,其电阻近似与绝对温度 T 成正比.

铂的性能稳定,电阻的温度系数较高,不易氧化,线形好,复现性好,常被用作温度的精密测量,其测量范围的低温段可达 13.81 K.

【实验仪器】

1. 低温恒温器

实验用的恒温器如图 7 - 12 - 3 所示,均温块 1 是一块经过加工的紫铜块,利用其良好的导热性能来取得较好的温度均匀区,使固定在均温块上的样品和温度计的温度趋于一致. 铜套 2 的作用是使样品与外部环境隔离,减小样品温度波动. 提拉杆 3 采用低热导的不锈钢管以减少对均温块的漏热,经过定标的铂电阻温度计 4 及加热器 5 与均温块之间既保持良好的热接触又保持可靠的电绝缘. 测试用的液氮杜瓦瓶宜采用漏热小,损耗率低的产品,其温度梯度场的稳定性较好,有利于样品温度的稳定. 为便于样品在液氮容器内的上下移动,附设相应的提拉装置

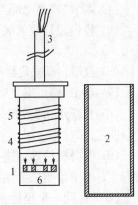

图 7 - 12 - 3　低温恒温器

2. 测量仪器

它由安装了样品的低温恒温器,测温、控温仪器,数据采集、传输和处理系统以及电脑组成,既可进行动态法实时测量,也可进行稳态法测量. 图 7 - 12 - 4 为其工作原理示意图. 动态法测量时可分别进行不同电流方向的升温和降温测量,以观察和检测因样品和温度计之间的动态温差造成的测量误差以及样品及测量回路热电势给测量带来的影响. 动态测量数据经测量仪器处理后直接进入电脑 X-Y 记录仪显示、处理或打印输出.

稳态法测量结果经由键盘输入计算机(如 Excel 软件)作出 R-T 特性供分析处理或打印输出.

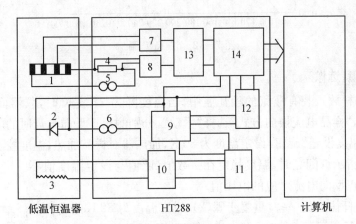

图 7 - 12 - 4　高 T_C 超导体电阻-温度特性测量仪工作原理示意图

1. 超导样品；2. PN 结温度传感器；3. 加热器；4 参考电阻；5、6. 恒流源；7、8. 微伏放大器；9. 放大器；10. 功率放大器；11. PID；12. 温度设定；13. 比较器；14. 数据采集、处理、传输系统

【实验内容与步骤】

1. 动态测量

(1) 打开仪器和超导测量软件.

（2）仪器面板上"测量方式"选择"动态"，"样品电流换向方式"选择"自动"．

（3）在计算机界面启动"数据采集"．

（4）调节"样品电流"至 80 mA，"温度设定"逆时针旋到底．

（5）将恒温器放入装有液氮的杜瓦瓶内，降温速率由恒温器的位置决定．直至泡在液氮中．

（6）仪器自动采集数据，画出正反向电流所测电压随温度的变化曲线，最低温度到 77 K.

（7）点击"停止采集"，点击"保存数据"，给出文件名保存，降温方式测量结束．

（8）重新点击"数据采集"将样品杆拿出液氮面，但还要在杜瓦瓶内，作升温测量，测出升温曲线．

（9）根据软件界面进行数据处理．点击界面上 R-T100％或 R-T200％的按钮，从所显示的 R-T 图中读出临界温度的参数：T_0，T_m，T_S 和 ΔT．

（10）在同一个坐标系中画出所测得的 R-T 图．

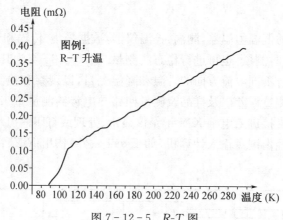

图 7-12-5　R-T 图

2. 稳态测量（选做）

（1）将样品杆放入装有液氮的杜瓦瓶中，当温度降为 77.4 K 时，仪器面板上"测量方式"选择"稳态"，"样品电流换向方式"选择"手动"，分别测出正反向电流时的电压值．

（2）调节"温度设定"旋钮，设定温度为 80 K，加热器对样品加热，温度控制器工作，加热指示灯亮，直到指示灯闪亮时，温度稳定在一数值（此值与设定温度值不一定相等），记下实际温度值，测量正反向电流对应的电压值．

（3）将样品杆往上提一些，重复步骤（2），设定温度为 82 K 进行测量．

（4）在 110 K 以下每 2～3 K 测一点，在 110 K 以上每 5～10 K 测一点，直至室温．

（5）算出不同温度对应的电阻值，画出电阻随温度的变化曲线．

【实验注意事项及常见故障的排除】

1. 所有盛放低温液体的容器不能盖严，必须留有供蒸气逸出的孔道．

2. 灌入低温度液体时，开始要慢，不要碰实验装置．

3. 注意避免低温液体触及人体，以免冻伤．

4. 注意保护杜瓦瓶容器．

5. 动态法测量时,热弛豫对测量的影响很大. 它对热电势的影响随升降温速度变化以及相变点的出现可能产生不同程度的变化. 应善于利用实验条件观察热电势的影响.

6. 动态法测量中样品温度与温度计温度难以一致,应观察不同的升降温速度对这种不一致的影响.

7. 进行稳态法测量时可以选择样品在液面以上的合适高度作为温度的粗调,而以电脑给定值作为温度的细调.

【实验数据处理及分析】

1. 利用动态法在电脑 X-Y 记录仪上分别画出样品在升温和降温过程中的电阻-温度曲线.

2. 利用稳态法,在样品的零电阻温度与 0℃ 之间测出样品的 R-T 分布.

3. 对实验数据进行处理、分析.

4. 对实验结果进行讨论.

【思考题】

1. 超导样品的电极为什么一定要制作成如图 6-12-2 所示的四端子接法? 假定每根引线的电阻为 $0.1\,\Omega$,电极与样品间的接触电阻为 $0.2\,\Omega$,数字电压表内阻为 $10\,M\Omega$,试用等效电路分析当样品进入超导态时,直接用万用表测量与采用图 6-12-2 接法测量有何不同?

2. 设想一下,本实验适宜先做动态法测量还是稳态法测量? 为什么?

3. 本实验的动态法升降温过程获得的 R-T 曲线有哪些具体差异. 为什么会出现这些差异?

4. 给出实验所用样品的超导起始温度、中间温度和零电阻温度,分析实验的精度.

参考文献

[1] 甘子钊,韩汝珊,张瑞明. 氧化物超导材料物性专题报告文集[M]. 北京:北京大学出版社,1988

[2] G. K. White. Experimental Techniques in Low Temperature Physics[M]. ClarendonPress, Oxford, 1979

[3] 张礼. 近代物理学进展[M]. 北京:清华大学出版社,1997

附 录

一、翁纳斯（H. K. Onnes, 1853～1926）

荷兰物理学家,1853 年 9 月 21 日生于荷兰的格罗宁根. 1870 年考入格罗宁根大学,1871 年 10 月来到德国海德堡,投师于本生(R. W. Bunsen)和基尔霍夫(G. R. Kirchhoff)门下,1897 年被授予博士学位. 1882 年任莱顿大学的物理学教授,并任物理实验实负责人. 1932 年该实验室改名为"卡麦林·翁纳斯实验室". 翁纳斯在低温物理研究领域功绩卓著. 1908 年他成功地液化了氦,征服了最后一种"永久气体". 金属电阻的研究是他的另一重要研究领域. 1911 年他发现汞的电阻在 4.2K 左右突然消失,第一次发现了超导电性,开创了超导物理这一学科. 1913 年由于他对低温下的物质性质的研究并制成液氦,荣获诺贝尔物理学奖.

二、迈斯纳（Walter Meissner, 1882～1974）

德国物理学家,1882 年生于柏林,1901～1904 年他在柏林夏洛特堡高等技术学校学习械制造,后改学理论物理,他是普朗克的学生. 1908 年迈斯纳进入帝国物理技术研究所. 1934 年任慕尼黑技术大学的物理学教授. 迈斯纳在低温领域以先驱者著称,他主要是在低于 20℃ 的低温领域做出了成绩,他对超导物理学最重要的贡献,就是著名的迈斯纳效应,这一效应使得人们对超导的本质有了全新的认识.

三、柏诺兹（J. G. Bednorz, 1950～）

德国超导物理学家,1950 年 5 月 16 日生于德国的诺因基兴. 1969 年在明斯特学习矿物学和晶体学. 1976 年从明斯特大学毕业,1982 年在瑞士联邦工业大学获博士学位,同年成为 IBM 公司苏黎世研究室的研究人员. 1983 年与缪(K. A. Muller)合作研究. 1986 年发现 Ba-La CuO 样品在 35 K 开始出现超导转变,柏诺兹由于在这一发现中的重要突破,荣获 1987 年诺贝尔物理学奖.

四、缪勒（K. A. Muller, 1927～）

瑞士物理学家,1927 年生于瑞士的巴塞尔,1958 年在瑞士联邦工业大学获得博士学位. 1963 年缪勒到 IBM 苏黎世研究实验室从事物理学的研究工作. 1982 年 4 月被任命为 IBM 公司的研究员. 多年以来,缪勒在材料领域做了大量的工作,尤其是以对电解质材料的研究而知名. 1983 年和柏诺兹合作,对金属氧化物陶瓷材料高临界温度超导体进行研究,由于在陶瓷材料超导电性的重要突破,缪勒和柏诺兹分享了 1987 年的诺贝尔物理学奖. 在他们作出发现后的一年即获奖,这在诺贝尔物理学奖的历史上也是绝无仅有的.

§7.13　蒸汽冷凝法制备纳米微粒

20 世纪 80 年代末以来,一项令世人瞩目的纳米科学技术正在迅速发展,纳米科技将促使许多产业领域发生革命性变化.关注纳米技术并尽快投入到与纳米科技有关的研究,是 21 世纪许多科技工作者的历史使命.

在物理学发展的历史上,人类对宏观领域和微观领域已经进行了长期的、不断深入的研究.然而介于宏观和微观之间的所谓介观领域却是一块长期以来未引起人们足够重视的领域.这一领域的特征是以相干量子输运现象为主,包括团簇、纳米体系和亚微米体系,尺寸范围为 1~1 000 nm.

但习惯上人们将 100~1 000 nm 范围内有关现象的研究,特别是电输运现象的研究领域称为介观领域.因而 1~100 nm 的范围就特指为纳米尺度,在此尺度范围的研究领域称为纳米体系:纳米科技正是指在纳米尺度上研究物质的特性和相互作用以及利用这些特性的科学技术.经过近十几年的快速发展,纳米科技已经形成纳米物理学、纳米化学、纳米生物学、纳米电子学、纳米材料学、纳米力学和纳米加工学等学科领域.

【实验目的】

1. 学习和掌握利用蒸汽冷凝法制备金属纳米微粒的基本原理和实验方法.
2. 研究微粒尺寸与惰性气体气压之间的关系.

【实验原理】

纳米科学技术(Nano-ST)是 20 世纪 80 年代末期刚刚诞生并正在迅速发展的新科技.它是研究由尺寸在 1~100 nm 范围的物质组成体系的运动规律和相互作用以及可能的实际应用中的技术问题的科学技术,它是高度交叉的综合性学科,也是一个融前沿科学和高技术于一体的完整体系.在整个纳米科技的发展过程中,纳米微粒的制备和微粒性质的研究是最早开展的.微粒制备的方法很多,按制备方法可分为物理方法和化学方法.按制备路径可分为粉碎法和聚集法.

本实验采用图 7-13-1 所示的蒸气冷凝法制备纳米微粒.首先利用抽气泵(真空泵)对系统进行真空抽吸,并利用惰性气体进行置换.惰性气体为高纯氩气、氦气等,有些情形也可以考虑用氮气.经过几次置换后,将真空反应室内惰性气体的气压调节控制至所需的参数范围,通常为 0.1 kPa~10 kPa,它与所需粒子粒径有关.再利用电阻加热,当原材料被加热至蒸发温度时蒸发成气相.气相的原材料原子与惰性气体的原子(或分子)碰撞,迅速降低能量而骤然冷却.骤冷使得原材料的蒸气中形成很高的局域过饱和,非常有利于成核.成核与生长过程都是在极短的时间内发生的.首先形成原子簇,然后继续生长成纳米微晶,最终在收集器上收集到纳米粒子.

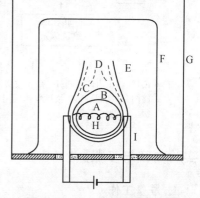

图 7-13-1　蒸气冷凝法原理
A. 原材料的蒸气;B. 初始成核;C. 形成纳米微晶;D. 长大了的纳米微粒;E. 惰性气体,气压约为 kPa 数量级;F. 纳米微粒收集器;G. 真空罩;H. 加热钨丝;I. 电极

【实验仪器】

LZL-07A 型纳米微粒制备实验仪,氮气瓶,烧杯,毛刷.

该实验仪的原理及面板分布如图 7-13-2 所示.玻璃钟罩(真空罩)G 置于仪器顶部橡皮圈上,与底盘 P 构成真空室.平时真空室内保持一定程度的低气压,以维护系统的清洁.当需要制备微粒时,打开空气调节阀 V_1 让空气进入真空室,使得真空室内外气压相近即可掀开真空罩.真空室底盘 P 的上部倒置了一只玻璃烧杯 F,用作纳米微粒的收集器.两个铜电极 I 之间接螺旋状钨丝 H.铜电极接至蒸发速率控制单元,若在真空状态下或低气压惰性气体状态下启动该单元,钨丝上即通过电流并可获得 $1\,000\,℃$ 以上的高温.真空室底盘 P 开有三个孔,孔的下方分别接有气体压力传感器 E,空气调节阀 V_1 与氮气调节阀 V_2 和电磁阀 V_e.气体压力传感器 E 连接至真空度测量单元,并在数字显示表 M_1 上直接显示实验过程中真空室内的气体压力.阀门 V_1 的另一端直通大气,主要为打开钟罩而设立.阀门 V_2 的另一端与仪器后侧惰性气体接口连接,实验时可利用 V_2 调控真空室内的气体压力.电磁阀 V_e 的另一端接至抽气单元,由该单元实行抽气的自动控制,以保证抽气的顺利进行,并防止真空泵油倒灌进入真空室.蒸发控制单元的加热功率调节旋钮置于仪器面板上,由数字显示表 M_2,M_3 分别显示加热电压和电流值.

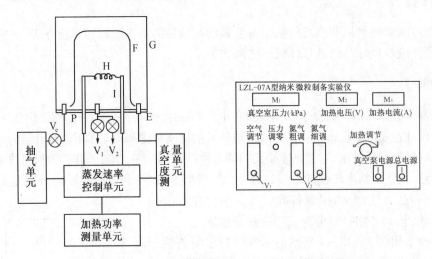

图 7-13-2　纳米微粒制备实验仪原理及面板图

E. 气体压力传感器;F. 微粒收集器;G. 真空罩;H. 钨丝;I. 铜电极;P. 真空室底盘;V_1. 空气阀门(放气阀);V_2. 惰性气体阀门(换气阀);V_e. 电磁阀;M_1. 气体压力表;M_2. 加热电压表;M_3. 加热电流表

【实验内容与步骤】

1. 准备工作

(1) 检查仪器系统的电源接线、惰性气体连接管道是否正常.惰性气体最好用高纯氩气,亦可考虑使用化学性质不活泼的高纯氮气.

(2) 利用脱脂白绸布、分析纯酒精、仔细擦净真空罩以及罩内的底盘、电极和烧杯.

(3) 将螺旋状钨丝接至铜电极.

(4) 从样品盒中取出铜片(用于纳米铜粉制备),在钨丝的每一圈上挂一片,罩上烧杯.

(5) 罩上真空罩,关闭阀门 V_1,V_2,将加热调节旋钮沿逆时针方向旋至最小,合上电源总开关.此时真空室压力 M_1 显示与大气压相当的数值,而加热电压、电流显示值为零.

(6) 合上真空泵电源开关,此时抽气单元开始工作,电磁闭 V_e 延时几秒钟后自动接通,真空室内压力下降.下降至某一值不变时,调节"压力调零"旋钮,使 M_1 指示为零.

(7) 在抽气的同时,打开阀门 V_2,使惰性气进入真空室,耐心地调节控制某一气压(如0.20 kPa).

(8) 熟练上述抽气与供气的操作过程.

(9) 准备好备用的干净毛刷和收集纳米微粉的容器.

2. 制备铜纳米微粒

(1) 关闭 V_1,V_2 阀门,对真空室抽气至 M_1 的值基本不变为止.

(2) 利用氩气(或氮气)冲洗真空室.打开阀门 V_2 使氩气(或氮气)进入真空室,气压达到 2 kPa 左右时关闭 V_2,再抽气至 M_1 的值基本不变为止.反复三次.

(3) 仔细调节阀门 V_2,使真空度基本稳定在 0.13 kPa 附近.

(4) 沿顺时针方向缓慢旋转加热调节旋钮,观察加热电压、电流值,同时关注钨丝.随着加热功率的逐渐增大,钨丝逐渐发红进而变亮.当温度达到铜片(或其他材料)的熔点时铜片熔化,并由于表面张力的原因,浸润至钨丝上.

(5) 继续加大加热功率时可以见到用作收集器的烧杯表面变黑,表明蒸发已经开始.记录此时加热电压、电流值.随着蒸发过程的进展,钨丝表面的铜液越来越少,最终全部蒸发掉,此时应立即将加热功率调至最小.

(6) 稍待片刻,关闭阀门 V_2 和真空泵电源开关,缓慢打开阀门 V_1 使空气进入真空室,当真空室压力与大气压接近时,小心移开真空罩,取下作为收集器的烧杯.用刷子轻轻地将一层黑色粉末刷至烧杯底部再倒入备好的容器,贴上标签.收集到的细粉即是纳米铜粉.

(7) 分别在 10×0.13 kPa 及 30×0.13 kPa 气压下重复上述实验步骤,观察每次制备时蒸发情况有何差异,比较不同气压下制得的纳米铜粉的颜色.

3. 用原子力显微镜分析自己所制样品的微粒大小,观察其形貌

【实验注意事项及常见故障的排除】

1. 为便于教学上的直观观察,真空钟罩为玻璃制品,移动钟罩时应轻拿轻放.

2. 使用阀门 V_1,V_2 时力量应适中,不要用暴力猛拧,但也不要过分谨慎不敢用力以至阀门不能完全关闭.通过实验的实际操作过程,提高基本的实验能力.

3. 蒸发材料时,钨丝将发出强烈耀眼的光.其中的紫外部分已基本被玻璃吸收,在较短的蒸发时间内用肉眼观察未见对眼睛的不良影响.但为安全起见,请尽量带上保护眼镜.

4. 制成的纳米微粉极易弥散到空气中,收集时要尽量保持动作的轻慢.

5. 若需制备其他金属材料的纳米微粒,可参照铜微粒的制备.但熔点太高的金属难以蒸发,而铁、镍与钨丝在高温下易发生合金化反应,只宜闪蒸,即快速完成蒸发.

6. 亦可利用低气压空气中的氧或低气压氧,使钨丝表面在高温下局部氧化并升华制得氧化钨微晶.

7. 钨丝受热后很脆,小心碰断.

【思考题】

1. 真空系统为什么应保持清洁？为什么对真空系统的密封性有严格要求？
2. 从成核和生长的机理出发，分析不同保护气气压对微粒尺寸有何影响？
3. 为什么实验制得的铜微粒呈现黑色？
4. 不同气压下蒸发时，观察到微粒"黑烟"的形成过程有何不同？为什么？

第8章 计算机仿真实验

§8.1 计算机仿真实验的基本操作方法

在仿真实验中几乎所有的操作都要使用鼠标. 如果您的计算机安装了鼠标,启动 Windows后,屏幕上就会出现鼠标指针光标. 移动鼠标,屏幕上的指针光标随之移动. 下面是本手册中鼠标操作的名词约定.

单击:按下鼠标左键再放开.

双击:快速地连续按两次鼠标左键.

拖动:按下鼠标左键并移动.

右键单击:按下鼠标右键再放开.

▶系统的启动

双击"大学物理仿真实验 V2.0"图标,启动仿真实验系统. 进入系统后出现主界面,如图 8-1-1所示,单击"上一页"、"下一页"按钮可前后翻页. 用鼠标单击各实验项目文字按钮(不是图标)即可进入相应的仿真实验平台. 结束仿真实验后回到主界面,单击"退出"按钮即可退出本系统. 如果某个仿真实验还在运行,则在主界面单击"退出"按钮无效,待关闭所有正在运行的仿真实验后,系统会自动退出.

图 8-1-1 仿真实验主界面

▶仿真实验的操作方法

一、概述

仿真实验平台采用窗口式的图形化界面,形象生动,使用方便.

由仿真系统主界面进入仿真实验平台后,首先显示该平台的主窗口——实验室场景,如图 8-1-2 所示,该窗口大小一般为全屏或 640×480 像素.实验室场景内一般都包括实验台、实验仪器和主菜单.用鼠标在实验室场景内移动,当鼠标指向某件仪器时,鼠标指针处会显示相应的提示信息(仪器名称或如何操作).有些仪器位置可以调节,可以按住鼠标左键进行拖动.

图 8-1-2 实验室场景(凯特摆实验)

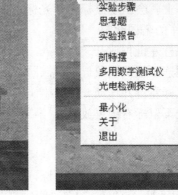

图 8-1-3 主菜单

主菜单一般为弹出式,隐藏在主窗口里,在实验室场景上单击右键即可显示,如图 8-1-3 所示.菜单项一般包括:实验背景知识、实验原理的演示,实验内容、实验步骤和仪器说明文档,开始实验或进行仪器调节,预习思考题和实验报告,退出实验等.

二、仿真实验操作

1. 开始实验

有些仿真实验启动后就处于"开始实验"状态,有些需要在主菜单上选择,具体可见本手册中相应章节.

2. 控制仪器调节窗口

调节仪器一般要在仪器调节窗口内进行.

打开窗口:双击主窗口上的仪器或从主菜单上选择,即可进入仪器调节窗口.

移动窗口:用鼠标拖动仪器调节窗口上端的细条.

关闭窗口:方法①:右键单击仪器调节窗口上端的细条,在弹出的菜单中选择"返回"或"关闭";方法②:双击仪器调节窗口上端的细条;方法③:激活仪器调节窗口,按 Alt+F4 键.

3. 选择操作对象

激活对象(仪器图标、按钮、开关、旋钮等)所在窗口,当鼠标指向此对象时,系统会给出下列提示中的至少一种:

(1) 鼠标指针提示. 鼠标指针光标由箭头变为其他形状(例如手形).

(2) 光标跟随提示. 鼠标指针光标旁边出现一个黄色的提示框,提示对象名称或如何操作.

(3) 状态条提示. 状态条一般位于屏幕下方,提示对象名称或如何操作.

(4) 语音提示. 朗读提示框或状态条内的文字说明.

(5) 颜色提示. 对象的颜色变为高亮度(或发光),显得突出而醒目.

出现上述提示即表明选中该对象,可以用鼠标进行仿真操作.

4. 进行仿真操作

(1) 移动对象

如果选中的对象可以移动,就用鼠标拖动选中的对象.

(2) 按钮、开关、旋钮的操作

按钮:选定按钮,单击鼠标即可.

开关:对于两档开关,在选定的开关上单击鼠标切换其状态. 多档开关,在选定的开关上单击左键或右键切换其状态.

旋钮:选定旋钮,单击鼠标左键,旋钮反时针旋转;单击右键,旋钮顺时针旋转.

(3) 连接电路

连接两个接线柱:选定一个接线柱,按住鼠标左键不放拖动,一根直导线即从接线柱引出. 将导线末端拖至另一个接线柱释放鼠标,就完成了两个接线柱的连接.

删除两个接线柱的连线:将这两个接线柱重新连接一次(如果面板上有"拆线"按钮,则应先选择此按钮).

(4) Windows 标准控件的调节

仿真实验中也使用了一些 Windows 标准控件,调节方法请参阅有关 Windows 操作的书籍或 Windows 的联机帮助.

§8.2 仿真实验示例——油滴法测电子电荷

一、主窗口

在系统主界面上选择"油滴实验"并单击，即可进入本仿真实验平台，显示平台主窗口——实验室场景，如图8-2-1所示。场景里有实验台和实验仪器。用鼠标在实验台上四处移动，当鼠标指向仪器时，仪器发光，同时鼠标指针处显示相应的提示信息。

图8-2-1 实验室场景（油滴实验）

单击书本，进入"实验简介"；单击Millikan油滴仪，开始做实验；单击笔记本，开始数据处理；单击右下角的门形图标，退出仿真平台。

二、操作方法

1. 旋钮的操作方法

所有的旋钮（包括调平螺丝），其操作方法是一致的。用鼠标右键单击，则旋钮顺时针旋转；用鼠标左键单击，则旋钮逆时针旋转；如果按住鼠标键不放，则旋钮持续向相应方向旋转。

2. 拨动开关的操作方法

用鼠标左键单击开关的上部，即把开关拨向上档；用鼠标左键单击开关的中、下部，则把开关拨向中、下档。

3. "返回"图标和"退出"按钮

单击窗口右下角的门形图标或"退出"按钮，关闭窗口，返回上一层。

4. 提示信息

在平台主窗口中，当鼠标移到可以点击的地方时，该处以高亮度（发光）显示；并会显示浮动的提示条。同样，在"开始实验"界面上，当鼠标移到可以点击的地方时，该处也会以高亮度（发光）显示。

三、使用说明

1. 实验简介

在主窗口的实验台上单击书本，进入"实验简介"窗口。该窗口中，蓝色下划线的字代表一种链接，鼠标单击可跳转至另外的窗口或显示相应的图片。

在实验简介中的"预习思考题"项中，供选择的答案显示在窗口底部。用鼠标单击所选答案,如果选择不正确,不会有显示,直到选择了正确答案时,才会将正确答案显示出来.在没有将题目完全回答正确之前是无法离开的.

2. 开始实验

在主窗口的实验台上单击 Millikan 油滴仪,进入"开始实验"窗口,如图 8-2-2 所示.

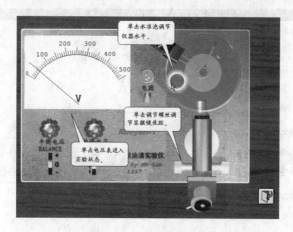

图 8-2-2　开始实验界面

（1）调节水平.用鼠标单击水准泡,即进入调节水平状态,调节螺丝的操作方法如上所述,当使气泡停留在中央的圆圈内部时,即可认为已经调平.

（2）显微镜调焦.鼠标单击调焦手轮,即进入调节焦距状态,调节螺丝的操作方法同上所述,当视野中的金属丝最为清晰时,即可认为焦距已经调好.

（3）开始实验.用鼠标单击电压表,进入实验状态.进入实验状态后,单击电源开关可进行开/关仪器电源的操作.平衡、升降电压调节旋钮及其对应的反向开关操作方法如前所述.单击油滴盒或显微镜则弹出观察窗,观察窗下部是秒表及其操作开关,如图 8-2-3 所示.

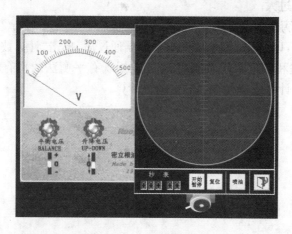

图 8-2-3　观察窗界面

按"开始/暂停"按钮(或按键盘上的"s"键),秒表开始或暂停计时.按"复位"按钮(或按键盘上的"r"键),秒表清零复位.按"喷油"按钮,开始喷油.

3. 数据处理

完成实验后,在主窗口上单击笔记本进入数据处理状态.用鼠标右键单击数据区,会弹出快捷菜单,如图 8-2-4 所示.可根据需要,选择"新建一组数据",或"新建一个油滴的数据组";或因为误差太大,选择删除一组数据或一个油滴的全部数据.

图 8-2-4 数据处理界面

可使用数据选择按钮来选择当前编辑的数据,在数据区内所要编辑的数据上单击,即可填写或编辑数据.

当数据全部填写完全后,单击"检查数据"钮会检查是否有漏填的数据及计算的每个油滴所带电量是否误差过大.

注意:① 每个油滴所带电量需要自己计算,其误差不得超过 3%;② 单击"计算器"钮会弹出一台函数计算器,以方便计算;③ 在检查数据通过后,单击"计算数据"钮即会自动计算出基本电荷 e、标准差和相对误差.如果填写的数据既有平衡法的也有动态法的,会提示选择其中一种数据进行计算或选择全部数据进行计算.

§8.3　仿真实验示例——塞曼效应实验

一、主窗口

在系统主界面上选择"塞曼效应"并单击,即可进入本仿真实验平台,显示主实验台,如图 8-3-1 所示.

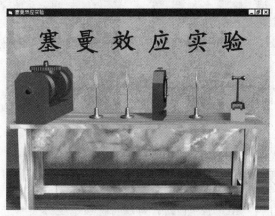

图 8-3-1　实验室场景(塞曼效应实验)

二、主菜单

在主实验台上单击鼠标右键,弹出主菜单,如图 8-3-2 所示.

图 8-3-2　主菜单

移动鼠标到所要的实验项目上单击,就会进入相应的实验项目.

1. 实验简介

选择"实验简介"项,会出现实验简介文本框,鼠标左键单击"返回"按钮,回到主实验台.

2. 实验原理

(1) 选择"塞曼效应原理"项,会出现控制界面,如图 8-3-3 所示.鼠标左键单击"滚动条",文本向上移动.鼠标左键单击"磁场控制"按钮,图形框会出现光谱线分裂情况.鼠标左键单击"返回"按钮,返回主实验台.

(2) 选择"法布里-泊罗标准具原理"项,会出现控制界面,如图 8-3-4 所示.鼠标左键单击"滚动条",文本向上移动.鼠标左键单击"光路图"按钮,图形框会出现相应的标准具原理图.鼠标左键单击"返回"按钮,返回主实验台.

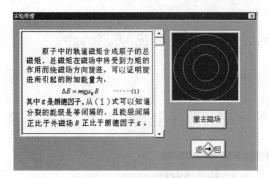

图 8-3-3　塞曼效应原理控制界面　　　　　图 8-3-4　F-P 标准具原理控制界面

3. 实验内容

分为"垂直磁场方向观察塞曼分裂"和"平行磁场方向观察塞曼分裂"两项.

4. 退出

退出实验平台,返回系统主界面.

三、垂直磁场方向观察塞曼分裂

在主菜单的"实验内容"里选择"垂直磁场方向观察塞曼分裂",进入实验台一. 鼠标在台面上移动时,最下面的信息台会出现提示. 鼠标右键在台面上单击,会出现选项菜单.

(1) 选择"实验步骤"项,会出现实验步骤的文本框. 阅读完后,鼠标左键单击"返回"按钮,回到实验台一.

(2) 选择"实验光路图"项,出现实验光路图,如图 8-3-5 所示. 鼠标左键单击"返回"按钮,返回实验台一.

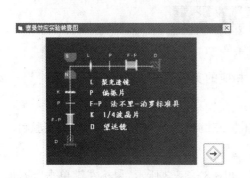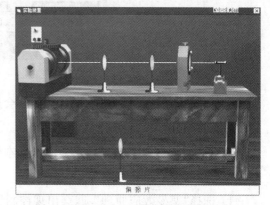

图 8-3-5　实验光路图　　　　　　　图 8-3-6　实验操作界面

(3) 按照实验光路图,在实验台上布置仪器,如图 8-3-6 所示.

① 鼠标左键单击仪器,相应的仪器进入拖动状态,移动鼠标,仪器会随鼠标拖动. 在台面上你认为正确的位置上,再次单击鼠标左键,仪器进入放置状态.

注意:如果仪器位置不到台面,或者超出台面范围,放置仪器时,仪器会回到初始位置.

② 所有仪器相对位置正确后,鼠标左键单击"电源"按钮,开启水银辉光放电管电源. 这时,台面上会出现一条水平的光线.

注意：如果仪器的相对位置不正确，开启电源时，会出现错误提示，光线不会出现．

③ 光线出现后，开始调节各仪器，使其共轴．鼠标左键单击仪器，相应仪器的高度会降低；鼠标右键单击仪器，相应仪器的高度会上升．注意：标准具的高度不需要调节．

④ 当各仪器共轴后，开始调节标准具．鼠标左键双击标准具，标准具进入调整状态，会出现标准具调节界面，如图 8-3-7 所示．

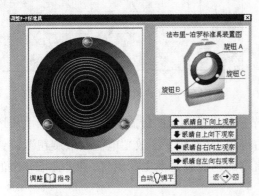
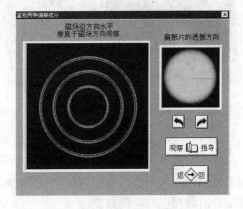

图 8-3-7　F-P 标准具调节界面　　　　　　图 8-3-8　鉴别偏振成分视窗

（a）鼠标左键单击不同方向的观察按钮，标准具中的分裂环会出现吞吐现象．

（b）鼠标左键单击"调整指导"按钮，会出现调整指导文本和思考题，完成思考题后，出现提示信息．鼠标右键单击文本退出"调整指导"．

（c）调节标准具视框上的三个旋钮．直到眼睛往不同方向移动时，标准具视框中的分裂环均不会出现吞吐现象．鼠标右键单击旋钮，旋钮逆时针转动，d 增大；鼠标左键单击旋钮，旋钮顺时针转动，d 减小．

（d）由于实验中的标准具难于调整，以至于影响后面的实验进程，所以控制台中设计了"自动调平"按钮．鼠标左键单击"自动调平"按钮，标准具自动达到调平状态．

（e）鼠标左键单击"返回"按钮，返回实验台一．

注意：光路不正确时，标准具不能进入调整状态．

（4）调节完光路和标准具后，方可选择实验项目开始观测．

① 选择"鉴别两种偏振成分"，出现视窗，如图 8-3-8 所示．鼠标在控制台上移动时，最下面的信息台会出现相应的操作键和视窗信息．

（a）鼠标左键单击"观察指导"按钮，出现一个文本框．鼠标左键单击"返回"按钮退出．

（b）偏振片视窗上的红线表示偏振片透振方向，鼠标左键单击"偏振片透振方向逆时针旋转"或"偏振片透振方向顺时针旋转"按钮，偏振片透振方向会做相应的旋转，望远镜视窗中的分裂线也会随透振方向的改变而改变．

（c）鼠标左键单击"返回"按钮，返回实验台一．

（2）选择"观察塞曼裂距的变化"选项，出现视窗，如图 8-3-9 所示．鼠标在控制台上移动时，最下面的信息台会出现相应的操作键和视窗信息．

（a）鼠标左键单击"观察指导"按钮，会出现文本框．阅读完后，鼠标左键单击文本框上的"返回"按钮，返回控制台．

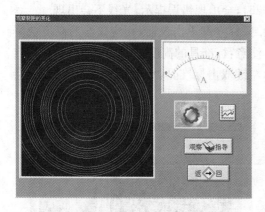
图 8-3-9 观察裂距变化视窗

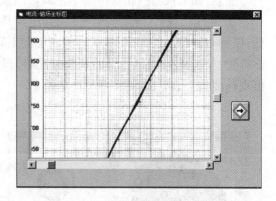
图 8-3-10 电流-磁场强度坐标图

（b）鼠标左键单击（或按下不放）"电流调节旋钮"，旋钮顺时针旋转，安培表指示电流增大，望远镜视窗中的塞曼裂距发生变化；鼠标右键单击（或按下不放）"电流调节旋钮"，旋钮逆时针旋转，安培表指示电流减小，望远镜视窗中的塞曼裂距发生变化. 按照实验指导中的要求，记录相应的电流数据.

（c）鼠标左键单击"电流-磁场强度坐标图"，出现坐标图，如图 8-3-10 所示. 鼠标左键点击横纵滚动条，坐标图移动，根据记录的电流值，查出相应的磁场强度值. 查完后，鼠标左键单击"返回"按钮，返回控制台.

（d）记录完毕后，鼠标左键单击控制台上的"返回"按钮，返回实验台一.

（5）本实验台所有的实验项目完成后，选择"返回"项目，返回主实验台.

四、平行磁场方向观察塞曼分裂

在主实验台上选择"平行于磁场方向观察塞曼分裂"选项，进入实验台二. 鼠标在实验台上移动时，最下面的信息台会出现相应的仪器信息.

鼠标右键在实验台上单击，会出现实验台二的选项.

（1）"实验步骤"、"实验光路图"与实验台一的相同.

（2）仿照实验台一的操作方法，安排好仪器的位置，调节好光路和标准具.

（3）选择"观察圆偏振光"，出现视窗，如图 8-3-11 所示. 鼠标在控制台上移动时，最下面的信息台会出现相应的操作键和视窗信息.

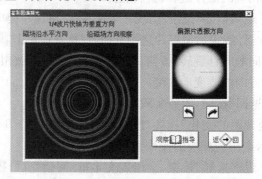
8-3-11 观察圆偏振光视窗

　　① 鼠标左键单击"观察指导"按钮,出现文本框. 阅读完后,鼠标左键单击文本框上的"返回"按钮,返回控制台.

　　② 偏振片视窗上的红线表示偏振片的透振方向,鼠标左键单击"偏振片透振方向顺时针旋转"或"偏振片透振方向逆时针旋转"按钮,偏振片的透振方向做相应的旋转,望远镜视窗中的分裂环会产生相应的变化.

　　③ 实验完毕后,鼠标左键单击控制台上的"返回"按钮,返回实验台二.

　　(4) 选择"返回"选项,返回主实验台.

　　实验完毕后,鼠标右键单击主实验台,在选项菜单上选择"返回"选项并点击,主实验台出现"返回"按钮,鼠标左键单击"返回"按钮,返回主界面.

附　　表

附表1　常用基本物理常量

物 理 量	符号或方程及其物理量值 ［括弧（）里数字是末尾数值的标准不确定度］	相对标准不确定度（10^{-9}）
真空中光速	$c = 299\ 792\ 458\ \text{m} \cdot \text{s}^{-1}$	精确
真空电容率	$\varepsilon_0 = 1/(\mu_0\ c^2) = [8.854\ 187\ 817\cdots] \times 10^{-12}\,\text{F} \cdot \text{m}^{-1}$	精确
真空磁导率	$\mu_0 = 4\pi \times 10^{-7}\,\text{N} \cdot \text{A}^{-2} = [12.566\ 370\ 614\cdots] \times 10^{-7}\,\text{N} \cdot \text{A}^{-2}$	精确
引力常量	$G = 6.674\ 2(10) \times 10^{-11}\,\text{m}^3 \cdot \text{kg}^{-1} \cdot \text{s}^{-2}$	1.5×10^5
普朗克常量	$h = 6.626\ 069\ 3(11) \times 10^{-34}\,\text{J} \cdot \text{s}$	170
约化普朗克常量	$\hbar = h/(2\pi) = 1.054\ 571\ 68(18) \times 10^{-34}\,\text{J} \cdot \text{s}$	170
基元电荷	$e = 1.602\ 176\ 53(14) \times 10^{-19}\,\text{C}$	85
电子质量	$m_e = 9.109\ 382\ 6(16) \times 10^{-31}\,\text{kg}$	170
质子质量	$m_p = 1.672\ 621\ 71(29) \times 10^{-27}\,\text{kg}$	170
统一的原子质量单位	$\text{u} = 1.660\ 538\ 86(28) \times 10^{-27}\,\text{kg}$	170
玻尔磁子	$\mu_B = e\hbar/(2m_e) = 5.788\ 381\ 804(39) \times 10^{-11}\,\text{MeV} \cdot \text{T}^{-1}$	6.7
电子康普顿波长	$\lambda_c = h/(m_e c) = 2.426\ 310\ 238(16) \times 10^{-12}\,\text{m}$	6.7
玻尔半径（$m_{核} = \infty$）	$a_\infty = 4\pi\varepsilon_0\hbar c^2/(m_e e^2) = r_e/\alpha^2 = 0.529\ 177\ 210\ 8(18) \times 10^{-10}\,\text{m}$	3.3
里德伯常量（$m_{核} = \infty$）	$R_\infty = \alpha^2 m_e c/(2h) = 10\ 973\ 731.568\ 525(73)\,\text{m}^{-1}$	0.006 6
维恩位移律常量	$b = \lambda_{\max} T = 2.897\ 768\ 5(51) \times 10^{-3}\,\text{m} \cdot \text{K}$	1 700
斯特藩-玻尔兹曼常量	$\sigma = \pi^2 k^4/(60\hbar^3 c^2) = 5.670\ 400(40) \times 10^{-8}\,\text{W} \cdot \text{m}^{-2} \cdot \text{K}^{-4}$	7 000
标准重力加速度	$g_n = 9.806\ 65\,\text{m} \cdot \text{s}^{-2}$	精确
标准大气压	$\text{atm} = 101\ 325\,\text{Pa}$	精确
阿伏伽德罗常量	$N_A = 6.022\ 141\ 5(10) \times 10^{23}\,\text{mol}^{-1}$	170
玻尔兹曼常量	$k = 1.380\ 650\ 5(24) \times 10^{-23}\,\text{J} \cdot \text{K}^{-1}$	1 800
普适气体常量	$R = N_A k = 8.314\ 472(15)\,\text{J} \cdot \text{mol}^{-1} \cdot \text{K}^{-1}$	1 700
标准状态下理想气体摩尔体积	$N_A k(273.15\ \text{K})/(101\ 325\ \text{Pa})$ $= 22.413\ 996(39) \times 10^{-3}\,\text{m}^3 \cdot \text{mol}^{-1}$	1 700

* PHYSICS LETTERS B, REVIEW OF PARTICLE PHYSICS, 2004, 592(1-4):91～92

附表 2　常用仪器量具的主要技术指标和极限误差

量具(仪器)	量程	最小分度值	最大允差
木尺(竹尺)	30～50 cm 60～100 cm	1 mm 1 mm	±1.0 mm ±1.5 mm
钢板尺	150 mm 500 mm 1000 mm	1 mm 1 mm 1 mm	±0.10 mm ±0.15 mm ±0.20 mm
钢卷尺	1 m 2 m	1 mm 1 mm	±0.8 mm ±1.2 mm
游标卡尺	125 mm 300 mm	0.02 mm 0.05 mm	±0.02 mm ±0.05 mm
螺旋测微器 (千分尺)	0～25 mm	0.01 mm	±0.004 mm
七级天平 (物理天平)	500 g	0.05 g	0.08 g (接近满量程) 0.06 g (1/2 量程附近) 0.04 g (1/3 量程和以下)
三级天平 (分析天平)	200 g	0.1 mg	1.3 mg(接近满量程) 1.0 mg(1/2 量程附近) 0.7 mg(1/3 量程和以下)
普通温度计 (水银或有机溶剂)	0～100℃	1℃	±1℃
精密温度计 (水银)	0～100℃	0.1℃	±0.2℃

附表 3　在 20℃时某些金属的弹性模量(杨氏模量)

金　属	杨氏模量 Y(GPa)	金　属	杨氏模量 Y(GPa)
铝	69～70	锌	78
钨	407	镍	203
铁	186～206	铬	235～245
铜	103～127	合金钢	206～216
金	77	碳　钢	196～206
银	69～80	康　铜	160

* 杨氏弹性模量的值与材料的结构、化学成分及其加工制造方法有关. 因此,在某些情况下,Y 的值可能与表中所列的平均值不同.

附表 4　在 20℃时与空气接触的液体的表面张力系数

液　　体	$\alpha\,(\times10^{-3}\,\mathrm{N/m})$	液　　体	$\alpha\,(\times10^{-3}\,\mathrm{N/m})$
石　油	30	甘　油	63
煤　油	24	水　银	513
松节油	28.8	箆　麻	36.4
水	72.75	乙　醇	22.0
肥皂溶液	40	乙醇(在60℃时)	18.4
弗利昂—12·	9.0	乙醇(在0℃时)	24.1

附表 5　在不同温度下与空气接触的水的表面张力系数

温度(℃)	$\alpha\,(\times10^{-3}\,\mathrm{N/m})$	温度(℃)	$\alpha\,(\times10^{-3}\,\mathrm{N/m})$	温度(℃)	$\alpha\,(\times10^{-3}\,\mathrm{N/m})$
0	75.62	16	73.34	30	71.15
5	74.90	17	73.20	40	69.55
6	74.76	18	73.05	50	67.90
8	74.48	19	72.89	60	66.17
10	74.20	20	72.75	70	64.41
11	74.07	21	72.60	80	62.60
12	73.92	22	72.44	90	60.74
13	73.78	23	72.28	100	58.84
14	73.64	24	72.12		
15	73.48	25	71.96		

附表 6　不同温度时干燥空气中的声速

(单位:m/s)

温度(℃)	0	1	2	3	4	5	6	7	8	9
60	366.05	366.60	367.14	367.69	368.24	368.78	369.33	369.87	370.42	370.96
50	360.51	361.07	361.62	362.18	362.74	363.29	363.84	364.39	364.95	365.50
40	354.89	355.46	356.02	356.58	357.15	357.71	358.27	358.83	359.39	359.95
30	349.18	349.75	350.33	350.90	351.47	352.04	352.62	353.19	353.75	354.32
20	343.37	343.95	344.54	345.12	345.70	346.29	346.87	347.44	348.02	348.60
10	337.46	338.06	338.65	339.25	339.84	340.43	341.02	341.61	342.20	342.58
0	331.45	332.06	332.66	333.27	333.87	334.47	335.07	335.67	336.27	336.87
−10	325.33	324.71	324.09	323.47	322.84	322.22	321.60	320.97	320.34	319.52
−20	319.09	318.45	317.82	317.19	316.55	316.92	315.28	314.64	314.00	313.36
−30	312.72	312.08	311.43	310.78	310.14	309.49	308.84	308.19	307.53	306.88

温度(℃)	0	1	2	3	4	5	6	7	8	9
−40	306.22	305.56	304.91	304.25	303.58	302.92	302.26	301.59	300.92	300.25
−50	299.58	298.91	298.24	397.56	296.89	296.21	295.53	294.85	294.16	293.48
−60	292.79	292.11	291.42	290.73	290.03	289.34	288.64	287.95	287.25	286.55
−70	285.84	285.14	284.43	283.73	283.02	282.30	281.59	280.88	280.16	279.44
−80	278.72	278.00	277.27	276.55	275.82	275.09	274.36	273.62	272.89	272.15
−90	271.41	270.67	269.92	269.18	268.43	267.68	266.93	266.17	265.42	264.66

附表 7　声波在液体中的传播速度

液　　体	温度 t_0(℃)	速度 v_0(m/s)	温度系数 A(m/s·K)
苯　胺	20	1 656	−4.6
丙　酮	20	1 192	−5.5
苯	20	1 326	−5.2
海　水	17	1 510～1 550	/
普通水	25	1 497	−2.5
甘　油	20	1 923	−1.8
煤　油	34	1 295	/
甲　醇	20	1 123	−3.3
乙　醇	20	1 180	−3.6

附表 8　固体导热系数 λ

物　　质	温度(K)	$\lambda(\times10^2$ W/m·K)	物　　质	温度(K)	$\lambda(\times10^2$ W/m·K)
银	273	4.18	康铜	273	0.22
铝	273	2.38	不锈钢	273	0.14
金	273	3.11	镍铬合金	273	0.11
铜	273	4.0	软木	273	0.3×10^{-3}
铁	273	0.82	橡胶	298	1.6×10^{-3}
黄铜	273	1.2	玻璃纤维	323	0.4×10^{-3}

附表 9　某些金属和合金的电阻率及其温度系数

金属或合金	电阻率 $(\times10^{-6}\Omega\cdot$ m)	温度系数 (℃$^{-1}$)	金属或合金	电阻率 $(\times10^{-6}\Omega\cdot$ m)	温度系数 (℃$^{-1}$)
铝	0.028	42×10^{-4}	锌	0.059	42×10^{-4}
铜	0.017 2	43×10^{-4}	锡	0.12	44×10^{-4}
银	0.016	40×10^{-4}	水银	0.958	10×10^{-4}

（续表）

金属或合金	电阻率（$\times 10^{-6}\,\Omega\cdot m$）	温度系数（$^\circ C^{-1}$）	金属或合金	电阻率（$\times 10^{-6}\,\Omega\cdot m$）	温度系数（$^\circ C^{-1}$）
金	0.024	40×10^{-4}	武德合金	0.52	37×10^{-4}
铁	0.098	60×10^{-4}	钢($0.10\sim0.15\%$碳)	$0.10\sim0.14$	6×10^{-3}
铅	0.205	37×10^{-4}	康铜	$0.47\sim0.51$	$(-0.04\sim+0.01)\times10^{-3}$
铂	0.105	39×10^{-4}	铜锰镍合金	$0.34\sim1.00$	$(-0.03\sim+0.02)\times10^{-3}$
钨	0.055	48×10^{-4}	镍铬合金	$0.98\sim1.10$	$(0.03\sim0.4)\times10^{-3}$

* 电阻率与金属中的杂质有关,因此表中列出的只是 20℃时电阻率的平均值.

附表 10　铜-康铜热电偶分度

（自由端温度 0℃）

工作端温度℃	0	1	2	3	4	5	6	7	8	9	de/dt（μV）
	mV（绝对伏）										
0	0.000	0.039	0.078	0.116	0.155	0.194	0.234	0.273	0.312	0.352	38.6
10	0.391	0.431	0.471	0.510	0.550	0.590	0.630	0.671	0.711	0.751	39.5
20	0.792	0.832	0.873	0.914	0.954	0.995	1.036	1.077	1.118	1.159	40.4
30	1.201	1.242	1.284	1.325	1.367	1.408	1.450	1.492	1.534	1.576	41.3
40	1.618	1.661	1.703	1.745	1.788	1.830	1.873	1.916	1.958	2.001	42.4
50	2.044	2.087	2.130	2.174	2.217	2.260	2.304	2.347	2.391	2.435	43.0
60	2.478	2.522	2.566	2.610	2.654	2.698	2.843	2.787	2.831	2.876	43.8
70	3.920	2.965	3.010	3.054	3.099	3.144	3.189	3.234	3.279	3.325	44.5
80	3.370	3.415	3.491	3.506	3.552	3.597	3.643	3.689	3.735	3.781	45.3
90	3.827	3.873	3.919	3.965	4.012	4.058	4.105	4.151	4.198	4.244	46.0
100	4.291	4.338	4.385	4.432	4.479	4.529	4.573	4.621	4.668	4.715	46.8

附表 11　在常温下某些物质相对于空气的折射率

物　　质	H_α 线（656.3 nm）	D 线（589.3 nm）	H_β 线（486.1 nm）
水（18℃）	1.331 4	1.333 2	1.337 3
乙醇（18℃）	1.360 9	1.362 5	1.366 5
二硫化碳（18℃）	1.619 9	1.629 1	1.654 1
轻冕玻璃	1.512 7	1.515 3	1.521 4
重冕玻璃	1.612 6	1.615 2	1.621 3
轻燧石玻璃	1.603 8	1.608 5	1.620 0
重燧石玻璃	1.743 4	1.751 5	1.772 3
方解石（寻常光）	1.654 5	1.658 5	1.667 9
方解石（非常光）	1.484 6	1.486 4	1.490 8
水晶（寻常光）	1.541 8	1.544 2	1.549 6
水晶（非常光）	1.550 9	1.553 3	1.558 9

附表 12 常用光源的谱线波长表

(单位:nm)

一、H(氢)
656.28 红
486.13 绿蓝
434.05 蓝
410.17 蓝紫
397.01 蓝紫

二、He(氦)
706.52 红
667.82 红
587.56(D₃)黄
501.57 绿
492.19 绿蓝
471.31 蓝

447.15 蓝
402.62 蓝紫
388.87 蓝紫

三、Ne(氖)
650.65 红
640.23 橙
638.30 橙
626.25 橙
621.73 橙
614.31 橙
588.19 黄
585.25 黄

四、Na(钠)

589.592(D₁)黄
588.995(D₂)黄

五、Hg(汞)
623.44 橙
579.07 黄
576.96 黄
546.07 绿
491.60 绿蓝
435.83 蓝
407.78 蓝紫
404.66 蓝紫

六、He-Ne 激光
632.8 橙

附表 13 几种常用激光器的主要谱线波长

氦氖激光(nm)	632.8
氦镉激光(nm)	441.6 325.0
氩离子激光(nm)	528.7 514.5 501.7 496.5 488.0 476.5 472.7 465.8 457.9 454.5 437.1
红宝石激光(nm)	694.3 693.4 510.0 360.0
Nd 玻璃激光(μm)	1.35 1.34 1.32 1.06 0.91
CO_2 激光(μm)	10.6

附表 14 一些单轴晶体的折射率

物 质	n_o	n_e
方解石(寻常光)	1.658 4	1.486 4
晶态石英	1.544 2	1.553 3
电石	1.669	1.638
硝酸钠	1.587 4	1.336 1
锆石	1.923	1.968

附表 15　一些双轴晶体的折射率

物　　　质	n_α	n_β	n_γ
云　母	1.560 1	1.593 6	1.597 7
蔗　糖	1.539 7	1.566 7	1.571 6
酒石酸	1.495 3	1.535 3	1.604 6
硝酸钾	1.334 6	1.505 6	1.506 1

附表 16　一毫米厚石英片的旋光率(20℃)

波长(nm)	344.1	372.6	404.7	435.9	491.6	508.6	589.3	656.3	670.8
旋光率 ρ	70.59	58.86	43.54	41.54	31.98	29.72	21.72	17.32	16.54

附表 17　光在有机物中偏振面的旋转

旋光物质, 溶剂,浓度	波长(nm)	$[\rho_s]$	旋光物质, 溶剂,浓度	波长(nm)	$[\rho_s]$
葡萄糖+水 $c = 5.5$ $(t = 20℃)$	447.0	96.62	酒石酸+水 $c = 28.62$ $(t = 18℃)$	350.0	−16.8
	479.0	83.88		400.0	−6.0
	508.0	73.61		450.0	+6.6
	535.0	65.35		500.0	+7.5
	589.0	52.76		550.0	+8.4
	656.0	41.89		589.0	+9.82
蔗糖+水 $c = 26$ $(t = 20℃)$	404.7	152.8	樟脑+乙醇 $c = 34.70$ $(t = 19℃)$	350.0	378.3
	435.8	128.8		400.0	158.6
	480.0	103.05		450.0	109.8
	520.9	86.80		500.0	81.7
	589.3	66.52		550.0	62.0
	670.8	50.45		589.0	52.4